教育部人文社会科学研究一般项目资助

日本型染工艺及中日比较研究

盛羽/著

中国纺织出版社有限公司

内 容 提 要

本书总结了中日两国传统印花工艺的形成、发展与主要类型，对日本各种型染工艺的发展过程、工艺特点、工艺流程、图案特征、艺术特色等进行了详细介绍，并从工艺和经济等角度探讨了中日两国型染的关联性，同时通过大量翔实精美的实物图片，对中日两国的型染艺术在工艺流程、图案特点和艺术特色等方面进行了细致的剖析。此外，通过对使用者的研究，从技术层面和审美层面分析了两国型染艺术特点的不同。本书为教育部人文社会科学研究一般项目"中日型版印花工艺比较研究"的研究成果。

本书可作为染织与服装专业师生的参考书，也可作为文创企业或手工爱好者的学习用书。

图书在版编目（CIP）数据

日本型染工艺及中日比较研究／盛羽著 . -- 北京：中国纺织出版社有限公司，2024.4
教育部人文社会科学研究一般项目资助
ISBN 978-7-5229-0970-7

Ⅰ．①日⋯ Ⅱ．①盛⋯ Ⅲ．①印染工艺-对比研究-中国、日本 Ⅳ．① TS190.5

中国国家版本馆 CIP 数据核字（2023）第 166125 号

RIBEN XINGRAN GONGYI JI ZHONGRI BIJIAO YANJIU

责任编辑：孔会云 范雨昕 责任校对：高 涵 责任印制：王艳丽

中国纺织出版社有限公司出版发行
地址：北京市朝阳区百子湾东里 A407 号楼 邮政编码：100124
销售电话：010—67004422 传真：010—87155801
http://www.c-textilep.com
中国纺织出版社天猫旗舰店
官方微博 http://weibo.com/2119887771
北京华联印刷有限公司印刷 各地新华书店经销
2024 年 4 月第 1 版第 1 次印刷
开本：710×1000 1/16 印张：20
字数：302 千字 定价：128.00 元

「日本型染工芸及び日中比較研究」に寄せて

　盛羽先生は、2015 年に中国の清華大学で東京藝術大学上原利丸教授の講演の際に行われたシンポジウムに参加し、日本の型紙・工程・型染作品などを知り、感銘を受けられたことがきっかけとなり、2016 年 7 月に来日し小宮小紋や琉球紅型の工房に加え、東京藝術大学・多摩美術大学・文化学園大学・沖縄県立芸術大学など関連する多くの研究機関や施設を見学しました。2021 年 4 月から東京藝術大学での上原教授の受け入れのもとで研究を予定していましたが、コロナウイルス感染症拡大や入国規制の影響等で入国時期が遅れた為、東京藝術大学外国人客員研究員として、上原教授の退任に伴い同大学研究室の橋本が受け入れ代表に変わり 2022 年 7 月から約 1 年間の日本での研究活動が行われました。

　型染めの伝承ルートや各地域での発展のあり方は、不明瞭な点が多々あり断言できることは多くはありませんが、中国を経て日本に染色技法の三纈（絞纈・夾纈・臈纈）が伝わってきたことは、想像が出来やすいことです。また、日本において米作りのレベルの高さが防染剤としての糊の質を高め、和紙漉きの技術と品質によって、緻密な型彫りを可能とする型紙が進化していったと思われます。12 世紀頃には現在とほぼ変わらない型染め技法が確立していったと考えられます。

　盛羽先生による日本でのリサーチは、型染に関連するものに留まることなく、京都・奈良・福岡・鈴鹿・有松・金沢・徳島・静岡・盛岡・出雲・桐生・長崎・東京など日本全国の半分以上の都道府県において幾度も行われました。この総説では、型染めが日本でどのようにして小紋や中形のような美しい伝統工芸まで発展していったのか、日中型染めの技法・工程・道具・材料・素材・特徴について共通点や相違点を明らかにし、それぞれの要因についても触れられています。日中両国では型染の発展に関しての大きな違いがあり、また現在は過去の相違点について逆に近いものとなっていることも含め、この研究は両国の読者に大変参考になる内容となっており、この総説が伝統技法や文化の継承にも一役を担うことにも期待しています。

東京藝術大学工芸科染織研究室代表

2023 年 6 月 17 日

序

盛羽老师参加了 2015 年在中国清华大学举办的东京艺术大学上原利丸教授演讲的研讨会，接触到了日本的型纸、型染工艺、型染作品等，印象颇深。以此为契机，于 2016 年 7 月来到日本，参观了小宫小纹和琉球红型工房，还参观了东京艺术大学、多摩美术大学、文化学园大学、冲绳县立艺术大学等相关研究机构。并计划于 2021 年 4 月开始，在东京艺术大学接受上原教授的指导进行研究访学，但由于新型冠状病毒感染的扩大和入境限制等原因，导致其入境时间推迟。上原教授退休后，我成为东京艺术大学工艺科染织研究室的负责人，盛羽老师作为东京艺术大学的外国客座研究员，从 2022 年 7 月开始，进行了为期 1 年的日本研究访学。

型染的传承路径和各地区的发展目前仍有很多不明确的地方，但是经由中国传入日本的染色技法"三缬"（绞缬、夹缬、蜡缬）是明确的。另外，在日本，随着大米品质的提高，同时提升了作为防染剂——糊的质量，根据和纸抄造的技术和品质，进一步改进了可以进行缜密制作型雕的型纸。12 世纪左右，建立了和现在几乎没有差异的型染技法。

盛羽老师在日本的研究访学中，不止于型染相关的研究，对京都、奈良、福冈、铃鹿、有松、金泽、德岛、静冈、盛冈、出云、桐生、长崎、东京等日本一半以上的都道府县也进行了多次实地调查。在此著作中，介绍了型染在日本是如何发展到像小纹和中形这样美丽的传统工艺的，对中日型染的技法、工序、工具、材料、素材、特征，明确了其共同点和不同点，以及形成这种不同的原因，这项研究对两国的读者都很有参考价值，也期待这部专著能对传统技法和文化的传承起到一定的作用。

东京艺术大学工艺科染织研究室代表

桥本圭也

2023 年 6 月 17 日

前　言

自古以来，中国与日本在传统染织方面就有很密切的交往，日本在学习中国染色、织造等技艺的基础上发展出独特的染织艺术，其中利用型版进行印花或染色的工艺在日本得到了长足的发展，成为极具日本特色的传统工艺，具有技术精湛、格调雅致的特点。

利用型版的印花工艺在日本被称为"型染"，由于该名称较好地体现了型版印花工艺的特点，并且本书主要介绍日本的这类印花工艺，同时型染这一名称在我国已经有较大接受度，故本书以型染称之。

本书主要分为两部分。前面部分比较宏观地介绍了日本型染的发展历史，并对型纸、小纹、中形、板缔、红型、型绘染的工艺特点与艺术特色进行了详细介绍与分析；后面部分先讨论了中日型染的关联，介绍了中日型染的工艺与艺术特点，分析了型染工艺在中日两国发展出不同风格的原因。

需要说明的是，由于日语中融入了大量汉字，因此日本型染工艺中大部分专有名词和操作工艺是使用汉字命名的，虽然部分汉字在发展过程中发生了演变或简化，但中文读者在大多数情况下是能理解其含义的，因此在介绍日本的各种型染工艺时，本书除了把繁体字替换为简体字、将使用假名描述的词汇翻译成中文、替换少量和式汉字以外，尽可能地使用日本的特定表达方式，如把"糸入れ"翻译为"入线"，而"型付""型置""繝""絣""込""裄"等保留原有名称，以保证描述的准确性，使有进一步研究兴趣的读者在追溯原文资料时能更好地对应。对部分词义与中文原意相差较大或容易产生误解的词汇，则以添加注释的方式进行说明。

本书受宁波大学哲学社会科学著作出版经费资助，特此感谢！

盛羽

2023 年 6 月

目 录

第一章
概述

　　对于美的追求是促使人类不断进步的原始动力之一，而服饰是对人最重要的装扮手段，因此古今中外不同民族的人们，都不遗余力地在面料构造与纹样装饰等方面进行着不断探索与努力创新，从而创造出了绚丽多姿的服饰文化。各国的能工巧匠在纺织材料开发和面料织造、刺绣、染色、印花等方面进行了全方位的探索与实践，作出了各自的贡献，呈现出多姿多彩的服饰样貌。并且通过商业贸易与文化交流，将各自独特的工艺技术与精美的染织产品进行融合创新，共同创造了人类的服饰文明。

　　在科技并不发达的古代社会，要想获得布料上的图案和色彩，中外各国工匠主要采用织造、刺绣、印花三种工艺。织造是指将经、纬纱线在织机上相互交织形成织物的工艺过程，将不同颜色的纱线有规律地进行变化而形成图案；刺绣则是用针将丝线或其他纤维及纱线以一定图案和色彩在底布上穿刺，以缝迹构成花纹；印花是以染色为基础，借助事先制作好的模版工具，将染料直接印在面料上或采用防染的方式使其局部染色而显现花纹。

　　与织造与刺绣这两种工艺相比，印花工艺更具便捷性、多样性与经济性，从而具有更广

泛的受众群体。在传统手工时代，亚洲各国和地区的人民探索使用金属、木质或纸质的型版进行印花，主要有：中国夹缬、镂版印花、蓝印花布；印度木版印花；琉球①红型、蓝型；日本小纹、中形、板缔、型友禅等。这些工艺都是借助型版以批量的方式加工生产，从而获得相同的产品质量和更高的生产效率。

第一节　中日两国传统印花工艺的形成、发展与主要类型

　　我国先民曾积极探索印花工艺，达到了相当高的技术水平，发展出多种工艺方法。这些传统印花工艺形式多样且风格鲜明，存在诸多优点，具有品类全、成熟早等特点，对世界染织工艺与服饰文化作出了重大贡献。型版印花工艺作为我国传统印花工艺中最重要的门类之一，同样具有起源早、图案清晰、颜色丰富、色泽艳丽和技术成熟等特点，并且在世界各国同类型工艺中长期处于领先的地位。

　　日本是我国的邻邦，两国一衣带水，一直以来在文化等诸多方面有很多相互影响。两国自隋唐以来交流频繁，日本曾派出大量"遣隋使"和"遣唐使"向中国学习技术、文字、绘画、制度等先进的文化，我国的染织技艺也随之传入日本，加上日本人民的不断实践与创新，创造出了具有日本特色的文化，在传统印花方面也取得了长足的发展。

一、传统印花的概念与工艺原理

　　"印"通常表示印章、印记、印象等含义。还有手印、指印等痕迹的意思。早期先民可能是通过对这些印痕的控制，发现可以成为记录信息或装饰美化的手段，从而开始各种用途的创新与实践。印刷、印花、印章等都是古人的实践成果，是用油墨、染料之类的颜色把文字或图案留在纸、布、器皿等材料或物体上。

---

① 琉球：自中山王尚巴志建立起统一的琉球王国，到 1879 年被日本通过废藩置县强行吞并成为"冲绳"县为止，一直是一个独立的小国。

传统印花是使用现代机械设备生产之前的各类手工印染的统称，而传统印花又与当今"印花"所指的"用颜料或染料在纺织材料上施印花纹的工艺过程"①的概念有所不同，它绝不是单纯的印花，而是一个包含了染色与印花两种工艺的多样化技术手段，是一个宽泛而约定俗成的概念，是指"以手工为主要方式，用颜料或染料在织物上形成装饰纹样的设计和工艺实施过程"②。因此，传统印花工艺除直接印花外，还有防染、拔染等工艺，采用印、染、绘或多种工艺相结合的方式，具有多样化的特点。我国的传统印花工艺成熟较早，经历了直接印花到防染显花，从压力防染到糊防染的发展过程，并最终形成以镂空纸质型版的糊防染为主要手段的印花工艺。我国传统印花工艺有夹缬、绞缬、蜡缬、灰缬、模版印花、镂空型版印花等。

而无论采取何种方法，成熟的印花工艺都离不开对图形进行有效控制与稳定的色牢度。为达到上述条件，必须具备两方面的技术能力：首先要有质量稳定的模版，其次则需要较为成熟的染料，两者缺一不可。中日两国都经历了从木质型版到纸质型版、从压力防染到糊防染的发展过程。

二、中国传统印花工艺的形成与发展

（一）印章的出现

中国人有使用印章的传统，印章的名称很多，有不下十几种，主要有玺、宝、图章、图书、图记、钤记、钤印、记、戳记等。古时候，印章通称为玺，印与玺的意思相同，《广雅·释器》中有"印谓之玺"，具有凭证、信任的象征。秦统一中国后，只有天子之印称为玺，其余的都称为印。到了汉代，诸侯王的印称玺，将军的印称章，其余称为印。印玺的起源或说商代，或说殷代，至今尚无定论。根据遗物和历史记载，印章至少在春秋时已出现，战国时代已普遍使用。《周礼》有"凡通货贿以玺节出入之"。郑注："玺节者，今之印章也。"《左传》襄公二十九年："季武子取卞，使公冶问玺书，追而与之。"说明在春秋中期，就已应用钤印来封检公文书札了。③先秦及秦汉的印章多用作封发对象、简牍之用，把印盖于封泥之上，以防私拆，并作

---

① 中国大百科全书总编辑委员会：《中国大百科全书·纺织卷》，中国大百科全书出版社，1984年，第219–310页。

② 龚建培：《手工印染艺术设计》，西南师范大学出版社，2011年，第8页。

③ 王伯敏：《中国美术史·第一卷》，山东教育出版社，1987年，第357页。

信验。而官印又象征权力。古代多用铜、银、金、玉、琉璃等为印材，后逐渐演变为书画艺术的一个门类。

早在大约五千年前的新石器时代，人们就开始尝试利用模具在陶器上形成图案。1955年，在河北唐山大城山龙山文化的遗址和墓葬中，第一次发现了红铜制品。此后在甘肃武威皇娘娘台、临夏大何庄以及秦魏家等齐家文化遗址和墓葬中发现了更多的红铜器。在河南郑州南关曾有商代早期铸镢陶范出土，其他地方也发现了青铜制的铲、锸、镰、耨、斧、斤、锛、戈、矛、刀、剑等，表明青铜铸造技术最晚从商代早期开始就成熟并应用于工具与武器。印章这种形式的出现与广泛使用，加上青铜铸造技术的成熟，为铜模印花的出现提供了条件。

（二）染料与"画绩"

新石器至青铜时代的青海柳湾遗址出土有朱砂，陕西姜寨遗址出土有彩绘的工具，同时我们的祖先也开始选用植物染料，并且经过了长期的实践，逐步掌握了各类染料的提取与染色技术，逐渐演变成为一系列加工工艺，从而生产出各类五彩缤纷的染织品。

有了矿物颜料和植物染料，我国先民开始在织物上绘制图案进行装饰。商周时期（约公元前1600—前771年），为表示帝王、贵族的尊严和高贵，他们的礼服、仪仗、帷帐、巾布等，都需要依照一定的制度使用各种图案花纹。《周礼·天官·内司服》中记载内司服所掌管王后六服之一的纬衣，就是采用绘画的方式完成，甚至死后用的棺椁也要蒙上彩色的绸幕。我国考古工作者在洛阳东郊商代统治者的墓葬中，就发现过墓椁四周蒙有彩色布幔的痕迹，并且还可以看出上面画有黑、白、红、黄四色的几何花纹，也有用红、黄两色或红、绿、白三色的。

从殷墟妇好墓中出土的青铜器等大型器物上发现了不少在绢、绮、纱、绦、罗和缣等纺织品上经朱砂涂染的印痕。此外，从陕西宝鸡出土的西周墓中，可以从青铜器和泥土上清晰地看到丝织物和刺绣的印痕及附着在上面的朱砂等颜色。[1]

古代的礼服中，下裳用刺绣，上衣则用绘画装饰，称为"画""会"或

---

[1] 李也贞，等：有关西周丝织和刺绣的重要发现，《文物》，1976年第4期，第60页。

"缋"。① 丝绸手绘最早记载于《尚书·益稷篇》："帝曰：予欲观古人之象，日、月、星辰、山、龙、华虫，作会，宗彝、藻、火、粉米、黼、黻、絺绣以五彩，彰施于无色，作服汝明。"② 对《尚书》的这段记载，虽然历代学者对此的句读与释义均有不同，但一般认为十二章中前六章是手绘，后六章是采用了刺绣的方法。③ 成书于春秋战国时代的《考工记》，是记载我国古代手工艺与生产技术的重要典籍，据考证是一部齐国的官书，即《周礼·冬官》，该书记载了五种"设色之工"，即"画""缋""钟""筐""䌫"。画、缋（皆事施彩）、钟氏（主要事染羽）、䌫氏（负责湅丝）、筐人（职无考）等五个工种。因此"画缋"是指古人用笔在丝绸或其他纺织品上绘画花纹的技术，设色五工有其二，从而说明手绘在当时是一种重要的面料装饰手段。

长沙战国时期的楚墓出土了两幅画缋作品是中国现存最早的帛画，分别是1949年在长沙陈家大山楚墓出土的《人物龙凤图》和1973年在长沙子弹库1号墓出土的《人物御龙图》。同样是长沙，更为知名的马王堆汉墓中也有帛画出土，其中1号墓的一幅呈T字形，全长2m左右，自上而下分段描绘了天国、人间和地府的景象。线条是全部画作的基本造型手段，粗细变化之中流畅致韵，着色方法主要是勾线后平涂，部分使用了渲染，少量形象直接用色彩画成。画面以朱红、土红、暖褐色为基调，石青、藤黄、白粉等丰富色彩的运用服从于统一的色调，产生了神秘、华丽、热烈的效果（图1-1）。

（三）印花的出现

1. 早期的模版印花

在纺织品上进行"画缋"，具有一定的工艺复杂性，不仅费时费工，着色牢度也差，且对操作者的技能要求较高，致使产品不能大规模生产，难以满足人们的需求。随着社会生

图1-1 长沙马王堆汉墓帛画（局部） 汉代，湖南博物院藏

① 田自秉，吴淑生：《中国染织史》，上海人民出版社，1986年，第15页。
② 田自秉，吴淑生：《中国染织史》，上海人民出版社，1986年，第47页。
③ 李英：《中国彩印二千年》，江西科学技术出版社，2009年，第34页。

产的不断发展和劳动技术的不断提高，人们学会了利用型版工具进行批量生产，据考古文献资料，秦汉以来，用型版印制织物的技术已经兴起并且快速发展，[①] 从而由画缋演变为型版印花。从工艺上讲，型板印花主要有凸纹模版和镂空模版印花两种形式。

凸纹模版印花，即利用雕刻或铸造有花纹的型版进行印花的工艺，类似于我国的刻章钤印。凸纹印花技术在春秋战国时期得到发展，到西汉时期已有相当高的水平。凸纹铜模版印花最早见于长沙马王堆汉墓出土的丝绸印花敷彩纱和金银色印花纱（图1-2）。当时的印花技术已能用凸纹铜模版套印丝织品，特别是那种印花敷彩纱，将涂料印花和手工绘彩结合起来，具有较高的艺术水平。由于没有印模伴随出土，因此该汉墓出土的印花纱被专家误认为是采用镂版印花工艺印制而成的，直到位于广州的南越王墓出土了青铜印模（图1-3）以后，才真正揭开了谜底。该印模为旋曲的火焰状纹样，其中一件长5.7cm、宽4.1cm，另一件长3.4cm、宽1.8cm，两件印模背后有一穿孔的小钮，其形制与印章极为相似。

图1-2　金银色火焰纹印花纱　丝绸，马王堆汉墓出土，汉代（约前168年），湖南博物院藏

马王堆出土的印花敷彩纱和南越王墓出土的印花铜模充分说明，早在2100多年以前，我国先民就相当成功地掌握了印染涂料的配制和多套色印花

---

① 陈维稷：《中国纺织科技史》，科学出版社，1984年，第269页。

技术。在马王堆汉墓出土印花敷彩纱（N-5）标本上查得，印花颜料主要有辰砂、黑辰砂、硫化铅、绢云母和墨数种。在黏合剂的应用方面，推测出可能已经掌握了有关蛋白质和其他胶类的固化方法，以及把某些天然树脂、干性油或漆类加以乳化、改性的技术，从而使制得的色浆在织物上具有较高的固着力。[1]

2.镂空型版印花

秦汉以后，使用镂空型版印制织物的技术逐渐兴起并迅速发展，从而出现了镂版印花工艺。1972年，甘肃

图1-3 印花铜模 汉代（约前122年），广州南越王墓博物馆藏

武威磨咀子西汉末至东汉中期墓第48号墓女棺盖上发现有三件箧面彩绢，这标号为20的三件套色印花丝织物，图案色彩相同，均为绛色套印白、绿两色涡云纹（图1-4）。经研究发现，这三件箧面彩绢上有明显的笔触效果，且局部的渍色现象不同于马王堆出土的印花纱那样均匀和平坦。经我国纺织考古专家王㐨先生鉴定，这三件箧面彩绢是用镂空版以笔刷涂颜料印成，明显是采用了镂版印花的工艺。所以，它不是手工绘制，而是采用事先刻好的三

图1-4 箧面彩绢 甘肃武威磨咀子汉墓出土，汉代，甘肃省博物馆藏

---

[1] 王㐨：《染缬集》，北京燕山出版社，2014年，第62页。

种单色镂空版，先印绿色花纹，再印小的白色花纹，最后印大的白色花纹，分三次套印出来的。这种涂印的技法和花纹都很新颖，为过去所少见。[①]王予先生曾于1972年1∶1复制验证过，染布（代替丝绸）为褐色后印第一版蓝灰色，再印第二版土黄色，最后印第三版牙白色，最终得到的效果与原物极其相似。[②]因此可以推测，秦汉时期应是镂版印花的滥觞期。而镂版印花的出现，为型版印花工艺的发展壮大拓宽了道路，从此以后，绘花织物的生产便日趋衰落。[③]

3. 压力防染与糊防染

随着染料的成熟与染色技艺的提高，此后出现了以压力防染方式显花的夹缬工艺和糊防染方式显花的"灰缬"。隋炀帝曾令工匠印染五彩夹缬花罗裙，赏赐给宫女和百官妻女。唐朝时，夹缬色彩斑斓（图1-5），极为盛行。唐代诗人白居易《玩半开花赠皇甫郎中》中有"成都新夹缬，梁汉碎胭脂"的诗句。《唐语林》引《因语录》云："玄宗时柳婕好有才学，上甚重之。

图1-5　绀地花树鸟纹夹缬绝几褥（局部）
　　　　唐代，日本正仓院藏

婕好妹适赵氏，性巧慧，因使工镂板为杂花之象而为夹缬。因婕好生日献王皇后一匹，上见而赏之，因敕宫中依样制之。当时甚秘，后渐出，遍于天下。"此语虽不足全信，但也说明早期夹缬工艺是流行于上流社会并传到宫廷的。到了宋代，朝廷指定复色夹缬为宫室专用，并二度禁令民间流通，夹缬被迫趋向单色，曾一度被认为已经消亡。

据文物考古专业人员研究发现，我国南北朝时期就出现了采用镂空花版与蜡缬结合的防染印花工艺。新疆于田屋于来克古城北朝遗址就有4块印花织物残片出土。这些毛织物与棉织物无论是颜色还是图案，都与现在的蓝印花布极其相似。在唐代，利用镂空型版进行防染加工，除使用蜡作为防染剂

① 甘肃省博物院：武威磨咀子三座汉墓发掘简报，《文物》，1972年，第12期。
② 王予：《染缬集》，北京燕山出版社，2014年，第239-240页。
③ 盛羽：《中国传统镂版印花工艺研究》，中国纺织出版社，2018年，第47页。

以外，还有碱、胶粉等材料，刷色后脱去胶浆得以显花（图1-6）。

图1-6 印花绢 新疆阿斯塔纳187号墓出土，唐代

宋代在延续前朝工艺的基础上开始用草木灰或石灰等强碱性物质进行防染。这种技术经过不断改良，直到改用石灰和大豆粉调制成的防染浆并最终成熟，并一直延续至今。

宋末元初，黄道婆在向海南黎族妇女学习棉纺织技艺以后，返回松江府教乡人改进纺织工具，对促进长江流域棉纺织业和棉花种植业起到了非常重要的作用。而棉花的普及也促进了印花的发展，使灰缬找到了更好的载体，从而成为流传至今的"蓝印花布"。

此后的明清两代，传统印花工艺虽没有取得突破性成就，但也出现了刷印花、弹墨等地域性印花工艺。

三、日本传统印花工艺的形成与发展

日本的染织技艺受中国影响较大，"3—4世纪，日本还停滞在很原始的阶段，工艺技术尚未萌芽，虽然已知养蚕，抽丝方法却极幼稚。《古事记·神代纪》之一云：'口里含蚕得抽丝，'就是说把茧含在嘴里一缕一缕地抽丝。"[1] "一般认为，浸染的染色方法传入日本是在3—4世纪，与各种植物作为医药品传入日本是同一时期。据推测，可能在很久以前的中国，浸染法

---

[1] 朱云影：《中国文化对日韩越的影响》，广西师范大学出版社，2007年，第330页。

已经过多年偶然知识的积累，各种植物作为医药煎制出的溶液中所含色素能够很好地吸附在纤维（网）、耐水洗的物质上，与灰汁的作用一起作为技术固定下来。"[1]

日本的传统印花工艺，首先应该提及的是奈良时代（710—794年）的摺染，利用的就是木质凸型型版，这种方法在平安时代（794—1192年）还被用于蛮绘袍。奈良时代三缬中的夹缬和臈缬[2]（图1-7）也是借助型版进行染色的。在平安时代到镰仓时代（1185—1333年）期间的画卷中，民间百姓的衣料上出现了许多种纹样。除摺染外，同

图1-7　鹦鹉纹臈缬毯代（铺垫物）　日本重要文化财[3]，法隆寺宝物，东京国立博物馆藏

时期还盛行"染革"，即将刻有纹样的型版覆在皮革上，再进行擦染上色。

室町时代（1336—1573年）中期过后，这样的型版印花实物就变得随处可见。较常见的有印有较大纹样的素袍，还有些是上了色的。在风俗画中出现的较大纹样以及素袍的风格也与上述实物不谋而合。进入桃山时代，型纸加糊的防染技法进一步发展。原因有二，其一是小袖[4]纹样时代的到来成为推动力；其二则是由于与织造、刺绣等染织技艺相比，型版印花更便于批量生产。

江户时代（1603—1868年）的和平与稳定使这一时期的型版印花得到了快速发展，因此作品更添了几分精致，并开始形成一个与手绘染相呼应的相对独立的型糊染世界。其中有三个特点较为突出。一是由于制作武士公服裈的需要，型版印花的被需扩大，工艺迅速成熟并发展起来，印制技术也随之更上了一层楼；二是因为匹田绞染一直深受喜爱，然而被江户幕府颁布的禁奢令禁止使用，导致作为替代物出现的红、蓝板缔工艺开始流行；三是以往

---

① 木村光雄：染色の歴史と伝統技法，《繊維学会誌》，2004年第11期，第52页。

② 臈缬：蜡染。

③ 日本重要文化财：指重要的绘画、雕刻、书籍、建筑物等经过日本文部科学大臣认定的珍贵财产。

④ 小袖：是一种袖口较窄的日式服装，平安中期是作为礼服的内衬，后逐渐成为外衣。

浸染的方法被取代，使用毛刷进行刷染的方法开始普及。防染糊的成熟是型版印花技法发展过程中的一个里程碑，为友禅染的出现打下了基础。实现了大批量生产后，型版印花作为一种百姓衣料染色法更是满足了人们的衣着、床上用品等方面的庞大需求。

到了明治时代（1868—1912 年），随着合成染料的使用与推广，出现了注染工艺，用这种先印制防染糊再由上而下注入染料的工艺更加高效，长板中形被注染取而代之，成为浴衣的主要加工工艺。

四、中日两国传统印花的主要类型

多样性是中日两国传统印花工艺的主要特点，蜡染、扎染、夹缬、蓝印花布、镂版印花、模版印花、板缔、中形、小纹等工艺都能制作精美的图案与靓丽的色彩且各具特色。

传统印花工艺大多借助型版等工具进行加工，因此能批量化生产，具有较显著的便捷性，并由于多采用棉、麻等常见面料为载体，所以具有亲民的特点，从而影响广泛。而利用型版进行印花，批量生产是其优势，因此就效率而言，型版印花工艺无疑是其中最高的。型版印花所使用的工具没有织造这么庞大，工艺也没有刺绣、蜡染等繁复，图形比扎染清晰明确。因此对比其他传统染织工艺，无论是费时费力的织造与刺绣，还是色彩单调的蜡染，型版印花无疑是其中最简便易行的，具有工艺简单、操作便捷、成本低廉等特点。

（一）传统印花的显花方式

根据前面所述，中日两国人民在印染领域的创新实践，从印花原理的角度对其进行归纳，将更有助于明晰不同印花工艺之间的相同和差异以及相互间的关系。传统印花是通过多种技术手段将染料附着在布料上而形成图案，因此要想认清这些纷繁复杂的印花工艺，就必须先了解传统印花的显花方式。然而由于各种印花工艺技术之间存在着错综复杂、相互渗透的交叉关系，加上对印花工艺技术认识的不足或约定俗成的称谓，可能会给人们认识这些工艺带来一定的困难。

传统印花的显花方式主要有直接印花、防染印花和拔染印花三大类。

1. 直接印花

在白色或浅色织物上先直接印以色浆，再经蒸化等后处理的印花工艺过程。中国最初成形的印花工艺，其原理属于直接印花。此种方式秉承自先秦以来的绘画和印章传统，开启唐代雕版印刷的先河，流传后世两千余年。图1-8即为使用模版蘸上染液直接进行印花。直接印花一次即可得到图案，而防染印花则增加了染色的步骤，因此对比而言，直接印花的效率更高。镂空版印花、刷印花和模版印花都属于直接印花。

图1-8　新疆木戳印花　摄于新疆英吉沙县

2. 防染印花

中国传统纺织印花的主流是防染印花，它发端于汉晋，成熟于唐代。防染印花不能一次形成图案，是使用压力等物理方法或先在织物表面印上或绘上一种能够防止染料上染的防染剂，然后放入染液浸染，从而得到图案的工艺（图1-9）。另外，在直接印花与防染印花之间，还存在着交叉并用的显花技术和互通的印花工具。

借助防染剂进行防染印花的方式，无论在中国还是日本，都是传统印花的主流。这种方式是在织物上先印以防止地色染料上染或显色的印花色浆，然后进行染色而制得色地花布的印花工艺过程。印花色浆中防止染色作用的物质称为防染剂或防染糊。用含有防染剂的印花浆染色后得到白色花纹的，称为防白印花；在防染印花浆中加入不受防染剂影响的染料或颜料印得彩色花纹的，称为色防印花。

严格意义上讲，防染印花并不属于狭义上印花的范畴。蜡染、夹缬、扎染和蓝印花布均属于防染印花，其中蜡染是以蜡为防染剂，先手绘再染色；夹缬是先使用型版将布夹紧再染色；扎染是将织物用线绳捆扎以后再染色；蓝

图1-9　蜡缬绢　北凉（400—421年），原刊于《丝绸之路——汉唐织物》

印花布是先印上用黄豆粉和石灰粉调制的防染浆再染色，然后将型版、蜡、线绳或防染剂去除，即得到花纹图案。

3. 拔染印花

拔染印花是在已经染色的织物上，印上含有还原剂或氧化剂的浆料将其地色破坏而局部露出白地或有色花纹。通常前者称拔白，称后者为色拔。在中国历史上，该工艺最早出现在唐代，如唐王建诗《宫词一百首》中有："缣罗不著索轻容，对面教人染退红。衫子成来一遍出，明朝半片在园中。"其中"对面教人染退红"一句应该就是写拔染印花。[①] 现代拔染印花工艺已经非常成熟，目前可作为拔染用的地色染料很多，如不溶性偶氮染料、活性染料、直接染料等。由于还原染料本身处于强碱还原剂介质中，因此最适宜作为上述这些染料的地色拔染中的色拔染料。

（二）传统印花的工艺类型

按照前面对显花方式的分析，无论哪种方式都需要具体工艺来实现，而中日两国的传统印花从工艺类型上分，主要有型版印花、手绘和型绘结合三大类。型版印花在日本被称为"型染"，由于该名称较好地体现了型版印花工艺的特点，并且本书主要介绍日本的传统印花工艺，同时型染这一名称在我国已经有较大接受度，故本书中均以型染称之。

1. 型染

型染顾名思义是利用纸质、木质或金属材质的镂空或刻有花纹的印版进行涂刷、防染或直接印花的工艺。型染是与手绘相对应的纹样染色法，从显花的工艺原理上来说，是借助型版进行直接印花、借助压力或防染剂进行防染。型版赋予了纹样染反复性和均一性，因此型染是比较理想的一种批量生产的方法。中国古代先民对于型染的探索一直没有间断，因此遗留下来的型染实物也并不罕见，相关描述也常见于各类文献记载之中，其历史也有基本脉络可寻。图1-10展示的是唐代印花纱。

中国的代表性工艺有夹缬、蓝印花布、镂版印花、模版印花、刷印花等；日本的代表性工艺有小纹、中形（图1-11）、板缔、型绘染和型友禅[②]等。

2. 手绘

严格意义上说手绘并不属于印花，但应该是最早的染色实践之一，在各

---

① 郑巨欣：《中国传统纺织品印花研究》，中国美术学院出版社，2008年，第25页。
② 型友禅：部分使用型版的友禅染。

图 1-10　绯色回纹印花纱　唐代，中国丝绸博物馆藏

图 1-11　中形浴衣　19 世纪，洛杉矶美术馆藏

国早期人类的生产活动中均有所尝试。即利用毛笔等工具将植物或矿物颜料或染料在布料上绘制图形，以进行装饰美化、记录信息或配合仪式展示威严等作用。除手工直接绘制以外，后来随着材料的进一步挖掘、染色技艺的提高，结合防染工艺逐渐发展出先绘后染的蜡染、枫香染、粘膏染等工艺。手绘工艺的特点是具有较高的自由度，缺点是对手工艺者技艺要求较高，容易因个体差异而导致质量不稳定，从而不能标准化生产。中国的代表性工艺有蜡染等，日本的辻（shi）花染和友禅染华丽而细腻，有非常高的艺术价值。

3. 型绘结合

即型染与手绘的结合，利用型版进行批量印制出基础图形，然后在其空白处用笔绘制颜色。型绘结合的方式是型染与手绘两者优点的结合，即型染精准的图形控制、批量化生产的质量稳定性，手绘丰富的色彩、细腻的层次。因此可以说型绘结合类的印花工艺是两种方式的优势联合，具有较强的表现力。

型绘结合类的工艺在中国并没有广泛流行，东海上的琉球王国所创造的红型和日本在此基础上发展出的型绘染、型友禅，是此种工艺的代表。

第二节　型染的原理与分类

一、型染的原理

《说文解字》中对"型"的解释是："铸器之法也。从土、荆（刑）声。"土、荆（刑）两范式叠加。汉语中以木为之曰模，以竹曰笵，以土曰型，引申之为典型。以土作造型之定法范而铸制器物是型之范式。

因此型染的"型"是指范式，即是使用镂空或刻有图案的纹版对纺织品进行加工，使其具有事先设计好的图案的过程。因此在日本，型版印花工艺被称为"型染"。日本《世界大百科事典》中"型染"的解释：一种染色方法，在用染料给纺织品染色时，用型纸或其他染型在纺织品上产生一个图案。用这种方法制作彩色图案时，型被用作防染。染型有木制型、金属型、纸制型和其他类型。型染具有反复性、均匀性和大规模生产的特点。自古以来，在两种情况下使用：一是要用染色法生产像织布一样具有反复性和均匀性的图案，二是需要大规模生产的染色。[①]

从印花原理上来讲，型染既有直接印花，也有防染印花，其最大的特点是利用型版这个工具进行批量生产，以保证较高的生产效率和相同的产品质量。

二、型染的分类

型版赋予了纹样印染的反复性和均一性，因此型染是一种比较理想的批量生产方法，中日两国利用型版进行印花的种类很多，此次主要集中在利用型版进行印花的传统工艺，即聚焦在型染和型绘两方面结合的工艺，手绘类染色工艺不在本书研究的范围之内。

（一）从型版材质分

型版的材质从木材、金属到纸张不一，因此可分为木质型版、金属型版和纸质型版。从发展的过程来看，经历了由木质型版到纸质型版的发展过程，金属型版比较少见。

（二）从型版造型分

型版从造型上可分三类，同时也分别对应了直接印花、压力防染和糊防染三种印花类型。第一类为凸型，型版材料有金属和木质，即印章式直接印花（图1-12）；第二类是凹凸型，材料主要是木质，与前者的区别在于凸型只有凸出的花纹参与印花，而凹凸型除了凸出部分用以显花以外，凹下去部分规划出通道作为染液流通的"水路"而参与染色。将布料夹在其中并浸染，凸处防染，凹处染色；第三类是镂空型，型版材料为纸质（图1-13），直接在镂空处刷印颜色或刮印防染糊后染色，为镂空型直接印花或防染印花。虽然三类都是利

图1-12　木戳印花版　摄于新疆英吉沙县

---

① 下中直人：《世界大百科事典》，平凡社，2007年，第5卷，第371-372页。

用型版进行局部染色，但型版样式不同，其染色方法也有较大差异。凸型印制成阳文图案；凹凸型与镂空型虽都为色地白花的阴文图案，但工艺原理不同，前者是靠压力防染，后者则是刷印或糊防染。虽然三类工艺互不关联，但从时间轴来看，这三类工艺的流行时间呈先后关系，且只有第三类中的镂空型糊防染工艺（简称型糊染）成为型染的主流并流传至今。

（三）从印花原理分

根据前面对传统印花原理的分类方法，型染与型绘相结合的工艺还可分为直接印花、压力防染印花、型糊染印花和型绘结合等工艺。蓝印花

图1-13　蓝印花布花版（局部）　摄于浙江省桐乡市

布、蓝型、小纹是先印防染糊后染色，去掉防染糊后显花的型糊染印花；夹缬、板缔是用型版将布夹紧后浸染，去掉型版后显花的压力防染印花；模版印花、镂版印花和摺绘、摺込、蛮绘是直接印或刷花；红型、型绘染、型友禅是一种型版和手绘结合的工艺，印上防染糊后绘染色彩，去糊后显现出所绘图案。型绘结合的方式是利用型版进行批量印制图形，在其空白处绘制颜色，使其具有精准的图形、丰富的色彩、细腻的层次与批量化生产的质量稳定性，是多种工艺的优势互补。缺点是色牢度不高，只能用于装饰性服饰。

三、中日型染的主要工艺

不同的工艺具有各自的特点，如蓝印花布粗犷、小纹则细腻，模版印花便捷、型友禅则繁复，板缔色彩单一、红型则色彩艳丽等。

（一）直接印花

直接印花可分为直接印和刷印两种方式，并演变出多种工艺形式。印金是利用镂空版刷印上的胶，把金箔贴在布料上的工艺。

1. 模版印花

该工艺采用凸型，有木质或金属材质，是用凸纹模版在织物上印花的工艺方法。就像钤盖印章、印戳一样的方式在纺织品上印花的工艺，在西汉时期出现了青铜模版印花。宋后期至元，模版印花得到了较大发展，南宋黄升墓有较多这类印花纺织品的实物出土。在明清时期的新疆地区，这种工艺非常盛行，当地称为木戳印花（图1-8、图1-12），并延续到今天。

2. 镂版印花

该工艺采用纸质型版，在中国具有悠久的历史。在经过处理的纸版或其他防水材料上镂刻花纹，并将这些制成的镂空印花版放置在布上，用刷子在镂空处涂刷，从而使印花色浆能通过镂空部位在织物上形成花纹（图1-14）。其显花原理是，将调制好的染料色浆或涂料涂刷在覆盖了镂空型纸的织物上进行局部染色，从而形成图案。

图1-14 镂版印花 摄于浙江省海宁市

3. 摺绘

日本将模版印花称为摺绘，因此同样采用木质型版。该工艺类似于模版印花，采用刻有花纹的木质型版蘸上颜料后在布料上直接印花。

4. 摺込

该工艺采用纸质型版，与中国镂版印花工艺基本相同。将型纸放在布料上，直接把染料或颜料涂刷在布上以显现图案，部分和更纱①、型友禅中的摺込禅就是采用这种方法。

5. 刷印花

该工艺采用木质型版。清人褚华《木棉谱》有详细记载："或以木版刻作花卉、人物、禽兽，以布蒙板砑之，用五色刷其砑处，华采如绘，名刷印花。"这种工艺与模版印花不同，染料是涂刷在布上，类似于中国传统碑刻上拓片的方式。此种工艺已经失传，型版未曾得见，但从实物分析，套色主要是涂刷时灵活变化而得（图1-15）。

---

① 更纱：印花布，和更纱指日式印花布。

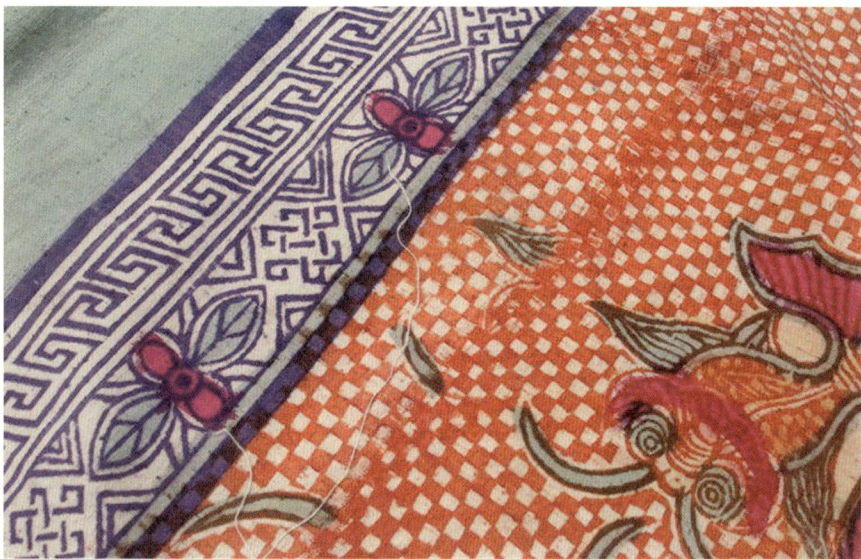

图 1-15　刷印花包袱（局部）　购于山东烟台

6. 印金

用金箔或金屑，黏贴或黏附于织物上，形成图案花纹的工艺，中国称为印金。印金工艺到底是采用何种方法，史料未有记载，相传使用型版覆盖在经表面平整处理的织物上，并在镂空处涂刷黏合材料，或利用黏合剂直接绘制，从而得到花纹图案。等黏合剂稍干，将金箔或金屑覆盖或撒在花纹上面，然后在上面覆盖薄纸，用蓬松的干笔在纸上刷或轻触，以使金箔或金屑充分黏合（戗金银法）。[1]中国美术学院郑巨欣教授曾做过印金的复原实验，分别以凸版印金法和镂空版印金法进行了三次实验，均获得成功。

7. 摺箔

该工艺采用纸质型版，是印金工艺的日本名称。摺箔是利用型纸将黏合剂印在布料上，再将金箔或银箔贴在花纹处，干燥后除去多余的箔来表现图案（图 1-16）。

（二）压力防染印花

1. 夹缬

该工艺采用木质型版。《辞源》释：唐代印花染色的方法，用二木版雕刻

---

[1] 陶宗仪：《南村辍耕录》，中华书局，1959 年，第三十卷，第 379-380 页。

图 1-16　淡浅葱地鳞纹摺箔和服　18 世纪，东京国立博物馆藏

同样花纹，以绢布对折，夹入此二版，然后在雕空处染色，成为对称花纹，其印花所成的锦、绢等丝织物叫夹缬。此工艺在唐代达到流行的顶峰，从当时的诗句和绘画中均可看到对夹缬的描绘。由于夹缬生产耗时费力，于宋代被官方禁止。直到 20 世纪 80 年代，在浙江南部的苍南等地发现仍然还有作坊在生产，不过现在只是蓝白单色的，被称为"蓝夹缬"。夹缬于日本飞鸟时代（593—710 年）至奈良时代（710—794 年）传入日本，且工艺相同。

2. 板缔

该工艺采用木质型版。板缔是中国夹缬传入日本以后，在江户时代中期再度流行并发展形成的一种染色技法，是用各种方式将布料折叠，用刻有图案的木版将布料两面夹紧，再进行染色的方法。用版夹紧的目的是防染，这样可以将因版上有突出花纹而被夹紧导致其未接触染液的部分保持原有的颜色，而未被夹紧部分则被上染，从而呈现纹样。不同的折叠方法、不同的板面形状，可以染出各种不同的纹样，例如花朵、麻叶、格子等几何形的纹样。

（三）型糊染印花

型糊染是使用纸质镂空型版的防染印花工艺，将防染糊透过型版刮印在布料上，染色后去糊得到色地白花图案。虽然型糊染出现较晚，但此类型染工艺成熟以后均成为中日两国印花工艺的主流。

1. 蓝印花布

中国的代表性工艺，古称"灰缬"。将印上防染浆花纹的布匹在干燥后投入染液浸染，洗去浮色后刮掉灰浆就得到蓝底白花的成品（图 1-17），这种印花法在宋元时被称为"药斑布"，也就是民间一直流传至今的蓝印花布，是中国流传范围最广、最受欢迎的印染工艺之一。

2. 小纹

日本的代表性工艺。小纹染在麻和绢的布料上使用，多用在武家男性和町人男女的服装上。诞生于武家社会的小纹染在型糊染工艺中最为精细，呈现出难以言喻的素雅之趣与脱俗之美。

3. 中形

该工艺同样是日本的代表性工艺。中形也称长板中形，究其名字的由来，有"比小纹染图案更大"的意思，在江户时代，中形染主要用于庶民的服饰，多采用棉麻布料。由于常被染于浴衣上，因此成为浴衣的代名词。虽然被称为"浴衣染"，但不仅只用于浴衣，也被用在通常穿的小袖上面。从

图 1-17　蓝印花布童裤　20 世纪 20 年代，浙江省桐乡市文化馆提供

技法方面来说，早期与小纹染相比并没有很大的变化，只是附着在布料上的糊的面积变大了，糊且刮糊用的篦的形状也有不同而已，但随着小纹改用合成染料，其染色方式有了较大区别。

（四）型绘结合

1. 红型

该工艺采用纸质型版。红型工艺是先把刻有图案的型版覆盖在布上，将防染糊透过镂空处刮印在布上形成防染区域，干燥后再用毛笔在空白处涂擦福木、胭脂、苏枋、红、群青等染料或颜料，先平涂，再晕染，使其局部染上颜色，洗去防染糊后，即得所绘图案。红型由于是利用型版防染与手绘结合的方式，因此兼具型版的高效与精准、手绘的多彩与细腻等多种特色。图 1-18 所示为当时琉球王国向清政府进贡的贡品。

2. 型绘染

该工艺采用纸质型版。型绘染是使用型纸印染花纹的一种染色技法，由红型发展而来。虽然与型友禅、中形染、江户小纹一样，是靠型纸印染制作

图 1-18 红型 清代，故宫博物院藏

而成，但型绘染更侧重于艺术创作的绘画风纹样。型绘染的自由度较高，在诸多艺术家的努力下不断拓宽边界，不仅可以在各种纺织材料上创作，还可以染纸成为特色出版物；既可创作艺术品，也可以在服饰、屏风等方面进行实用性创造；既可以强调型染粗犷硬朗的造型特色，也可以呈现细腻柔美的艺术风格。

四、各类传统型染的工艺特征

从前面对传统印花工艺的分类来看，无论从型版材料、型版造型还是印花原理来看，呈现多元化的类型特征。在这些传统工艺中，虽然都是使用型版作为工具的印花工艺，但由于显花原理不同，其型版材质与所承担的作用都有较大的区别。

从材料的角度讲，刷印花、夹缬、模版印花、摺绘、板缔都采用木质型版，但显花方式不尽相同；蓝印花布、镂版印花、摺込、中形、小纹、红型、型绘染等工艺则都采用纸版，但技术手段也都各不相同。

从工艺的角度讲，型版所承担的作用也是有很大的区别，木版或金属版是类似于浮雕型，而纸版是镂空型。夹缬、板缔是将木制型版作为防染模具，将布夹紧后一起放入染缸浸染；模版印花是将型版刷上染料后一一印制在布料上形成花纹；蓝印花布、中形、小纹等是将防染浆刮印在镂空纸版上后染色；红型、型绘染是印上防染糊后再进行绘染；镂版印花与摺込则最简单，直接在型版的镂空处刷印即可。各型染工艺的类型见表1-1。

表1-1　各型染工艺的类型

型染工艺	压力防染	直接印花	糊防染
木质型版	夹缬，板缔	模版印花，摺绘，蛮绘	
纸质型版		镂版印花，摺込	蓝印花布、小纹、中形、注染、红型、型绘染

五、中日两国传统型染的工艺特色

（一）中国的型染工艺

中国的型染工艺各有特色，模版印花是直接印花，因此工艺最为高效，由于花版是木质的，为保证印花质量，所以花版不宜过大，被分割成许多大小不一的印版，从而印制时可以灵活调用搭配，组成丰富的图案效果。

夹缬是使用型版的防染工艺，图案的对比强烈，白色花纹的边缘线往往有些许渗透，倒显得格外自然。虽然蓝印花布同样是防染工艺，但纸版的刻制显然比木版容易许多，因此可以有更多自由发挥的空间。刷印花虽然也是木质型版，但是不需要夹缬型版那样留出凹槽让染液流过，因此可以达到更为精细的效果。镂空版印花工艺具有较高的生产效率和丰富的色彩。

（二）日本的型染工艺

日本的型染工艺可谓独树一帜，工艺源于中国且原理相似，型染工艺由于深受日本处于统治地位的武家社会钟爱，在工艺家们的努力下，进一步挖掘了工艺潜力，取得了较大突破，从而在产品用途、外观特征等方面都与中国大相径庭。日本的中形与小纹两者的工艺基本一致，只是因图案大小而得名，且与中国的蓝印花布工艺原理基本相同。然而由于两国的政治、经济、文化等方面的实际情况存在巨大差异，导致使用群体与使用场景有较大不同，最终呈现出较大的区别。

琉球的印染工艺在受到中国印染工艺的影响后发展出红型，是型染与手绘的结合，后输出到日本，并最终发展成为型绘染。在镰仓芳太郎、芹泽铚介、稻垣稔次郎等艺术家的努力下把这种技术推向了高峰，成为艺术创作的一种特殊形式，具有图案精美、刻画深入的特点，成为广大染织艺术家的创作手段，并一直影响到现在。

第三节　型染工艺的研究价值

一、理论价值

（一）历史与现实意义

我国的传统手工技艺呈现丰富的多样性，经考古发现表明，型染工艺在我国已有两千多年的历史，且历代都有实物出土，并传播到世界其他国家。但许多优秀工艺在现代性进程中表现出生存脆弱性，传统手工印染技艺在逐渐退出历史舞台的今天，已经引起人们对文化生态的完整性与安全性的担忧，因此国家通过立法来保护非遗项目，提出"创造性转化、创新性发展"的新理念。

通过整理与归纳型染工艺的造型规律与艺术特征，对其挖掘、梳理和知识管理研究，构建其理论体系，不仅为丰富艺术学科的基础理论研究作出贡献，还可以通过对比研究，借鉴日本的一些经验，为我国型染这种传统工艺类非遗项目的现代性转型构建理论体系作出尝试。这不仅对保护、传承型染工艺具有重要的理论指导价值，还对发展中国传统文化，实现中华民族的伟大复兴具有积极的现实意义。

（二）社会意义

通过多方位、多层次地对型染这一具体的工艺门类在日本的发展与革新的调研，以及对该工艺在两国不同走向的对比，分析对其发展变化的主要推动力量。意在唤起人们对手工文化的情感诉求，挖掘与利用型染工艺所蕴含的人文价值，呼吁人们对文化生态的理解与重视，赋予传统手工文化的生存土壤，从而创造多元化的生存空间，真正做到对非物质文化遗产的传承与弘扬；同时探讨传统工艺在新时期传承与发展的可能性，为创意产业构建知识管理服务平台，提高企业的竞争力，增强产品的民族文化附加值。

（三）学术意义

通过研究，不仅可以丰富学术界对型染工艺的理论探索，并以国际化视野面对自我传统文化，以不一样的视角来回观自身，提供更为客观的思考。通过大量的调研取得第一手材料，并结合文献，整理与归纳该工艺的造型规律与艺术特征，为艺术学科的基础理论研究作出贡献。此外，传统工艺的创新性传承和传统文化的现代性转型是研究关注的重点，希望通过挖掘与对比，为民族文化的创新性发展提供创意设计的新思路，从而对设计学科的发展起到一定的促进作用。

二、应用价值

（一）工艺价值

日本的传统型染工艺在中国型染工艺传入的基础上进行了改良，形成了自己的特色。型染具有工艺精湛、形式多样、用途广泛等特点，适用于服饰、家居等日常生活的各方面，甚至成为高档服饰，成为染织艺术家创作的手段而上升到艺术的高度，因此构成了在民间的影响力。此外，其产品自然、细腻的风格是工业化产品所无法比拟且不可取代的，具有较高的工艺价值。

（二）实践价值

日本是世界上较早提出非物质文化遗产概念并率先建立各级保护政策的国家，在传统工艺的设计创新与保护制度的实践创新等方面均走在前列，因此日本在传统工艺创新发展方面的技术与经验有一定的参考价值。基于传统技艺进行创新设计研究，在技术上改良与观念上革新同时进行，通过提高产品质量与丰富表现形式，实现古老型染技艺的创造性转化，以适应当代的审美品位及生活需求，使古老的技艺得到可持续的发展。同时探讨传统工艺传承的新模式，为其他传统工艺的创新性发展提供范例。

（三）历史价值

在当下我国经济高速发展、民族文化全面复兴的大背景下，面对传统手工印染技艺在逐渐退出历史舞台的境况，必须以发展的眼光和国际化的视角去思考与处理这些客观问题，重新定义传统手工艺在新时代的价值以及传承这些优秀传统工艺的意义。因此，探讨传统手工文化传承与发展的问题，防止地域文化特征的消失与文化生态的破坏，并提出切实可行的方法与路径已成为当务之急。

第二章
日本型染的发展脉络

　　日本的型染工艺类型多样，产品质量精良，并且由于其使用者多为武家和富裕的商人阶层，发展并形成了自己的特色，因而具有较高的产品质量与艺术水准。从各处传世的实物来看，最早传入日本的印染工艺应该是被称为"三缬"的夹缬、绞缬和臈缬。然而三缬在日本的发展各不相同，臈缬销声匿迹，夹缬小范围流传，而绞缬则一直受到欢迎。

　　利用镂空纸版的糊防染工艺，虽然比三缬传入的时间晚了数百年，但在多种机缘之下却大行其道，并最终发展成为丰富多彩的"型糊染"，日本型糊染的种类繁多，有小纹、中形、型友禅、型绘染、红型等，除红型是在琉球独立发展外，其余工艺都是在日本本土成熟，可谓丰富多彩。型糊染凭借型纸来染色而发展成日本型染的代表性工艺，不仅提升了传统印花的工艺水平，还拓宽了传统印花的边界，在世界传统染织工艺中占有一席之地，为世界染织工艺的发展作出了贡献。

第一节　型版的种类

在面料上进行型染，根据型版的材质、型版的使用方法、染料的种类这几个方面的不同而发展出类型多样的型染工艺。日本型染经历了从木质型版向纸质型版、从压力防染到糊防染、从浸染到糊染的多次演变。

一、型版的分类与使用方法

日本型版的材质，主要有木、纸、金属等种类。在奈良时代（710—794年）与平安时代（794—1192年），型版的材质以木为主。由于外来技术的影响、和纸技术的进步和糊的开发，随着型糊染工艺的成熟，从木质型版过渡为纸质型版。在近代，金属型版几乎不使用。

根据显花原理与工艺类型，日本在型版的使用上大体有四种方法。一是木质型版的直接印花，与中国的模版印花相似，在阳刻的木质型版上涂染料或颜料，在布料上印花或者贴金银箔。二是木质型版的防染，把布料在木型之间的布料夹紧，投入染液中浸染，利用压力防染。三是纸质型版的糊防染，主要是用蜡或米糊为防染剂，为了不让布料染上颜色，用糊和蜡等在固定好型之后，印在布料上以防染，后期还有在此基础上加入手绘等手段的型绘结合的工艺。四是纸质型版刷染，采用镂空型纸，在镂刻有图案处刷染。

回顾日本型染的历史不难发现，上述工艺大多是采用防染的方式显花，除使用压力防染以外，主要采用米糊或蜡作为媒介进行防染，尤其到了后期，糊防染成为日本型染的主流手段。米糊是糯米和糠、石灰等的混合物，根据布料质地、图案的大小、染料品种而等变化其原料比例。

二、木质型版

日本型染的起源最早可以追溯到奈良时代，被称作"摺绘""夹缬""臈缬"的染织物成为日本型染的起点。

正仓院藏有大量奈良时代的御用物，包含摺绘、夹缬、臈缬等各种图案精美、色彩丰富的染织品，遗憾的是用来加工的木质型版并没有留存下来。最早的木质型版是富山县大岛町的北高木遗址出土的奈良时代末期（8世纪）的木质型版。质地为栗木，长38cm、宽21cm、厚2cm。板的两面雕刻有兔子和花卉纹样，各个图案朝着不同的方向，就此推断用染料或颜料来做捺染使用。另外，法隆寺有室町时代的蛮绘木质型版被保存下来，也是在两面都刻有英勇姿态的狮子，直径35.6cm、厚4.2cm，极其珍贵。另外在严岛神社也有保存下来的熊纹和云纹木质型版（图2-1），在背面写有永德四年（1384年）的墨字。以上的木质型版是使用墨和颜料，用于捺染制作。

图2-1　蛮绘摺版　1384年，严岛神社藏

三、纸质型版

学术界对于型纸的起源尚不明确，说法也不统一。正仓院内曾发现类似剪纸的"吹绘纸"碎片，它是将图案的形状剪下作为模板，把它放在纸上后用绘画工具施以飞沫，移除模板后显露出花卉、蝴蝶、鸟、云等留白图案。但此种工艺是否曾为印染所用也无从考证，因而就此说型纸制作即来源于此，显然证据不足。

从何时由木型转向纸型这个问题目前学术界并没有明确的答案，但自从出现纸型并应用于印花以后，木质型版似乎被取代而变得稀有，并且成为日本印花的主流、一直持续到现代丝网印的出现。这是因为纸质型版既便于雕刻，又有良好的印制效果。

作为型纸主要原材料的和纸，是利用品质上乘的楮树皮制成，并用柿漆将2~4张和纸以不同的方向贴在一起，这样可以使纸的纤维以不同的方向排列在一起，从而增加了型纸的强度。越是品质上乘的型纸，越容易刻出精细的形状，而且不易在刮糊时因为手法用力不当而使图案变形或损坏型纸。

第二节 木质型版印花工艺的发展

一、木质型版印花工艺传入日本

日本从飞鸟时代开始至奈良时代，佛教由中国传入日本并进一步流行，而夹缬传入日本，其主要原因与佛教相关。在与中国的交流中，经由朝鲜半岛，或以更为直接的是通过遣唐使船等方式进行的交流活动的进一步深入，加速了日本对于来自中国的佛教以及先进文化的吸收。在建设统一国家时期，日本为了平息国家动乱、宣传统治威严，曾积极推广佛教。比如颁布在各封国建造国分寺的诏书、在东大寺修建巨大的佛像、举办隆重的大佛开眼仪式等，相传圣武天皇、光明皇后都出席东大寺的大佛开眼仪式。随着佛教同时传入的还有许多采用夹缬技法完成的屏风和经幡。从当时留下的记载可知，在大佛开眼仪式所使用的工艺美术品中，夹缬多用于经幡、舞乐乐人服装的半臂（短袖上衣）以及腰带等物品中。如法隆寺、东大寺等寺院传下来的残片，不少仍收藏于正仓院和东京国立博物馆（图2-2）。除夹缬屏风、褥垫、半臂、腰带、经幡外，还藏有各种裂帛残片，这些均被列于《法隆寺献物账》《东大寺献物账》（756年）等清单中。这些夹缬裂帛虽已有一千多年历史，但它们依旧色彩鲜艳。

与正仓院所藏的﨟缬裂帛上所采用的57种图案相比，夹缬裂帛所用的纹样则超过了100种，其中唐花草占据大多数。

夹缬是一种颜色较丰富，可以将图形描绘得更加多彩，而且能实现当时流行的对称性纹样的高效技法。随着夹缬制品的传入，夹缬技术也传入了日本，于是人们开始学习这种染色技法。夹缬工艺因迎合了当时的社会发展趋势，被广泛使用。

图2-2 唐花纹夹缬罗圆褥 丝绸，奈良时代，直径45cm，东京国立博物馆藏

日本型染最早的传世实物，是正仓院流传下来的奈良时代的夹缬、臈缬和摺绘。夹缬是将罗和平绢之类薄布料折叠成几层之后，像前文所描述的那样夹在两块木质型版之间，利用压力进行防染，注入染料染出图案。因此木质型版的凸起部分起到阻挡的作用，布料的颜色被白色的轮廓线隔离开来，形成属于夹缬的独特的美。同时，由于将布料折叠后染色，左右或上下形成了对称的构图，富有端庄的美感。另外，染料会在布料的折叠处留下痕迹，所以要想使染色均匀，必须拥有高超的技术。"绀地花树双鸟纹夹缬"图案雄伟，色泽鲜艳，是奈良时代夹缬中的优品（图1-5），这件夹缬作品不知是染料的注入方法上还是木质型版的雕刻方法上有创新，在鸟的羽毛和树叶的多处产生晕染，充分展现了当时夹缬的精湛技术。

正仓院保存下来的臈缬用笔描绘防染的较少，大多采用型防染[1]（图2-3）。染色方法是，在阳刻图案的木质型版上蘸上溶化的蜡，把版按压在布料上后染色，再去蜡并洗干净，就会呈现白色的图案。将几个型组合起来，加上按压方式的变化，臈缬的表现就会发生变化。但是如果染料的颜色重叠的话，为了不让没有防染的地方颜色太深或者太浑浊，最大限度是3~4种颜色叠加。也许是为了增加颜色的数量，"浅红地双鸟唐花纹臈缬"是增加了蜡的厚度，按压并冷却后再把图案上的蜡做出裂痕，让染料渗透进去，形成自然的裂纹。另外，"紫地

图2-3　赤地树叶鸟纹臈缬　丝绸，奈良时代，39.6cm×27.2cm，正仓院藏

---

[1] 水上嘉代子：日本の型染小史 // 福井泰明：《江戸小紋と型紙》，涉谷区立松涛美术馆，1999年，第12页。

水波鱼鸟纹臈缬"使按压布料的型的间隔
发生变化，根据图案在布料的正面或反面
按压，再注意染色的浓淡和反复的花纹，
形成了一种奇特的风格。

臈缬在印制时，当型在布料上施压的
时候，蜡会从木质型版的凸刻周围溢出，
染完之后显示的白色图案比木质型版的图
案线条更粗，造成边界模糊不清。另外，
因为在木头上雕刻图案本身就比在型纸上
雕刻图案更困难，用臈缬表现的图案比用
型纸防染表现的图案视觉效果更粗糙。

摺绘是在布料上直接用型版印出的
图案。正仓院藏所藏"揩布屏风袋"是东
大寺具象仁王会时使用的收纳屏风的袋子
（图2-4）。麻布上印有用褐色颜料表现
花卉和鸟的图案，上面写有天平胜宝五年
（753年）3月29日的笔迹。此外，正仓院
还有几幅摺绘，由于花纹线条十分坚硬，
并在图案边缘有颜料溢出，同时从图案的
面积大小、折痕均匀等方面来看，应该是
采用木质型版。

图2-4　揩布屏风袋　麻，753年，
148.5cm×61cm×15cm，
正仓院藏

二、平安时代—镰仓时代—室町时代的木质型版印花工艺

（一）平安时代

随着国家的统一，日本逐渐从对外来文化的不断模仿中解脱出来，积极
推进以根植于日本本土、推进和风发展为核心的改革。在平安时代，三缬被
称作《延喜式》。从《延喜式》于927年选入内藏寮中"夹缬手二人"的
记录可知，夹缬一直从奈良时代开始延续至平安时代初期。但在承平年中
期（931—938年）撰写的《倭名类聚钞》中，却将夹缬按照假名读为"加
宇介知"，其与扎染的区别也记载得十分模糊。并且，"加宇介知"的叫
法在之后的史料中也并未再出现。由此可以看出，平安中期以后，夹缬作

为染色技法的重要性已大不如前，渐渐转向衰退。在当时描金的箱子、柜子、金属配件等物的纹样中，异国风格的图案逐渐消失，转变成了日式风格的纹样。

另据《延喜式》中对"夹缬手""云缬（绵纹）手"的记述，当时使用的分别是平板和刻纹木版两种类型的夹缬。可见当时夹缬与云缬染虽然都使用板材作为防染的手段，但从呈现的纹样效果上，以及对当时流行的色彩法的应用上可以看出，云缬调在晕染方式上的差异。由此可知，云缬调是作为另一种染色技法被认知的。

这之后夹缬、臈缬从贵族服饰的主流面料中逐渐消失。由于平安时代在文化方面开始推行国风文化，因此在服装方面，公家使用的布料是以绫和锦为主的纹织物，庶民则多以纯色没有图案的麻布衣或在衣料上绞染简单素雅的图案。只是这个时代，称为"蛮绘""踏込型"的型染也被公家和武家所采用。

蛮绘印制的是鸟兽草花等圆形图案，多出现在平安时代到室町时代的武官随身使用的褐衣和舞者的袍。蛮绘采用木质型版并用墨来表现图案，是奈良时代摺绘的一个分支，是在雕刻有图案的圆形木质型版上涂墨汁直接印到布料上表现图案的技法。不过，蛮绘仅仅用于近卫官员的袍和舞乐装束的袍，并没有普遍化。

另外，踏込型是用厚和纸或薄金属板镂刻出图案，在平面的板上放置皮革，用脚后跟踩踏皮革。由于皮革相对较软，在型版的镂空部分会随之凹陷下去，因此皮革上会呈现镂刻部分的凸出图案，再用刷子蘸上颜料在凸出部分涂刷来形成图案。在这一时期，此类圆形图案非常多见，常被用于装饰铠甲上的皮革。现存的有平安时代前期，天庆年间（938—947年）出自法隆寺的铠甲的一部分窠纹就是用踏込型来表现的，这是最早的例子。从传世的服饰来看，蛮绘工艺一直在延续使用，如康元二年（1257年）在东寺的舍利会时穿着的蛮绘袍、高野山的金刚峯寺所藏的享德三年（1454年）的墨书蛮绘袍（图2-5）等。在这件蛮绘袍上，数头威猛的熊和狮子立于其上，耀武扬威的样子组成圆形，十分具有跃动感。

在奈良时代的基础上发展起来的纹织物在平安时代迎来全盛期，因此型染仅仅被用于这种特殊的用途，这些图案由于蛮绘和踏込型被广泛使用在圆形图案上（图2-6），可以推测，型染是作为当时主流装饰技法的代替品。[1]

---

[1] 長崎巌：日本の型染と型紙染の歴史 // 馬渕明子：*KATAGAMI Style*，日本经济新闻社，2012年，第253页。

图 2-5　浅葱平绢地蛮绘袍　1454 年，东京国立博物馆藏

具体来说，蛮绘是下级官员为节约经费所使用的，踏达型则是因织物在用作铠甲时无法满足强度需求的情况下而对皮革进行装饰的替代物。

此外，1985 年，在平安时代的中后期、中世纪前期（900—1000 年）的京都府定山遗址内发现了一块被认为是染色用木版的水井盖板。讨论该盖板是否为夹缬木版，成为当时的话题。该木版长 74.5cm，宽 17cm，厚度从 2.2cm 渐变至 0.5cm，这厚度变化应该是作为水井盖板使用时，由后期切割所导致的。

图 2-6　狮子蛮绘型版　室町时代，直径 35.6cm，厚 4.2cm，东京国立博物馆藏

在木版直木纹一侧，宽 33.6cm 的一整面上雕刻有凸状花纹。虽然由于磨损木版花纹已经残破，但仍可以通过几何纹样的花纹设计规律得知，纹样主题的轮廓线被削掉了一端。由于纹样雕刻较浅，纹样部分较窄，为 17cm × 33.6cm，

极有可能是用于印花的木质型版。

（二）镰仓时代

此后的镰仓时代（1185—1333年），夹缬等木质型版印花工艺几乎难觅踪影。但有少量考古发现表明，在镰仓时代似乎也有过夹缬。

在神奈川县镰仓市若宫大路周边遗迹群中，从中世纪前期（13世纪上半叶至14世纪中叶）遗址的方形纵穴建筑遗址里出土了青白瓷等进口瓷器，与此同时，还从第1室里出土的常滑大瓮中发现了五铢钱、南宗钱、北宗钱等钱币，以及草木花纹的雕刻版（图2-7）。在大瓮旁边也发现了与上述雕刻版相同的木版。

从瓮内和其周边发现的两块雕刻版来看，虽然损伤明显，花纹不能吻合，但仍可以判断是一块雕刻版的上下部分。雕刻版为丝柏材质，在宽约45cm、厚约5mm的直木纹板上整面雕刻着凸状的草木花纹。雕刻版上可见数十个位于纹样间隙处的贯穿孔。

雕刻面的纹样以植物为主题，写实风格的柳树、枫树以及樱花图案符合镰仓时代花纹特征，以精雕工艺细刻而成。花木的纹样采用深度约1mm的浮雕状雕刻，用细线雕出约2cm的樱花花瓣。

进一步观察雕刻版可以发现，型版上有大小两种贯穿背面的孔，这些孔都避开了纹样部分。并且这些孔的分布也是有规律的，如花瓣中心等花纹密集的地方使用小孔，而在花纹不集中的地方则使用大孔。由于雕刻版已经开裂并且不完整，因此无法进行精确的对比，但通过与红板缔和蓝板缔的单色夹缬所采用的木版相比较，两者在尺寸上并没有太大的差异。如果将其看作是白底夹缬木版，凸状雕刻面上贯穿表里的孔位也能使染液顺畅流动至所有图形处，完全符合夹缬的染色要求，只是与后世的板缔版相比，纹样刻制的深度浅了很多。

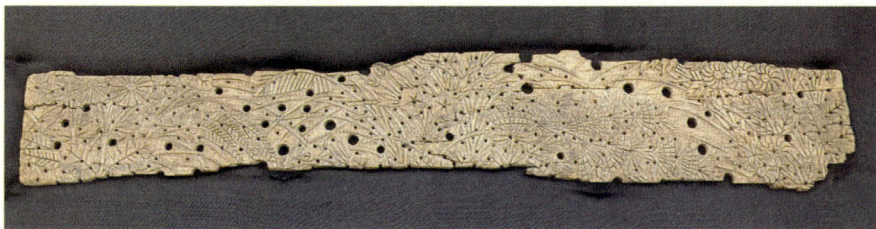

图2-7　夹缬木版　镰仓市历史文化交流馆藏

（三）室町时代

写有"天野一切经会"的"紫地蝶纹夹缬半臂"和"紫色平绢地蝴蝶模样夹缬半臂"（图2-8）作为享德三年（1454年）在高野山天野神社举行大藏经会上舞乐人员的服装，后者被收藏在东京国立博物馆。而"紫地蝶纹夹缬半臂"被收藏在远山纪念馆。该染色制品的蝴蝶纹样是用2块版夹住后浸染，打开后得到白色图案，被认为是用和此前的夹缬一脉相承的技法染就的。

整个纹样以长67cm、宽41cm为单位图案，沿纵向不断重复而组成。花纹以单色的紫和白组成，古代夹缬多彩且华丽的风格已不见踪迹。

根据该纹样的单个图案推测，印制"紫地蝶纹夹缬半臂"的木版，大小为67cm×41cm，不要说红板缔，就算和出云蓝板缔的木版相比，也算相当大了。纹样设计是重复的蝶纹，每只蝴蝶都是独立的。由此可以认为，木版采用了简单的凸状双面雕刻。

但是，如果仔细观察"紫地蝶纹夹缬半臂"，就会发现采用红板缔和蓝板缔技术的染色品上所没有的特征。作为纹样主体的蝴蝶，其实很难判断设计意图到底是蝴蝶还是松笠纹，特征并不明显。另外，蝶纹的周围有疑似针线痕迹的小点，这在红板缔和蓝板缔的织物上是看不到的。这样的小点只出现在蝶纹的周围，且基本在所有蝴蝶周围都可以看到。

古代的夹缬在奈良时代曾十分盛行，但到平安时代之后便逐渐退出舞台，

图2-8　紫色平绢地蝴蝶模样夹缬半臂　15世纪，东京国立博物馆藏

只是偶然间出现而已。此后，夹缬工艺在近代晚期红板缔和蓝板缔出现之前的漫长时间里，所有与之相关的资料均渺无踪迹，这段时间成了日本染织史上夹缬发展的空白。

三、江户时代的木质型版印花工艺

从传世的染色布和大量型版等工具类资料可知，在夹缬退出舞台的数百年之后，采用同样工艺的红色和蓝色的单色板缔在江户时代中期再次出现并流行至大正时代（1912—1926 年）。板缔与多彩的夹缬不同，是将图案留白的单色型染。红板缔是从 18 世纪中期到 20 世纪初（江户时代中期到大正时代末期），流行于日本京都地区的一种防染工艺，因此也称为"京都红板缔"或"京红板缔"。[①]

（一）板缔的文献资料

关于板缔的文献资料并不多，主要是商家账本、行业样本册等。在这些为数不多的红板缔研究资料中，主要有喜多川守贞在 1837—1867 年完成的《近世风俗志》（守贞漫稿）卷之十九《织染》、1925 年高桥新吉《京染的秘诀》、经营板缔业的商号"红宇"的样本册《夹缬模样本》甲编（绸绸版）、乙编（绢版）（图 2-9）、高野宇一郎《本红染和板缔》、高野宇兵卫演讲记录、板仓家记事的《万觉牒》《板悬账》、曙彩色白白扬《板缔新模样本》、三井合名会社染物职工场序等文献资料。

1. 红板缔

红板缔始于 17 世纪后期，1800 年以后京都板缔商家的入股式行纪获得认可，成为垄断行业。据《板缔模样本》乙

图 2-9　《夹缬模样本》甲编、乙编　19 世纪，日本国立历史民俗博物馆藏

---

① 石塚广：日本的红板缔 // 张琴：《各美与共生——中日夹缬比较研究》，中华书局，2016 年，第 69 页。

编、高野宇一郎的序所说，在嘉永年间（1848—1853年）板缔加工的店铺有23家，专职花纹雕刻的职工就有80~90人，极尽隆盛，在19世纪中期达到鼎盛。直至1872年明治新政府下令取消入股式行纪，板缔业的垄断即将崩溃时，板缔从业者已经增加到了31家。但是板缔从业者的增加并不能作为产80~90的证据，至1891年，板缔从业者仅剩4~5家，雕刻工人也减少到了4~5人。《板缔模样本》乙编的序中写道："曾在该行业23家企业中屈指可数的，名为佐竹传兵卫通名三传的人，由于一些原因将其所有的夹缬花纹样式以及与之有关的文件全部归于弊家所有。"就这样把此前谋生的一整套木版和工具交给了同行或是新进的从业者。

《近代风俗志》（守贞漫稿）中写道："说起板缔绞的话，是木板的两面都刻有图案。用几片雕刻有相同图案的木板将棉布、绉纱等稳固地夹紧进行染色，夹在板里的地方留成白色，雕刻了的地方被染上颜色。此染法多用于手帕，此外还有浴衣等。现在江户（东京）已不使用，而京都和大阪仍在使用。绉纱主要染成红色。但近年来在江户衰退严重，已经很少使用了。"

除京都外，还有几例可以查实的红板缔商家，1889年群马县高崎市由从事红板缔行业的吉村家第三代传人——平七开始的板缔业务就是其中一例。此外，出云蓝板缔的板仓家，以他人转让的一套蓝板缔木版为创业基础，此后不仅经营蓝板缔，也同时经营红板缔的情况，在相关账簿上有明确记载。可以认为，这些木版中，大多数都是因板缔业的衰退而流落市场被转售的。

红板缔行业在京都是通过像描金画屋利三这样的木版雕刻师，商号"万武""三传""红宇"这样的板缔从业者，和灰汁店、洗衣店，以及"万武"的客户——名为佐佐木的零售商等一起协同合作、相互分工而形成的。

此外，除文字记录外，还可以从图像资料中窥见一斑，像从江户时代至明治时代（1868—1912年）印刷的浮世绘和锦绘（图2-10），为了解当时的纹样状况提供了线索。关于红板缔所使用的工具类资料，则有捐赠给京都府资料馆和原京都市染织

图2-10　浮世绘中的板缔图案　丰国漫画图绘：泷夜叉姬，日本国会图书馆藏

试验场的"红宇"红板缔木版和部分夹具。关于染色品的资料，则大多数为以化学染料染成的织物，多为夹衣，汗衫等内衣，以及孩童衣物和染色布的残片。

2. 蓝板缔

蓝板缔和红板缔可称为近代板缔的双璧，但由于蓝板缔的资料更少，根本无法知道其工艺的详细情况。位于岛根县出云市的蓝板缔是该工艺留下的唯一资料（图2-11），在江户时代后期约40年间一直在经营，于明治初期逐渐消亡。

图2-11　蓝板缔型版　19世纪，岛根县立古代出云博物馆藏

因此到19世纪末，这些经营红、蓝板缔的商铺渐次倒闭，至20世纪二三十年代就完全停业了。从此，自江户时代中期重新开始的木质型版印花工艺，再度流行了近200年后，在江户时代后期绽放了最后一丝光彩，最终在现代染织工业的冲击下陨落在历史的尘埃中。

近年来，在岛根县古代文化中心的推动下，成立复原蓝板缔工艺的研究团队，通过对馆藏资料的分析，还原出云地区使用过的蓝板缔技术，为解开蓝板缔之谜提供了具有相当价值的线索。

（二）板缔再度流行的原因

如果说夹缬传入日本是为宗教服务的，之后也是为贵族皇室服务，然而进入江户时代（1603—1868年）中后期，随着商业的显著发展，町人（居住在城市的工商业者）的生活水平随之提高，文化的中心也逐渐转向町人阶层，夹缬开启了平民化过程，开始进入了平民阶层。这一时期的板缔纹样可从黄表纸和合本中描画歌舞伎演员服饰的浮世绘中窥见一斑。

"赤、红在平安时代发展成为一种奢侈的色，是当时贵重的颜料。王朝贵族们都争相穿用红色的衣裳，到了德川时代，红色不再成为贵族的色，而普及到庶民阶层，红染也随之流行起来，所以当时的染匠也称作红师。"[1] 因此红色的"鹿子缬"以其精致、细腻而深受人们喜爱，然而扎染法虽然非常流行，但扎染精细花纹比较费时，再加上红花价高，极尽奢华的鹿子缬红衣裳在江户时代多次被禁奢令列为禁止的对象。因此工匠设法采用其他工艺进行替代，以满足人们对鹿子缬的需求，但采用江户时代流行的型糊染在进行红色纹样的染色时，用于印花的防染糊无法在染液中长时间浸泡而不适用于浸染的染色方法。为了能够达到鹿子缬的染色效果，又要经受住长时间染液浸泡，在印染纹样技法的摸索中，在古代夹缬这种使用木版的纹样染中找到了办法，于是红板缔孕育而生，并随着红花染需求的增加，技术得到了提升，使多种纹样的呈现成为可能。运用板缔的红花染，其花纹再现性高（图2-12），并可重复使用而非常便利。随着红花染需求的扩大，板缔染色盛况空前，《夹缬模样本》序中也有类似记录。

图2-12　模仿绞缬的红板缔和服衬衣图案
19世纪，岛根县立古代出云博物馆藏

---

[1] 叶渭渠，唐月梅：《日本人的美意识》，北京：开明出版社，1993年，第50页。

第三节　纸质型版印花工艺的发展与成熟

　　近世的纸质型版印花工艺代替了夹缬、臈缬、摺绘、染革等木质型版印花技法，逐渐有了利用型纸和米糊进行防染的新工艺的开端和发展。使用纸质型版进行印花染色按照加工方法可分为三种类型。第一种，将型纸放在布料上，用篦①把作为防染剂的米糊附着上去之后，将布料浸入染料里，或者用刮刀将色糊涂在布料上，最后将糊洗干净，就呈现出图案来。传统的小纹染和中形染就是使用这种技法。第二种，将型纸放在布料上，直接把染料或颜料涂刷在布料上表现图案。一部分的和更纱就是采用这种方法，在明治后期以后的型友禅也用到这种技法。第三种，用型纸进行糊防染之后，再用染料或颜料涂在布料上表现图案。使用这种方法的有琉球红型、型绘染和从幕府时代末期开始到明治时代初期的一部分型友禅。

　　纸质型版印花是日本人钟爱的传统印染工艺，是超越了时代和地域、实用性和艺术性的界限，直到现在都一直继承下来的技艺。那是因为纸质型版印花工艺不仅适合量产，还在型版的基础上改变了制约的条件，进行一些图案的省略和变形夸张，形成了精美的设计图案和细致精巧的技术，型糊染还通过这些手段来追求细致的美，达到了世界同类工艺的高峰。

　　至于使用型纸的糊防染是从什么时代开始出现的，日本学术界至今都尚无定论。有学者认为镰仓时代（1185—1333年）铠甲上的染革图案、室町时代（1336—1573年）的菖蒲革用的是型纸工艺。从镰仓时代和室町时代流传下来的铠甲来看（图2-13），皮革上的图案造型也确实

图2-13　足利尊氏（1305—1358年）铠甲上的图案　纽约大都会博物馆藏

① 篦：一种竹子做的刮防染糊用的工具。

吻合镂空型染的特点，比如在处理类似"口"等全封闭文字图形时，会有意把口字的全封闭断开，以便将其中的方块与外部连接。室町时代人们开始把刻印在武士盔甲和皮革剑鞘上的家纹图案印染到肩衣、袴等衣服上。但这似乎并不足以成为型纸起源的证据。

一、镰仓时代—室町时代—安土桃山时代的纸质型版印花工艺

（一）绘画描绘

在平安时代到镰仓时代（1185—1333 年）期间的画卷中，民间百姓的衣料上出现了许多种纹样，主要是清一色的单一纹样，可推测是用型染技法完成的。其中不只有摺染，还有很多利用防染剂完成的纹样。有些纹样相当精致细密，可见当时的技术已十分成熟。由上述资料所示，镂空型纸加上糊防染这一现今最基础的普通工艺型染技术可追溯到那个时期。

镰仓时代的绘卷《蒙古袭来绘词》中，就描绘了一个身穿直垂[①]的武士形象，这直垂上就配有深蓝地白纹的家纹大纹样。家纹是公家和后来的武家为了标明身份而将家族纹徽印制在服装上，按照等级有印在后背、胸前和袖子的五纹章，印在后背、两袖的三纹章和印在后背的一纹章三种。后来，随着直垂制作的分工细化，大纹单独成为一项工艺，但是仍会在直垂的菊缀上运用拔染技法染上家纹。

（二）实物分析

现藏于奈良春日大社的国宝[②]"笼手"是镰仓时代武士用来保护手臂的甲胄，其正面是装饰精美的金属保护层，基底是蓝底藤巴纹白花的麻质底布（图 2-14）。无独有偶，大阪金刚寺所藏的日本南北朝时期（1333—1392 年）楠木正成及部将捐赠给寺院的铠甲中有一件"黄薰韦威膝铠"（图 9-3），其底布也是采用类似的蓝底白花麻布，两者无论从色彩还是图案所采用小块面的造型方式，都完全符合型糊染工艺的特点，由此可见，镰仓时代型糊染工艺已经成熟，从而运用于武士铠甲中。而春日大社所藏笼手底布应该是目前已知的日本最早的型糊染实物。

---

① 直垂：日本镰仓幕府的盛装之一，是一种上衣下裙式服装，上衣交领，三角形广袖，胸前系带。
② 根据日本的《文化财保护法》，日本对文化遗产进行认定、管理与保护，将物质文化遗产分为登录有形文化财，重要文化财和国宝三类。

图2-14 笼手 镰仓时代（1185—1333年），春日大社藏

在室町时代（1336—1573年），狂言表演者的服饰中也可见到采用型糊染工艺完成的纹样（图2-15），并且从中可以看出其技术水平已较为成熟。室町中期过后，这样的型糊染作品就变得随处可见。较常见的有印有较大纹样的素袍①，还有些上了色的。在风俗画中出现的较大纹样以及素袍的风格也与上述实物不谋而合，这也表示在这之前型糊染就已经流传。

进入安土桃山时代（1573—1603年），型纸加浆糊防染的技法又进一步发展。原因有二：其一是小袖纹样时代的到来成为推动力；其二则是由于与

图2-15 茶麻地伞纹样素袄 麻，室町时代，东京国立博物馆藏

---

① 素袍：一种方领、无徽、带胸扣的武士便服，始于日本室町时代。江户时期用作武士的礼服，用麻布制成衣，衣上饰有家纹。

织造、刺绣、摺箔以及辻花染①等染色技法相比，型糊染更适合大批量生产，因此成本较低，广受各阶层的欢迎。当时的型糊染用色丰富，纹样大小不一。或许是受摺箔的影响，当时的型糊染开始尝试一些先进的技术，如将若干不同型纸拼接纹样等。这一时期的传世实物较多，上杉神社藏有上杉家祖传下来的黄底印有小碎花纹样的帷子，据说是上杉谦信用过的衣物，在雅致的黄色底上用留白表现小花纹样（图2-16）。使用雕刻有小花纹样的型纸，在麻布的单面印制防染糊，和现在的小纹染几乎是同一种方法，被学术界认为是年代最久远的小纹染作品。另外还有片仓小十郎从丰臣秀吉那里得到的小纹染胴服（仙台市博物馆藏）、长野县上田市立博物馆藏有传为织田信长穿过的"小纹地桐纹付革胴服"（图2-17），这几件衣服的印制十分精美。另外在同一时代，春日大社收藏的草花色纸散纹样素袄，也是利用糊的优秀防染能力制作的。

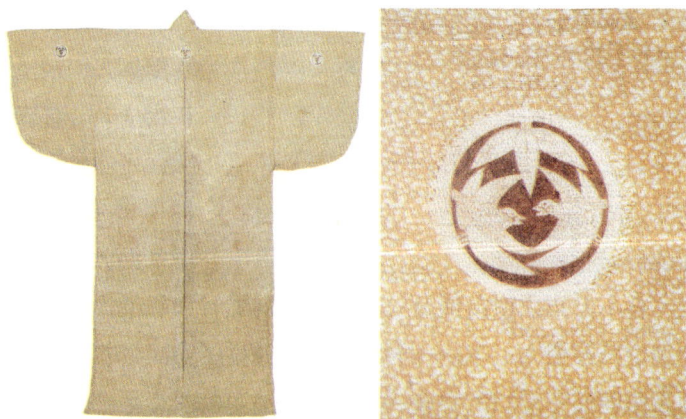

图2-16　黄地小花纹帷子　麻，16世纪，上杉神社藏

而德川家康的传世型糊染服饰则更多，纪州东照宫、德川美术馆等有大量收藏。德川家康所用的大小雹小纹袴（图2-18），在防染糊和型纸上都下足了功夫。首先这件小袖是初期小袖的样子（与今日的和服相比身体部分更宽、袖子部分更窄），因此在型付②的时候需要使用宽度更宽的型纸，或者使用型纸重叠拼接，刮两遍糊。另外将糊做得越柔软，在布料上渗透力会越

---

① 辻花染：以绞染为主，在麻、丝面料上染花纹的一种技法，流行于日本室町时代至安土桃山时代。先以绞染法染出轮廓，再用笔给其中的图案染上颜色，染色效果纤细而华丽。
② 型付：刮印防染糊。

图 2-17 小纹地桐纹付革胴服（局部） 皮革，16 世纪，上田市博物馆藏

好。浸染完成之后去糊并洗净，就得到了较大的图案。同样是德川家康所用的小纹地葵纹付胴服（日光东照宫藏），图案线条十分清晰，胴服的袖和身体部分用的是同一幅面料制成，使用了当时船运进口而来的宽幅面料，因此就必须采用较宽的型纸。从上述实物不难推断当时的型纸雕刻师和型付师技术之高超、品质之上乘。

如此细密图案的小纹染十分符合当时武家的喜好，前面提到的这些服饰和成庆院所藏的武田信玄像中所描绘的那样，说明在当时的武家服饰中型糊染工艺十分盛行。颜色方面，从镰仓时代最早的型糊染实物到安土桃山时代，蓝色是最主要的颜色，除此之外也有制作多色型糊染。相传上杉景胜所使用的绀麻地镶系矢车纹样内衣（上杉神社藏）、黄缩

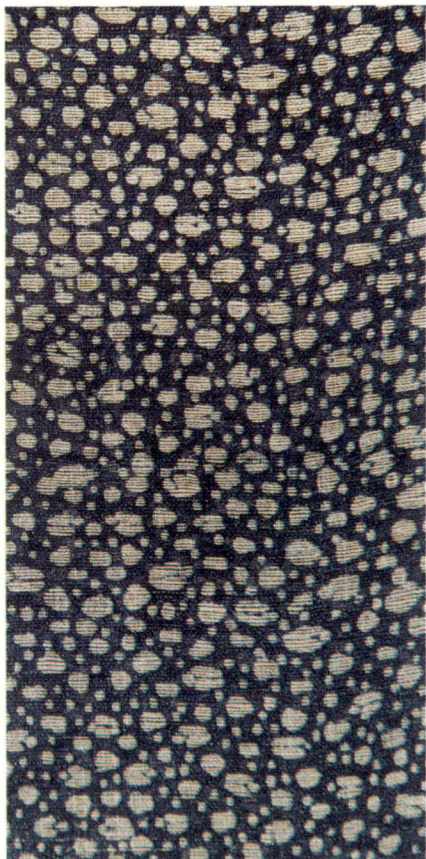

图 2-18 大小霰小纹袴（局部） 麻，桃山—江户时代，德川美术馆藏

缅地根芹雪轮纹样铠甲内衣（德川黎明会藏），这两件被认为是用几张型纸分开雕刻、印制防染糊的型纸和在布料上直接捺染的型纸三者并用，经过十分复杂的工序染制而成的。[①]

（三）画师记录

藏于埼玉县川越市喜多院的重要文化财产"职人尽绘"画卷，其中一幅形置师的描绘是作为记录当时型糊染工艺的重要证据（图2-19）。职人尽绘图共24幅，每幅宽43.6cm，高57.8cm，装裱在六折屏风上，描绘了京都地区各行业工匠的状况。分别记录了佛师、伞师、箭师、铠师、笔师、经师、丝师、革师、扇师、桧物师、研师、桶师、叠师、弓师、刀师、数珠师、番匠、行縢（むかばき）师、莳绘师、缝取师、绞缬师、形置师、锻冶师、机织师、藁细工师共25个工种，其中桶师与叠师画在一幅图上。这些工种中涉及服饰的共有丝师、缝取师、绞缬师、形置师、机织师等5种，可见服饰在当时的重要性。在这幅形置师的图中，详细记录了一个正在制作加工的型染作坊的场景，画面上方挂着10幅已经印好的面料，画面中下部6人在各自忙碌。画面中的主角是拿着竹篦在型纸上进行涂糊的付师，他身后一人左手拿面料右手拿着笔在染黄色，左下角的妇女拉

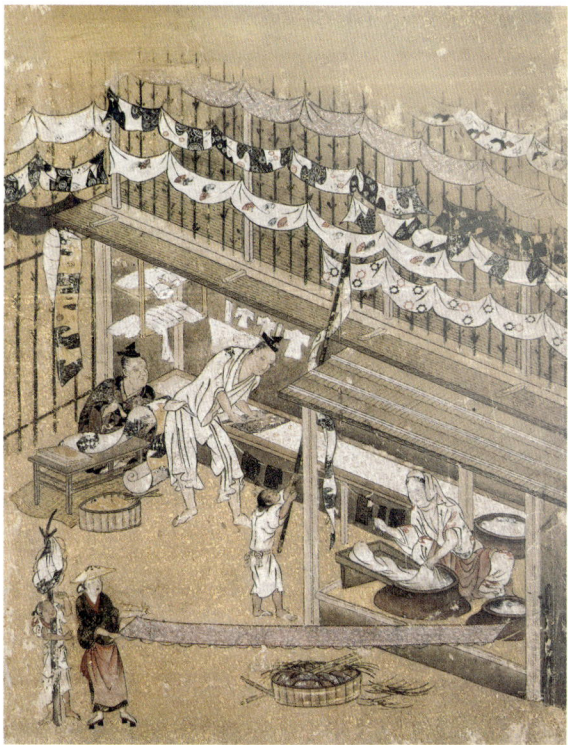

图2-19　职人尽绘图　川越市喜多院藏

---

① 水上嘉代子：日本の型染小史 // 福井泰明：《江戸小紋と型紙》，涉谷区立松涛美术馆，1999年，第13页。

着已上好竹伸子①的布料，身后的孩童在协助她将布挂到柱子上，最右边的妇女在水池边洗去防染糊，画面中下部一个童子正在拿着竹竿把刚洗好的型染布挂到架子上晾干。从这些印制方法与步骤来看，此时的型糊染工艺就已经相当成熟了，也足以说明服饰尤其是印花、染色工艺在当时的普及度，显示出其在生活中的重要性。

从这些画上的壶形印章中可以考证出大致时间，由于此画出自狩野派画家狩野永德的三儿子吉信（昌庵）之手，为庆长年间（1596—1614 年）在他五十岁左右所作。因此可以断定型糊染工艺在安土桃山时代之前就已经成熟了。

二、江户时代的纸质型版印花工艺

（一）江户时代的型糊染

接下来便是江户时代（1603—1868 年），随着裃成为武士的标配服饰，小纹染开始盛行，同时型纸技术也得以发展。现存的这一时期的小纹染色服装大多是武士服装。从镰仓时代到室町时代，武士服装上经常使用这种图案。武士服装中染色物品的比例大大增加，在从织造物到染色物的变化中，型糊染可能是作为绫的替代品出现的。

1. 传世实物

这一时期的传世品较多，纪州东照宫、日光东照宫等德川家领地都藏有传为德川家康、德川赖宣所使用过的服装，有"蓝地宝尽纹样小袖"（图 2-20）、"花唐草纹样铠下着"②"小纹葵纹样铠下着""小花小纹纹样胴服""勾玉霰小纹纹样肩衣""卷贝霰小纹纹样肩衣""大小霰小纹纹样长袴""大蟹纹样浴衣""桐纹样浴衣"（图 2-21）、"小樱小纹纹样小袖"等各类服饰，以及各藩大名向幕府将军拜领而藏于各地的服饰，如毛利博物馆藏有"若松宝袋纹样裃"是毛利吉元向八代将军德川吉宗所拜领的。五代将军德川纲吉的松叶小纹裃（东京国立博物馆藏），是一件松叶图案轻快地散落的小纹染。这种松叶小纹是德川将军家专用的图案，是禁止其他人使用的"御留柄"。各个藩主家也有属于自己的细密小纹图案。

---

① 伸子：在染色时用于撑住布匹的道具，两端是带针的竹制细棒，将它插在布的门幅两边以免布料因糊的干燥而变形。

② 下着：内衣，铠下着指穿在铠甲里面的衬衣。

图 2-20　蓝地宝尽纹样小袖　麻，17 世纪，纪州东照宫藏

图 2-21　薄浅葱麻地雪持桐纹样浴衣　麻，17 世纪，德川美术馆藏

袴是上下身成套的一种武士穿着的服饰，在平安时代，将直垂和素袄等上下身使用相同料子的服饰称为"上下"。室町末期，武家所穿无袖肩衣、袴逐渐标准化，袴在江户时代成为武士的公服。肩衣前身的下摆部分较窄，特点是它的立肩设计。从腰身朝着肩部的设计呈扇形打开状，后身则是完全覆盖背部的。肩衣是套在袴里面的，袴长的叫长袴（图2-22），穿着的时候一段裤腿踩在脚下，是上流武士的礼服。长度只到脚踝位置的袴则称半袴，是一般武士和平民的礼服。在早期，袴的材质为麻，颜色相对丰富。但到了江户中期，上流武士开始使用丝绸材质的袴，主流的颜色变成黑、蓝、茶、鼠色等，只饰以小纹装饰，再配以家纹。

2. 型糊染的成熟

在当时作为时装样本书的小袖图案雏形书、元禄十三年（1700年）发行的《当流七宝常盘雏形》里，除了小袖背面流行的图案，还记录有"小纹""中

图2-22　鹑色麻地松叶小纹长袴　18世纪，东京国立博物馆藏

小纹""朦胧小纹"三个种类335幅型糊染图案。记录江户后期风俗的嘉永六年（1853年）刊行《守贞漫稿》里也有"友禅染和刺绣图案的小袖十分流行，小纹、中形等的型糊染小袖也被广泛穿着使用。"另外，浮世绘中描绘的男女市民经常穿着鼠色和黑色等朴素底色的小纹小袖。这是因为当时植物染料可以用来引染的颜色十分有限。但是小纹图案的花纹非常多样，从身边的家具、器具到古典文学、歌舞、故事传说等，在极小的世界中获取灵感的时尚图案、潇洒俊俏的图案层出不穷。从这些文字记载中可见，型糊染已经非常成熟并逐渐分化为"小纹""中形"等不同工艺。

江户时代城市化进程迅速，町人阶层成为社会文化的主导者，开始成为小纹的消费者，小纹的纹样开始变化，变得更加贴近世俗生活的题材。

江户时期的型糊染作品更添了份精致，并开始形成一个相对独立的纹样染世界，与手绘的友禅染相呼应。其中有三个特点较为突出：一是作为裃的纹样染色技法，小纹染的被需扩大，因此各具特色的小型纹样开始出现，制版技术也随之更上了一层楼；二是匹田绞染开始盛行，并由于限量使用，使其风靡一时，具体操作是将匹田鹿点花纹刻成型纸，覆在布匹上进行擦染上色，间或从布匹后面撑几下，使纹样产生立体感；三是以往浸染的方法被取代，使用毛刷进行刷染的方法开始普及。虽然刷染在室町末期就自成一种上色技法，但仅限于局部上色，到了江户时代就大肆盛行。防染部分上糊，其余留白部分上色的方法不仅催化了友禅染的成形，更是型染技法发展过程中的一个里程碑。型糊染由此变得多姿多彩，工匠们游刃有余地使用各种型版，技法也不断变得熟稔。实现了大批量生产后，型糊染作为一种百姓衣料，染色法更是满足了平民的衣着、床上用品等方面的庞大需求量。

至于一路发展过来的浸染方法，不得不说在江户中期左右兴盛起来的浴衣染色法中的中形纹样染。中形染是指由中等大小的花纹构成的染物，据说在江户时代，中形染是小纹型置师的副业。中形染工艺与小纹类似，先在棉布的一面或两面刮印上防染糊，浸入盛有蓼蓝汁的容器中，染上蓝色后去糊形成蓝地白花的图案。另外，中形染浴衣在平民中迅速普及，这也是一种契合当时大众审美的染色技法。

除此之外，以外来更纱染为原型，利用纸质型版的和式更纱染也随之出现。在用木刻版进行擦染时所用的更纱纸衣裳[①]至今还被保留着。

---

① 更纱纸衣裳：将有硬度的和纸用蒟蒻粉糨糊黏合，涂以柿漆，用作布的代用品。

3. 型糊染的多元用途

摺箔是将黏合剂透过型纸印制在布上，在黏合剂上贴金箔或银箔，干燥后除去多余的箔来表现图案。在使用型纸的时候，采取快速放置黏合剂的技术。一般认为室町中期开始使用摺箔工艺，是服饰从广袖开始转为小袖、纹样从规则的织物图案转为绘画图案的转换期。摺箔单独使用或与刺绣、扎染并用装饰小袖。桃山时代的上等品，紫地色纸葡萄纹样摺箔（图 2-23）在其中一部分加入了金泥，将型纸旋转放置或反过来使用等，制作出了打破原本较单调的绘画图案。林原美术馆所藏"段枝垂樱纹样摺箔"，原来是半身交

图 2-23　**紫地色纸葡萄纹样摺箔**　16 世纪，东京国立博物馆藏

换、换型制作的，这件小袖的创意不仅仅只是华丽，还充分体现了当时摺箔技术的高超。即使在制作方式不断改变的今天，摺箔依然散发出轻薄柔软的光泽，体现出当时的工艺之美。

到了江户时代，像庆长小袖，适当地配置刺绣、扎染、摺箔，互相表现图案整体。还有宽永时期的墨书，葡萄和网干圆形纹样打敷（真珠庵藏）也有扎染和摺箔。这些摺箔十分细腻，有小花、霞光、流水、龟甲纹等图案。从这些摺箔的型纸可以看出突雕的高超技术。到了友禅染出现的江户中期，摺箔不再被使用，改为金线刺绣，不过摺箔仍在传统能乐服装的装饰技法中继续存在。这是因为摺箔作为能剧舞台服装会随着动作而发光，对于表现幽玄世界效果较好。值得一提的是，摺箔不像印度更纱那样局限于重复造型的单调表现，在桃山到江户初期的小袖装饰中，摺箔是纹样表现的主要部分。

摺匹田是用型纸印出来的，用来代替将每个目结捆扎起来后染色的鹿子缬。摺匹田最早被使用是在江户前期。在桂昌院着用的服饰中有一例是"梅树纹样小袖"（护国寺藏），以及仙台四代伊达纲村的生母（相传是三泽初子）的和服腰带（仙台市博物馆藏）中都可以看到。摺匹田比起手工的鹿子缬，颗粒清晰、排列整齐更讨人喜爱。整个江户时期，无论是武家女性的打挂还是市民女性的小袖，都同时使用刺绣和摺匹田、友禅染、扎染。京都的田畑家还保存有摺匹田专用的马尾刷型，这型纸很小，大约是明信片的一倍半，用柿漆粘着马尾加固型纸，即所谓入线工艺。此外，随着型纸图案的多样化，在加固型纸的方法上也下了功夫，例如型吊、纱张等。

（二）禁奢令对型糊染的影响

江户时代社会稳定，商品经济取得较大发展，但由于德川幕府落后的税收制度与管理模式，导致财政经常出现危机，难以支撑庞大的支出。[1]延宝八年（1680年）五月，德川幕府第四代将军德川家纲辞世，德川纲吉继任为第五代将军。政事最高执政官也从酒井忠清变为作风严谨的堀田正俊。面对下级武士大量破产，而位列"士农工商"之末的富商阶层则过着奢靡的生活，幕府政治的基本方针也因此发生了转变：根除奢侈、贪图安乐的不良风气，以严正纲纪、匡正风纪。天和元年（1681年），即德川纲吉即位后第二年，江户时代的富商石川六兵卫因过于骄横奢侈而被没收土

---

① 端木迅远：德川幕府财政崩溃研究，《浙江社会科学》，2019年第2期，第141页。

地财产，算是杀鸡儆猴了。天和二年（1682年）五月，各地就挂起了布告牌，写有法令规章和百姓在日常生活中应遵守的规章制度，突出强调在吃穿住各方面应秉承节约的原则。其实在那之前的两个月，幕府已颁布了庶民法令：妻子和儿女不可同时穿着除了棉和麻布以外的任何材质面料做的衣服，同时严禁武士、平民穿着华美的服饰及制作、买卖奢侈品，"天和三年（1683年）禁止町方女子穿着金纱（加金线的织物）、缝（刺绣）、惣鹿子（整件衣服都是精细的鹿子缬）"。[①]虽然自宽永五年（1628年）来不止一次地颁布这些禁令，不过是让老百姓对奢靡生活望而却步。天和三年的正月、二月和五月，又增加了严令禁止制作奢华衣物的规定，即使有也不允许穿。受此影响，市场上，小袖的面料价格降到了一反[②]至上限二百文目[③]。综合诸多情况来看，这样的价格状况在当时实属严峻。

江户幕府发布的奢侈禁止令，不仅规定了服饰不能奢华，连布料和颜色也必须由幕府指定，贵族也不能穿着有颜色和花样的和服。因此，工匠们探索着如何在朴素中体现高贵和精致的工艺技术，以符合现实社会的需要。当时，对服饰从业者来说要摆脱这样的经济危机，只能开发和振兴新的纹样印染法来取代刺绣和绞染。虽然刺绣和绞染具有独特的立体感，但通过其他方式来表达对美的追求也别具一格。

禁奢令颁布后的次年，天和四年（1684年）正月，著名浮世绘画师菱川师宣（1618—1694年）笔下的衣裳雏形《当世雏形》（图2-24）一书的序言中曾描述了当时日本染织行业的变革。一时间惣鹿子和金线镶边刺绣等工艺成为禁物而消失，取而代之的是丰富多彩的印染纹样。

并且幕府在服装的颜色方面也规定了平民只能使用茶色、鼠色和蓝色系服装，对于早已习惯了华美服装的人们来说，这已远不能满足其审美需求。因而工艺师们不得不挖掘其他工艺的潜力以替代鹿点花纹及刺绣等工艺的奢华感。

为了符合政策要求，工艺师们开始致力于色彩缤纷的染色纹样，从而实现了印染技术的飞速进步和发展，友禅染、小纹、中形等新工艺层出不穷（图2-25），染色技艺盛况空前。富有的商人用各种方式让服装看起来朴素，如外衣采用茶色、鼠色的格子、条纹及小纹面料，为使服装远看呈现单色，花纹变得越来越精细，这一切变革都显得自然而然。

---

① 森末義彰：《体系日本史叢書16：生活史Ⅱ》，山川出版社，1981年，第245页。
② 一反：日本的布匹长度单位。长约2丈7尺，宽9寸，正好做一件和服。
③ 文目：日本江户时代的银币重量单位。

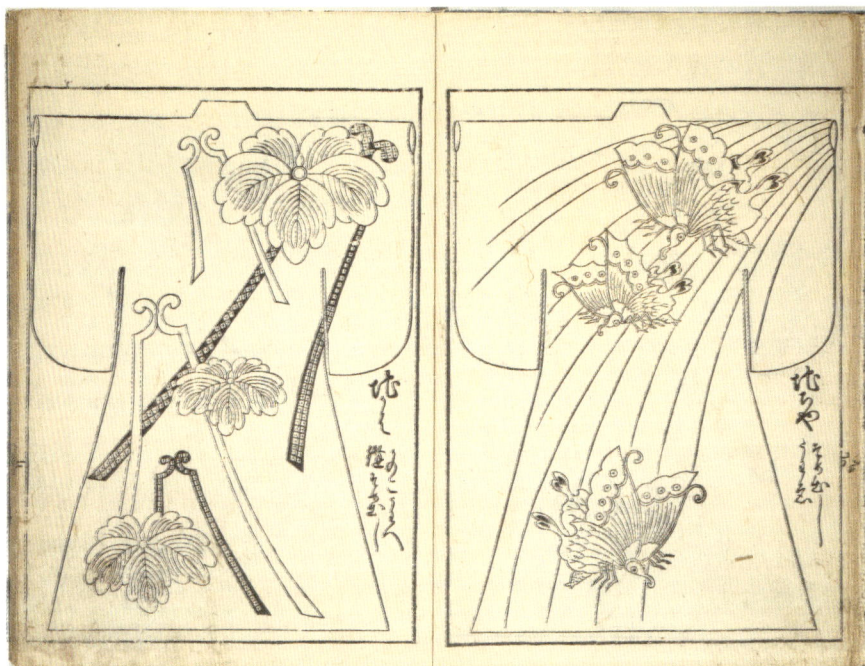

图 2-24 　《当世雏形》　17 世纪，菱川师宣作，日本国会图书馆藏

图 2-25 　**中形浴衣**　麻，19 世纪，个人藏

第四节　近代的型染

明治时代（1868—1912 年）以后，一般的型糊染技法如小纹染和中形染都按原样一代一代被传下来。在引进合成染料并融合了外来技术后也相应地在技法上进行了改良和完善，如"写糊"就是把浆糊与染料混合成色糊印到布匹上，后用蒸汽加热使其着色的新工艺，写糊的发明扩大了型染的应用。友禅染也不再单一地指手绘染，使用型版的型染友禅诞生了。小纹染方面出现了与友禅染工艺相结合的尝试，以精细的小纹为地，在下摆、门襟、袖口等位置手绘图案（图 2-26）。中形染的方法也有所变化。明治时代以前，一直是长板中形染，而后取而代之流行的是注染，即先刮印上型糊，再由上而下注入染料。

图 2-26　和服（局部）　丝绸，明治时代，日本文化学园大学博物馆藏

明治时代的型染中值得一提的是型友禅的开发。为了复兴当时处于低迷状态的京都染织产业，1870 年开设了府营的舍密局，以学习先进技术为目的。在这之中，化学染料新色彩的开发和防止褪色等问题的改良被反复尝试且成果得到普及。1889 年，千总的染工广濑治助开发出了在缩缅上使用色糊的型友禅。这样一来，原本属于高级品的友禅染，开始作为平民的和服得到批量生产（图 2-27）。

图 2-27　型友禅（局部）　1890 年，千总文化研究所藏

　　以往的糊起到的是防染作用，这次却带来了完全相反的效果，成为染色媒介。新的糊和以前一样，以米粉和米糠作为主要原料，再加入化学染料制成彩色糊。然后用型纸将这个彩色糊用竹篦刮印在布料上，再放入蒸箱，用蒸汽的热量将混在糊里的色素固定在布料上。这种方法需要用数十张型纸，能表现多彩复杂的图案，可以在较短的时间内批量生产出植物染料无法制作的各种花纹。千总文化研究所现在收藏着很多当时的型友禅，都是千总的西村总左卫门让日本画家设计的型友禅作品，从中可以看出当时的色彩、创意的流行和技术。例如，在和服的设计中，在肩膀处，前身、后身的图案颠倒的情况下，因为是写实的设计，对比之下会有奇特的感觉；像织物图案一样规整的图案排列；装饰艺术和新艺术图案的流行；还有从画家的草稿里衍生出来的浮世绘人物图案等，以及很多运用型纸和色糊制作的精巧作品。型友禅不仅仅是手绘友禅的量产化，还发挥出了型染本来的特点，在设计和色调的处理上体现出独特之处。

　　到了 19 世纪末期，也许是反映了当时社会形势的急剧变化，无论老少都开始流行色彩朴素的和服，出现了小纹染和友禅染结合的独特方式。服装在整体上以小纹为主，呈现精巧细腻的纹样，在袖子和下摆位置穿插写实的友禅染，描绘千鸟、樱花、菊花、枫叶等动植物纹样，晕染出松皮菱、雪轮、流水等形状的图案（图 2-26），部分服装上还会用细致的刺绣工艺进行勾勒点缀。它们继承了江户时代的小纹染、友禅染、刺绣等技术，与明治时代的构思设计相结合，散发着近代的气息。

　　除了本土的型糊染，琉球红型也是独特的多彩型染（图 2-28）。红型有型染和筒描 ① 两种，根据色彩的不同，还有使用多种颜料和染料的多彩红型，以及主要使用琉球蓝的蓝型。作为最古老的红型，印有"乾隆二十年"（1757 年）字样的仙鹤水纹图案的帷幔还保留着，它的底色是蓝染、型染和筒描并用，彩色是颜料色插和一部分蓝的浓淡晕染等，可以看出红型技法在当时已经非常成熟了。红型的兴盛时期被认为是 18 世纪左右，其传统技法是：首先设计出纹样，然后在型纸上进行雕刻；在布料上覆盖型纸刮糊或筒描放置糊；在图案部分反复使用苏方、福木、胭脂、红、群青等染料和颜料进行擦色，还使用晕染等技法加深颜色，特别是朱红色被称为阳色，带有宗教意义；然后用糊将花纹部分覆盖保护起来后染上底色。在红型的工艺特点

① 筒描：在纸或布制的圆锥形筒中加入防染糊，挤出糊描绘图案。

图 2-28　红型衣裳　19世纪，冲绳县立博物馆藏

和图案风格上能强烈地感受到中国、日本、东南亚等地的影响，从而可以看到琉球曾作为商品贸易枢纽的文化特性。这些设计被琉球消化吸收，发展为红型特有的设计和色彩感。红型原来是王族和士族所穿着的，1879 年后急速衰退，在"二战"后物资不足的情况之下，以城间荣喜等人为主开始了红型的复兴。在 1973 年组成了琉球红型传统技术保存会，同年红型被认定为冲绳县的重要无形文化遗产。1996 年，玉那霸有公氏被认定为重要无形文化财的技术保持者（人间国宝），作为琉球文化的红型这一传统被传承了下来。

第五节　现代的型染

现代的型染在近代型染的基础上又有了进一步的发展，并且呈现多元化的发展趋势，向着创新与传承两个不同的方向展开。

一、创新

"型绘染"名称的出现是型染在新时代得到拓展的体现。1956 年，芹泽銈介被认定为重要无形文化财持有者（人间国宝）的时候，由文化财产保护委员会规定了型绘染的名称。此后，该工艺还有稻垣稔次郎和镰仓芳太郎先后被认定人间国宝。这些创作者先画出图案、雕刻型纸然后进行型付、染色等型染的全部工序，用型染的方式自由地创作出艺术作品（图 2-29）。这些作品具有型染的特点，有时将构思设计雕刻成数张型纸来表现，或将其纵横或正反面使用，既保持了型染的同一性，又有绘画的自由和深刻的艺术性。如今的型绘染，不满足于以往单一的服饰用途，将其应用于生活中不同的领域，甚至还创作出用于欣赏的艺术作品。但型绘染依然立足于传统型染，只是从全新的艺术化视角出发，将艺术家的构思通过型纸雕刻的方式表达出来。

二、传承

1955 年，小宫康助被认定为重要无形文化财"江户小纹"的保持者，松原定吉、清水幸太郎被认定为"长板中形"的持有者，以及伊势型纸突雕的南

图 2-29 梅雨晴后的鸭川畔 1958 年，稻垣稔次郎作，个人藏

部芳松，锥雕的六谷纪久男，道具雕的中岛秀吉、中村勇二郎，引雕的儿玉博，以及为加强突雕和引雕的型纸而使用的入线工艺的城之口美江。这些优秀的职人试图传达作为传统型染工艺的独特技术，展现江户小纹、长板中形的魅力而进行尝试。为了染出具有时代特点的小纹，小宫康助将小纹染采用写糊技术，成功地染出了具有丰富变化的色彩层次，改变了小纹颜色单一的局限。此外小宫康助从制作型地纸的和纸入手，展开合成染料和糊的研究，尝试在布料两面分别印制不同的图案，并成功开发出独特的"两面染"。长板中形主要用于夏天穿的浴衣，因此印制在轻薄的面料上，为了使图案更清晰，从而创新采用两面印的技术，这就需要前后两次印制，要保证布料两面的图案完全吻合，由于图案精细，因此需要极高的技术，体现出蓝和白的清爽干净。另外，为解决困扰型染的"孤岛"问题，更好地表现白地蓝花图案，工匠们发明了"追掛型"的方式，即通过将中形的图案拆分并雕刻在两张型纸上而达到相应效果。除了传统的"入线"工艺外，20 世纪 20 年代发明了"贴纱"工艺，使用细密的丝网与型纸贴合起来强化型纸，固定住型纸中孤立的图案。江户小纹和长板中形的美，是型纸雕刻技术、印制技术、染色技

术的综合体现，代表了不同职人分工精进的努力。

　　随着合成染料的推广与应用，出现了更为便捷的注染工艺。由于注染效率更高，并且色彩不仅多样还更具变化，因此这种物美价廉的工艺迅速推广开来。随着色彩鲜艳的注染浴衣的流行，传统的长板中形浴衣的美却逐渐被遗忘。为此，重要无形文化财"江户小纹"的技术保持者小宫康助复原了长板中形工艺。

　　总的来说，传统工艺受到新技术与新生活方式的冲击，逐渐衰退，随着手艺人的逝去与高龄化，传承这些技术的后继者不足的问题也更加严重。型染是以悠久的传统为基础并展现出广泛的社会认同感，是一直流传至今的活着的历史，型染具有的手工雕刻型纸的独特魅力和高超技艺，是现代丝网印刷所不具备的。

第三章
型纸工艺

　　日本的型版印花工艺除早期的夹缬、臈缬、摺绘、蛮绘和江户时代的板缔是使用木质型版外，其余的如中形、小纹、红型、型绘染等均采用纸质型版，并且流传范围更广、影响力更大。此外，除了上述的型糊染和型绘染工艺外，日本用到型纸的印染工艺还有很多，如和更纱、摺箔、注染、型友禅等，绗染、扎染等其他染色或织造工艺也会使用型纸刷印定位点，因此纸质型版的需求量很大。型版印花的成败很大程度上取决于型纸的加工与雕刻水平，因而，型版的制作与雕刻显得格外重要。所以在介绍日本代表性型版印花工艺之前，单独将型纸的加工与雕刻工艺作为一个章节对其进行介绍，便于读者对型版印花工艺的深入理解。

　　需要特别说明的是，由于琉球在红型染工艺发展与成熟的时期还是一个独立的王国，因此传统红型所用的型纸并不是伊势型纸，而是在中国的影响下发展起来的。这种型纸用的是涂了柿漆的奉书纸，使用的柿漆是当地出产的"东柿"，具体工艺将在红型一章中介绍。

第一节 伊势型纸的发展历史

日本的型纸 90% 以上出自伊势，从而被称为"伊势型纸"。型纸的制作过程非常复杂，从纤维原料到型纸的完成，需要经过多地多种工艺家的共同努力。以江户小纹为例，一张型纸的制作起码需要经过以下四大工序：从四国岛的土佐（现高知县）或茨城县大子町采购楮纤维原料，先由美浓的工艺师制作成普通的和纸；江户的绘师设计纹样；之后由伊势的纸工制成地纸；然后由型雕师雕刻图案制成型纸。辗转各地完成的型纸由商人贩卖到江户，最后才交到染色师的手中。

一、伊势型纸的传说与起源

伊势型纸是由伊势的白子和寺家（现三重县铃鹿市白子町和寺家町）制作的精巧型纸，简称"伊势型"。然而白子地区附近既不是和纸的产地，也没有型纸需求量大的染色业，但为什么会兴起型纸业呢？因此，关于型纸的起源，可谓众说纷纭。其中，有一种说法认为这个地域曾是古代织物业的中心。据说从该地的南部到河芸町一带，属于古代服部乡[①]。御园、久知野等处有式内服织神社，中心区的白子有久留真神社，这些神社均以织物之神为祭神。但这些都是与丝织物有关的神，并没有必须用型纸来染色的需求。

关于型纸的起源还有多种传说，但任何一个传说都与寺家的观音寺有着千丝万缕的联系。例如，传说有一位住在寺家观音寺附近名叫久太夫的老人，他从寺院内不断樱树上的捕虫叶中联想到了型纸的花纹（图 3-1、图 3-2）；还有一种传说是有人见到寺里的经书被虫蛀蚀后呈现出一个有趣的形状而想到的；还有说是因为观音寺的执事僧的友禅是用植物的菜汁染布制作而成，人们因此受到启发而设计出了型纸。

还有一个关于富贵绘的起源传说。在日本战国时代，公卿萩原中纳言为避开混乱的时局寄居在观音寺，某天突发奇想将花鸟纹样雕刻在纸上，并作

[①] 服部乡：在古代日本由具有织布技能的一族和渡来人构成的部民及其活动地区。

为纪念品卖给前来的参拜者从而逐渐发展出型纸，然而萩原中纳言则完全是虚构的人物。

上述各种传说多是后人附会之说，因此不能作为伊势型纸起源的科学解释，只能有待新资料的发现后再探究竟。

应仁之乱（1467—1477年）以后，京都几乎完全被毁。随后，京都中心地区的先进文化被僧侣、公卿等带到京都以外的地区并发展起来，或许作为京都先进的染色技术的型纸，就是在这样的时代背景下被传播到地方的。将公卿作为传说的主人翁，也许是后世型纸业者为了给型纸的起源赋予权威性而附加上去的。

从本书第二章对喜多院藏《职人尽绘图》中工匠使用型纸进行印花的描绘来看，至晚是在16世纪末期，此时日本的型染工艺已经成熟并成为一个重要职业，型纸理所当然也早已出现了。

图3-1 寺家观音寺的不断樱

图3-2 不断樱上的树叶

二、文献中的伊势型纸业

在《守贞漫稿》中写道："此种型匠多居伊势白子村，诸国城邑之地制之，三都间京阪早江户迟，然江户名匠胜于京阪。"型雕师早期先在地方出现，然后是京都、大阪，最后江户在天保（1830年）以后才出现了型纸雕刻。

伊势型纸是在元和三年（1617年）白子、寺家两村被编入纪州一族的领地时，受到长期庇护才得以发展起来的（图3-3～图3-6）。记载型纸起源的文献有白子寺尾家（图3-7）的《贩形共年数年历扣账》，据此资料

图 3-3　纪州藩评定所鉴札
　　　铃鹿市传统产业会馆藏

图 3-4　铃鹿市所藏最古老型纸　元禄五年
　　　（1692 年），铃鹿市乡土资料室藏

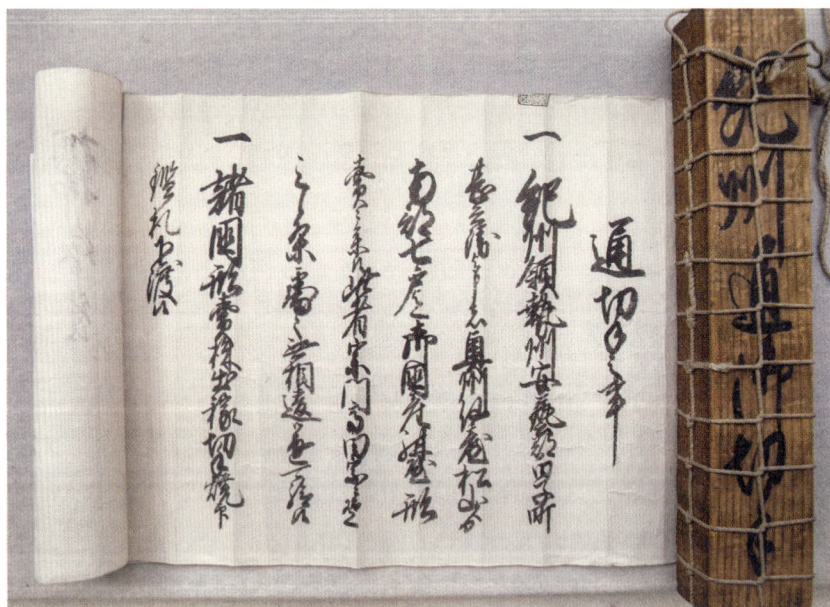

图 3-5　纪州藩通切手（通行证明）　铃鹿市传统产业会馆藏

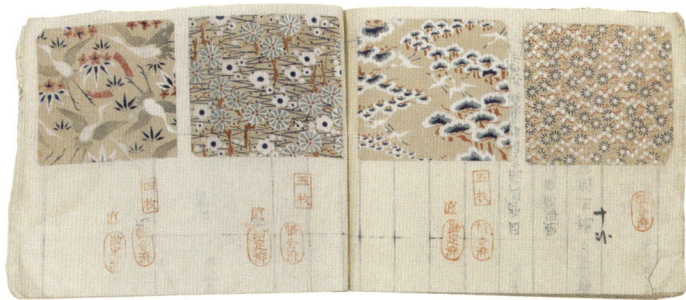

图 3-6　型纸样本　20 世纪初，铃鹿市乡土资料室藏

记载，"绀形贩至诸国伊始之时"为平安时代之始，即延历年中（800 年左右），此时型商仅 4 人。到了应长、正和时期（14 世纪初），型商达50 人。文禄四年（1595 年），白子、寺家两村 127 人合伙，求上野城主（现河芸町）分部氏庇护。这份江户中期的资料，记录型纸的起源多少有些夸大的成分，应该是本地业者为了体现型纸起源之久，突显型纸价值而写的。①

图 3-7　寺尾家住宅　现为伊势型纸资料馆

据《职人相定账》记载，文政九年（1826 年），雕刻师分别有寺家村 184人、白子村 23 人和江岛村若干人，并且型纸业被细分为地纸制造从业者、型纸雕刻从业者、型纸贩卖从业者等职业。在天保年间（1831—1844 年），光型纸贩卖商人就达到了 300 人左右。江户时代，还有称为"型纸满人"或

---

① 冈田譲：《人间国宝シリーズ-19》，講談社，1979 年，第 36 页。

"型屋"的人创办了一个叫"株仲间"的公会，招收了一批雕刻工匠和地纸制造商，全盘包揽了型纸制作到销售的全过程。株仲间的成员可以获得纪州藩发放的外出经销许可证，在藩的权力保护下，前往全国各地进行销售。其中出售的小纹型主要用于武士的袴，因此各大商户为了扩大各自的市场竞相追求精巧的制作，就此小纹型得以快速发展。

三、近代型纸业

到了明治维新时期，失去藩的保护的型纸业不再拥有特权，在营业自由的规定下，到 1872 年，株仲间这一组织也解散了。之后，型纸业经历了一阵经济不景气的状态。在 1880 年，白子、寺家的从业者设立由株式组织组成的"灶赈社"，致力于谋求复兴型纸业、改善生活困难的状况。换言之，就是通过共同销售的形式重组的近代株仲间。当时的相关文件中记载："明治六年（1873 年）的型纸产额为平均一年仅五千日元，其中包括东京、西京在内各国为二千日元，两村为三千日元，且产于东西京各国的型纸因风土而生为上等品，依不可与两村所产匹敌，此后均纳入村中，但均有各自商法。"

然而，这个灶赈社在设立 15 年之后解散了。后来到了 1898 年，组成了"白子町型纸业公会"。1902 年，三年制夜校町立工业徒弟学校被并入白子工业学校，于是工匠的子弟们开始在白子工业学校学习技法。其间，改良了柿漆和室内熏等工艺。据 1909 年《白子町立工业徒弟学校一览》记载，白子、寺家两村共有型纸商人 40 人、型雕师 198 人、型地纸从业者 17 人。1921 年，富山县高冈市的井波义兵卫提出将"入线"法改良为更便捷的"贴纱"法，使得型纸的作业变得更加灵活便捷。

京都的友禅染也因为"型友禅"的开发，为型纸业带来了活力，在关东大地震后的大正末年迎来了发展高峰。甚至听说当时型雕工匠的月收入达到了 400 日元以上，比县知事还多，因此也风光了一段时间。

"为型商者，今赴之；非型商者，且思案。"此为白子、寺家的姑娘们唱的歌词，意思是"如果对方是型商，我愿现在就嫁过去"。据《型纸的故事》记载，昭和三年（1928 年），两村共有型雕师 350 户、型地纸从业者 20 户、商家 50 户。昭和四年（1929 年），伊势型纸业公会发行的《型纸的起源与沿革》中记载：有地纸制造者 29 人，地方销售部员 23 人，东京型纸业公会成员 29 人，京都有店铺 14 家，各在白子附近设采购部。

第二节　地纸的制作

型糊染所用的型纸，是日本全国范围内绀屋[①]用于印花染色的最重要的工具。伊势型纸雕刻时所用的纸称为"型地纸"，由于型糊染工艺需要使用刮刀在型纸上反复刮印防染糊，因此对地纸的质量有较高的要求。伊势型地纸由优质和纸再经贴、晒、薰等多道工序制作而成。

一、和纸的抄造

纸是中国古代的一项重要发明，后传到日本。随着佛教的盛行，纸张的需求逐渐增大，日本古都奈良、平安京等先后设立了官方造纸工场，于是日本造纸业在关西地区得以迅速发展。日本工匠以独特的原料和制作方法生产出具有特色的纸张——和纸，和纸的特点是纤维长，质地薄，坚韧度好，使用寿命长，手感好。日本现在的和纸产地有美浓、伊势、三河等。刻制型版的地纸一般采用美浓的生漉和纸（美浓和纸），由美浓国（岐阜县南部）的和纸从业者在那里完成制纸作业。

由于型地纸是由和纸加工而成的，因此和纸的质量至关重要。成为型版的和纸其条件是比较苛刻的，需要保证高的纯净度，不能有任何杂质。因为如果混入粗纸浆等杂质，会使雕刻精度和牢度变差而影响后续染色的成品率。由于型纸在印制时会被不断摩擦，因此选择地纸最重要的一点是要求平整、硬挺而富有韧性的纸张，以避免雕刻时地纸开裂和型付时地纸因吸水而延展变形，从而导致纹样发生错位等情况。江户时代的绀屋在加工时，在长板上以每半反为一次工序进行型付，再浸入蓝瓮完成染色。用1张4寸（图案边长约12cm）的型纸给一反长度约38尺（11.5m）的布料进行型付时，需要至少重复95次。一张普通型纸的使用限度在50反以内，质量不太好的地纸用过20～30反就不能再用了，而优质的地纸使用限度可高达100反。

和纸采用楮树皮为原料（图3-8）。由于楮树皮纤维较长，因此制成的

[①] 绀屋：绀即蓝色，绀屋即染坊，规模大的绀屋也承接型糊染加工。

和纸强度较高且耐久性强，并且和纸长期保存不易变色和不易老化，这是由于和纸呈中性，抗氧化能力强的缘故。和纸常被用作日本式房屋的拉窗、拉门、纸隔扇、裱纸及版画用纸等。

和纸的抄造方法与我国的宣纸原理相同，主要有"流抄法"与"滞抄法"之分，采用"流抄法"抄造出来的和纸是由不同方向的多层纤维复合而成，刻制型版的地纸需要用此法抄造。采用"滞抄法"抄造的和纸一张就只是一层，结构单一，不如流抄法抄造出来的纸韧性好。

图 3-8　楮树皮

完整的"流抄法"美浓和纸抄造大致需要以下 11 个步骤。

1. 浸水

将楮树皮原料浸泡在水中，目的是除去杂质和软化楮树皮原料。

2. 煮料

把楮树皮原料在锅中煮，并加入草木灰或苏打灰（碳酸钠），以使楮树皮纤维分离出来。

3. 去灰

在流动的水中浸泡并洗除苏打灰。

4. 漂白

与去灰步骤同时进行，使其变得白净。

5. 分拣

手工分拣去除附着在楮树皮纤维表面的杂质。

6. 打浆

传统是使用木槌击打楮树皮纤维，使纤维变得松散，现改为机械操作。

7. 调液

在槽中加入纸浆纤维和植物性黏液。植物性黏液是和纸抄造必不可少的原料，与我国抄造宣纸时加入猕猴桃藤汁类似，美浓和纸使用的黏液取自黄蜀葵的根部，作用是使楮树皮纤维均匀地分散在水中，使它们能漂浮起来以防止沉淀，从而提高纸张制作的成品率。此外它还能使纸一张张保持分离，便于后续揭开上板干燥。

8. 抄造

先在装有原料的槽中用抄造专用的竹帘网框捞取一定数量的纸浆（图 3-9）。与我国宣纸抄造时捞取 2 次纸浆不同，美浓和纸捞取和摆动次数更多，需要捞取纸浆并依次前后左右摆动网框数个回合，这样做的目的是使竹帘上的纤维分别按前后左右方向排列出不同层次，在前后和左右的摆动时次数与力道应保持一致，从而分别形成横竖方向均一的纤维层。

9. 脱水

用压榨机将抄好的和纸脱水。

10. 干燥

将脱水后的和纸一张张揭开，贴在木板上在户外晒干。

11. 整理

最后进行选别、裁断、折叠等操作。

图 3-9 抄纸

二、伊势地纸的制作工艺

（一）柿漆的制作

和纸成为型地纸还需要把 3 ~ 4 张和纸用柿漆裱糊在一起。柿漆是从涩柿子的果实中提取的液体，一般用来涂抹在木、麻、纸等材质上以增强其耐久性。柿漆同时也有黏合剂的作用，还可以用其将金箔贴在和纸上，或用于贴合几张和纸。制作伊势型地纸时，柿漆尤为关键，可以说是地纸制作的灵魂，因此柿漆品质的好坏直接决定了地纸的质量。过去，伊势地纸大多使用三重县多气郡宫川上游产的柿漆，现在则使用岐阜县揖斐郡谷汲周边产的柿漆。

柿漆越是经过长期发酵，其粒子就越细，黏性就越大。不同地纸商有各家秘传的制作方法，制作方法虽多少有些不同，但基本工序相似。柿漆的制法与我国相似，在每年 8 月上旬到 9 月上旬之间，将采摘下的涩柿子捣碎后榨取汁液，并存放至容器中。柿液经过一个月左右的充分发酵后变成柿漆，在此期间需要每日搅拌一下，否则会凝固成凝胶状。这样制成的柿漆叫作新柿漆，经过一年以上发酵的则叫古柿漆。通常是根据用途决定使用不同时长发酵的柿漆，用于小纹型的柿漆，要求使用发酵长达三年以上的古柿漆。

（二）地纸的加工工艺

伊势地纸的制作大致可分为以下 9 个步骤。

1. 裁切

将和纸裁切成地纸用的规定大小。裁切时先在下方放置一块朴树木板，把数厘米厚的和纸放在木板的上方，然后用樱木制成的专用尺进行测量，再用切纸刀裁切成指定规格。

2. 贴纸

将完成裁切的 3 ~ 4 张和纸贴合在一起以达到地纸所需厚度。制作车间里会斜立一块长 4 尺 5 寸、宽 6 尺左右的贴纸托板（也称贴板）。在贴板表面用刷子涂柿漆并逐层贴上和纸。如果是小纹型用的地纸，一般是叠 3 张，所以按上下两张为纵向纤维，正中间一张为横向纤维，依次进行贴合。每进行一次贴合作业都要涂一回柿漆，每完成 3 张和纸的贴合作业，就将贴好的和纸左上角稍稍折成一个三角形。一直重复贴合作业直至厚度达到约 1cm（地纸 40 张左右），"1 份"的量就完成了，据说即便是老手，一天能贴合 10 份（400 张）就相当不错了。

3. 存放

将地纸用塑料袋按份装好，放置 2 ~ 3 天。

4. 干燥

把以 3 张为一个单位的地纸从折叠的三角形处撕下，并贴在铺纸板上，在日光下晒干（图 3-10）。如果是晴天，两个小时内就可以晒干。晒干后，

图 3-10　晒纸　摄于大杉型地纸工场

柿漆的黏性会更强。

5. 选纸

找出有污渍和裂痕的地纸丢弃。

6. 室内干燥

地纸存放时间越长，柿漆干燥得越彻底，更充分地浸透至和纸中，可使和纸状态稳定，即便浸在水里也不会出现伸缩变形等情况。为此需要将型地纸吊在室内，用杉树或桧木的木屑熏干，这一步称"室内干燥"。熏干需要花费 7 ~ 10 天。

7. 柿漆浸泡

将地纸浸泡在稀释过的柿漆里，然后将这些地纸堆叠到 100 ~ 150 张，用圆棒将其滚动按压平整，再在其上方压一块大石头，压大约 3 小时。

8. 铺展

将地纸贴在板上再次晒干。像这样存放半年以上的地纸称为"一次室内地纸"，通常用于制作中形、手拭巾、风吕敷的型纸。小纹用的地纸还需再次放入室内。

9. 二次室内

吊在室内熏约一周的时间，颜色也随之变深。但此时不再涂柿漆，也不进行干燥作业，直接这样存放半年以上，称为"二次室内地纸"。

图 3-11 所示为不同阶段的地纸。

图 3-11　不同阶段的地纸

第三节　型版雕刻工艺的分类与流程

　　型纸雕是指雕刻型纸的技法，也称型纸雕刻或型雕，与我国刻纸工艺有一定相似性。在型纸的主要产地三重县铃鹿市的白子町和寺家町，雕刻桌被称为"阿特场（あて場）"，工匠就是面向这个桌子以盘腿坐的姿势工作的（图 3-12）。型雕技法中，除"锥雕""突雕""引雕""道具雕"外，还有可以加固型纸的技法"入线"工艺。雕刻对精细度的要求极高，所以要

图 3-12　职人在铃鹿市传统产业会馆雕刻型纸（2022 年）

求工匠必须有高度熟练的技术。同时，这也是一个相当需要耐心的工作。此外，工匠除了雕刻型纸本身需要精湛的技艺以外，还需要掌握制作得心应手的雕刻工具的技能，好的工具不仅能保证质量，还可以提高工作效率，是型纸雕刻的基础。

一、型纸的种类

型纸按用途可以分为小纹型、友禅型、中形型、大纹型、手拭巾型、更纱型、风吕敷型等多种。按图案呈现效果，可将型纸分为"一枚型"和"追掛型"。一枚型就是 1 幅图案只需要 1 张型纸即可，印制出来的图案是色地白花，也是型糊染的主流；追掛型是为解决图案中镂空版难以解决的孤岛问题而采取的措施，需要 2 张型纸甚至 4 张型纸才能完成，因为以 2 张型纸为主，因此也称为"二枚型"，二枚型的难点在于需要事先将地色版合理地分割开来，以保证印制时能完美对接，因此需要经验丰富的工匠才能完成。

二、型雕的准备

雕刻型纸前需要作预先准备，把和纸撕成细条状，做成名为"缀纸"的纸捻，一次将七八张地纸叠在一起进行雕刻，一般称为"一雕"。为了使刀刃完全刻到最下面的一张地纸，并保证其完成质量，所以会在这张纸的下面再垫一张名为"当纸"的废纸。为保证雕刻过程顺畅，需要给每张地纸的背面涂上油淀。接着在地纸纸边以每隔 10cm 的宽度依次用锥子开孔，并用纸捻装订堆叠的地纸，以保证所有型纸在雕刻时不会位移。

绘画风格的纹样制作是将底绘[①]贴在地纸上再雕刻；细小的连续纹样或割付纹样[②]的制作，需要先制作一个最小单位的纹样作为模版，然后把模版放在地纸上用刷子蘸墨依次印出图案。为使割付纹样的雕刻更加精准，还要使用"总罫"的方法，即用小刀的刀刃磨制的"罫引"工具在地纸上划出割付线，以保证图案重复时位置的精准。

---

① 底绘：设计稿。
② 割付纹样：单位图案的重复排列，即四方连续纹样。

三、型雕工艺

1. 锥雕

锥雕是最古老的型纸雕刻技法（图 3-13）。先在雕刻桌上铺一片用朴木做的雕版，在雕版上放置装订好的地纸进行雕刻。锥雕刻出的最基本单位是小圆孔，由于小纹图形非常细小，所以锥雕使用的锥刀是像针尖一样细小但异常锋利的半圆形刀具。与我国蓝印花布刻版时使用铳子雕出圆形不同，这种锥刀是一种由优质的薄钢弯折成圆弧形状，然后在薄钢的尾端接上刀柄制作而成的工具。锥雕刻出的造型元素为圆点，而圆孔的大小则由锥刀的半圆弧度决定。

图 3-13　锥雕

雕刻型纸时，需要左右手熟练配合，首先将刀具垂直于地纸，左手的大拇指按住刀柄并施加向下的压力，下压的同时用右手的大拇指和食指顺时针旋转锥刀半圈，从而钻切出点状小孔。连续以这种方式钻出小孔并排列成图案或细小的纹样。由于一次性雕刻多张型纸，因此必须保证刀具与型纸的角度始终保持同一角度，以免下面的型纸图形发生错位。

锥雕的代表性纹样有鲛小纹、行仪、通小纹、霰等。像是极鲛[1]这种相当细小的图案，在边长约 3cm 的方形中就可达到 1000 个孔。光是这一步就需要极为精准的排列，并花费极大的精力，雕刻雕型纸需要花半个月到一个月的时间。因此锥雕是一项非常需要集中精力和需要耐心的工作。

2. 突雕

突雕是一种和引雕一样使用小刀雕刻型纸的技法（图 3-14），之所以叫突雕，是因为这种雕刻手法是向前推进的。雕刻前，首先在桌上放置一块名

---

[1] 极鲛：小纹中带"极"的为更细小、更高等级的图案。

为"孔板"的薄板作为垫板，这块薄板上开有一个直径约3cm的孔，主要作用是便于刀刃在孔中自由运转而不伤刀刃。使用的小刀宽2mm，厚1mm，刃长2~3cm，刃口呈向内的圆弧形，极为锋利。雕刻时将刀刃朝前，用右手的拇指、食指、中指握住刀柄，左手的拇指抵在刀刃背上，垂直刺入地纸并施加向前的推力，在刀刃向下时切出图形，运刀时使用刺和推的动作，从而完成雕刻。这种雕刻技法一般用于型友禅、中形图案中，适合处理绘画风格的花纹。突雕的代表性花纹有青海波、纱绫形、菊菱、七宝、矢绯、十字绯、疋田、市松（两种不同颜色相间的方格纹）、箭羽等。现在使用道具雕完成的型纸，在过去都是采用突雕完成的，可见突雕工艺具有较强的适应性，并且技术精湛。

图 3-14 突雕

3. 引雕

引雕也称为缟[①]雕、条纹雕，主要用于雕刻条纹图案（图3-15）。引雕与突雕一样需要使用较细小的刀具，不同的是引雕的刀刃和刀柄的长度都较短，且雕刻时是往身体方向运动的。由于追求精细而要刻几百条细条纹，所以如此也会使型纸的状态变得十分脆弱和

图 3-15 引雕

不稳定，导致在后期刮糊时型纸很有可能发生断裂而破坏印制效果。因此在刻完型纸后还需要再进行一步"入线"的操作以加固型纸强度。引雕雕刻前先堆叠6张优质地纸并装订好，在最上方的地纸处进行版面设计（上型），即在划定的雕刻范围内绘制一个长方形的框，在长方形的上下边上做星标

---

① 缟：条纹。

（点）。在装订好的地纸下方垫一块塑料垫板，左手拿薄钢尺对准上下边的标记处，右手持小刀从上至下快速完成雕刻。在雕刻细条纹时必须一气呵成。不过，如果是雕刻"养老"或"立涌"等曲折形的条纹图案，则需要将一个条纹图案分三段进行雕刻，即每两段中间要留出不雕刻的部分。这一部分称为"吊"。"吊"的部分待得到"入线"工艺保护后即可将其切断去除。通过引雕技法雕刻的型纸叫"筋型（条纹型）"，使用筋型印染的图案则称为"缟小纹"。缟柄大体可以分为决筋、变筋、养老、立涌四类。此外，决筋根据边长一寸范围内雕刻的缟筋根数不同，还分以下几种名称：

（1）十条：大名筋。

（2）十二条：万筋。

（3）十四条：上万筋。

（4）十六条：间万筋。

（5）十八条：极万筋。

（6）十九条：并毛万筋。

（7）二十条：毛万筋。

（8）二十一条：极毛万筋。

（9）二十二条：似筋。

（10）二十三条：二割。

（11）二十四条：极二割。

（12）二十五条至三十三条：微尘。

4. 一张突

使用工具用戳的方式雕刻。使用的雕刻工具是在薄钢板上接上刀刃，再加一个手柄制成。这种技法主要用于雕刻割付纹样。但由于这种技法太费工夫，所以现在已经改用道具雕。

5. 道具雕

由"一张突"发展而来的技法。将刀刃直接做成樱花、绯、圆、三角、四角、半月、龟甲、菱、松叶、菊花瓣等形状，以此刻穿地纸雕刻出纹样（图3-16）。代表性的纹样有剑菱、七宝、御召十、菊菱、雪霰、市松、鳞、割梨、极十字绯、小型羽毛、小樱花、角通小格纹等。道具雕的图形取决于刀刃的造型，一名工匠起码持有2000支这样的道具，由于工具皆为工匠自己苦心制作，因此想要成为一名优秀的工匠就必须做出好的工具，据说这需要十年的学习。由于道具雕主要刻制重复性的纹样，因此在刻的时候必须

图 3-16　道具雕

两手握住刀柄，并靠在下颚处使刀刃保持稳定，并以均一的力度循环往复。

6. 入线

入线并不是雕刻型纸的方法，却是制作突雕和引雕型纸的一个重要步骤，作用是对型纸进行加固。由于引雕的条纹图案和部分突雕的大纹样图案过于纤细和复杂，极易在刮糊时发生错位、断裂等意外情况，因此需要将型纸采用入线技法以保证型版的稳定性。

锥雕和道具雕的图案是以小点或小块面组成，因此"地"的部分是连续且牢固的，不需要用入线工艺加固。而条纹图案只有"天"与"地"是和纸边相连的，突雕中也有一些造型较大而与底版缺少联系的图案。这两类型纸就需要"入线"步骤对雕刻好的型纸进行加固，以保证在型付时花纹不会发生歪斜、错位。

方法是把雕刻好的型纸揭开分成两张，把其中一张置于下方，然后拉上网格状的线，再将另一面的型纸准确地贴合于上方，这样就形成一种三明治结构，里面的网状丝线能把条纹很好地固定住（图3-17）。如果是竖纹图案，可以横向贴线；如果是纵向或菱形图案，可以交叉贴线加固。使用的线一般是春蚕丝加工而成的生丝，这种生丝具有一定的弹性和强度。虽然看似是一项简单的工作，但是贴的时候必须正确地配合花纹，同时还要注意不让多余的柿漆残留在花纹上，是一项十分需要细心、耐心，同时也非常费工夫的工作。完成"入线"步骤的型纸称为"入线型"或"入线型纸"。

图 3-17　入线工具　铃鹿市传统产业会馆藏

第四节　型雕工艺的保护与传承

在型雕行业，工匠们在有能力独当一面之前，必须要经历数年的学徒制学习，才能熟练掌握型雕技术。如果型雕工匠后继无人，型雕技术也会就此消失。因此日本政府出台一系列政策，加大传统手工技艺的保护力度，比如评选无形文化财保持者（人间国宝）、成立型纸技术保存会等保护制度。此外，当地行业协会还经常组织展览、组织培训等举措以培养接班人。

一、人间国宝

日本文化遗产保护委员会于 1952 年决定首先保留江户小纹以及伊势型纸的技术，并于 1955 年将以下 6 位型雕师认定为重要无形文化财伊势型纸的技术保持者（人间国宝）。一次对一种工艺评选出 6 位人间国宝，在这一制度的评选过程中是绝无仅有的，可见官方对这一工艺的认可。

1. 南部芳松（突雕）

南部芳松，1894 年 9 月 20 日生于三重县寺家町。从幼年时代起，南部芳松就在父亲的指导下学习雕刻技术，之后又在山梨县学习甲斐绢型①，随后又来到被视为正宗浴衣染的东京，在小林勇藏的指点下修习中形的型雕技术。

此外，他还在京都研究平网型等新工艺，学习了各种技术。同时他在工业

---

① 甲斐绢型：用经线和纬线按 1 ∶ 2 的比例织成的纯丝织物或其类似织物。布面具有特有的光泽和丝绸感。

徒弟学校担任过 8 年讲师，负责培养技术后辈。他是一位做任何事都充满热情的人，因此广受众人拥护和爱戴，被推举为型纸雕刻公会的会长人选，被视为型纸雕刻的技术指导者。南部芳松于 1976 年 11 月 5 日去世，享年 82 岁。

突雕是用像针一样尖锐的刀尖进行雕刻的技法，南部芳松（图 3-18）是掌握着这项技术的杰出的一员，并且他不断将这种正统的技术传授于人。他儿子幸雄 18 岁从高中毕业那年开始，30 年间一直接受父亲的指导，也是一名技术骨干。据说幸雄年轻的时候，是无奈之下继承的家业，不过到了壮年，也开始对继承传统工艺感兴趣了。

现在，由铃鹿市教育委员会保管的关于型纸的文件、资料等都是南部芳松生前收集的。

2. 六谷纪久男（锥雕）

六谷纪久男，1907 年 2 月 25 日出生于三重县寺家町。1919 年小学毕业后，他跟随父亲芳藏走上了型纸雕刻这条路。1933 年，他带了 3 把锥具去京都的哥哥那里学习技术。

锥雕是通过旋转半圆形的刀刃而雕出细细的圆孔，并由这些圆孔构成花纹的技法。完成一个型版需要 20 天左右，是一项十分需要耐心的工作。六谷可以一次雕刻 24 张"二塔利"鲛小纹，他完成的小纹"极鲛""极通"图案

图 3-18　南部芳松作品　铃鹿市乡土资料室藏

排列均匀（图3-19），因此他常接到东京染织家小宫康助的订单。六谷生前一直从事雕刻事业，于1973年去世，享年66岁。

六谷的哥哥进一也称得上锥雕界的高手。此外，六谷的长子博臣1953年中学毕业后就跟随父亲，20年间一直接受着父亲的指导。

长子博臣提起父亲时说道："父亲属于实干派，他经常教诲我既然做了就要努力做到最好。因为家里孩子比较多，所以我让两个弟弟去上大学，身为长子的我就决定继承父业。"

3. 中岛秀吉（道具雕）

中岛秀吉，1883年9月4日出生于三重县寺家町。明治二十七年，秀吉小学毕业后，进入田中学校，由于个人原因两年后中途退学，拜入同町的丰田祐吉门下，作为门徒学习型雕。此时的中岛秀吉已经18岁了，所以修行也比一般人落后将近4年。1907年，他有了家庭，之后在大阪的商店从事型雕工作。1916年中岛返乡，在铃鹿市定居并开始独立经营，专做道具雕。道具雕是用细小的花纹，如四角或樱花的花瓣形状做成的刀尖刺刻花纹的技法（图3-20），因此需要极其专业的雕刻及制作工具的技术。而一生从事道具雕的中岛拥有这项技术。

图3-19 六谷纪久男作品 个人藏

据中岛的次子宽所言，其父亲是典型的充满工匠精神的人，对于不合道理的事情绝不妥协，好几次在订货者的面前检查自己的型纸时，哪怕有一点点不满意的地方也会扔掉，母亲也常常为此感到无奈。

中岛秀吉制作工具的能力同样非常出色，他制作的工具声音清脆，受到同行的好评。除道具雕外，中岛偶尔也会采用锥雕，但他一生并未收徒，于1968年2月3日去世，享年85岁。中岛秀吉使用

图3-20 中岛秀吉作品（局部） 铃鹿市乡土资料室藏

的道具雕工具现在仍保存在铃鹿市。

4. 中村勇二郎（道具雕）

中村勇二郎，1902 年 9 月 20 日出生于三重县寺家町。中村家的型纸业到了勇二郎已经是第四代了，在勇二郎小学六年级的时候，他就开始给其父兼松打下手。高中毕业后，和其他弟子们一起开始了真正的修业。据勇二郎所言，其父兼松是斯巴达式教育，不管是烟管还是戒尺，拿到手里就开始教训人。"我通常是作为父亲手下几个弟子的代表被批评，但是他从来不告诉我错在哪里，总是叫我自己想。"

"甚至有时，也不知道雕刻出来的型纸哪里不好，父亲就气得在型纸的正中间开个洞，套在我的头上，然后让我就这样去街上尴尬地溜一圈。"勇二郎有今后的成就，从侧面来看，也得益于他经受住了其父严苛的考验。

道具雕中，型雕师必须备齐大量制作纹样所需的工具，而这是一项极其困难的工作。据说中村拥有多达 3000 件工具，这惊人的数目，足以证明他的经验之丰富、技术之高超（图 3-21）。

图 3-21　**中村勇二郎作品（局部）**　铃鹿市乡土资料室藏

5. 儿玉博（缟雕）

儿玉博，1909 年 10 月 13 日出生于三重县白子町。从幼时起，儿玉博就跟随其父房吉接受缟雕的启蒙教育。1925 年开始一直到父亲去世的 4 年间，他接受了缟雕的正式指导。期间，儿玉博晚上还要上徒弟学校学习。17 岁时，儿玉博前往东京，成为浅草的伊藤宗三郎门下的工匠，致力于缟雕的学习。时光荏苒，儿玉博在东京修业 18 年，于 1942 年返乡。此间，受到小纹染代表人小宫康助的赏识，可以说儿玉博的成就在一定程度上也得益于小宫的赏识。

由于朴素的条纹图案当时并未得到大众喜爱，他不得不改行以维持生计。面对物质与精神抉择的两难时期，正是小宫康助不断给予他鼓励并支持他坚持缟雕的事业。

缟雕是雕刻中最需要熟练度的，且是小纹、长板中形制作不可或缺的技法。他常常需要在3cm宽的范围内雕刻33条条纹，为此他会特地从埼玉县的造纸试验场取来纯生的纸浆。使用的小刀也是让造瑞典钢的公司专门定制，或者在新潟县的刀具锻造店特制。正是他这种对于材料的严格筛选，对工具的潜心研究，以及精湛的技术，才让他的作品如此出类拔萃，并被视为日本"缟雕第一人"（图3-22）。

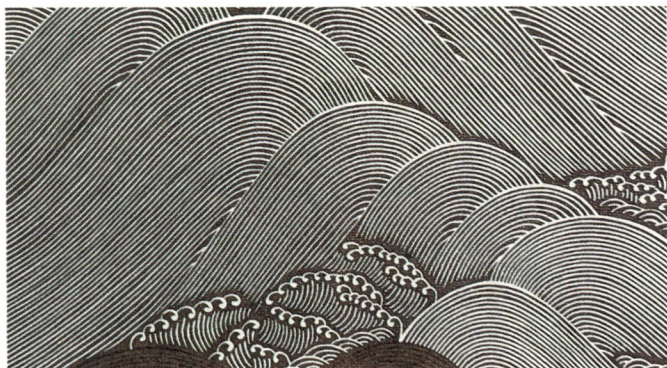

图 3-22　儿玉博作品（局部）　个人藏

6. 城之口美江（入线）

城之口美江，1917 年 1 月 2 日出生于三重县白子町。她是此次被认定为人间国宝中唯一的一位女性传承人，并且是最年轻的。所谓"入线"，就是为保证使用刻有细条纹的型纸在刮糊时，不出现条纹断裂或变形而无法完成印制的状况，于是发明了用丝线对型纸进行加固的"入线"工艺。精密的缟雕技法，一直离不开入线技法。

城之口美江从小观察祖母、母亲从事入线这项工作，从高等小学到读完家政女子学校，她一直努力学习"入线"（图3-23）。直到结婚成为母亲后，也仍然坚持着这份

图 3-23　城之口美江在工作

工作，并有了后来的成就，可以说城之口美江是非常难得的传承者。

然而，随着城之口美江的去世，入线改用"贴纱"（涂漆贴纱进行加固）代替了，入线这种技法就无人继承了。

二、型雕的现状与保护措施

（一）型雕业的衰退

型纸的应用范围很广，除了服饰以外，还可以用于制作点心、陶器、漆器等。但是跟其他手工艺一样，随着时代的飞速发展，传统印染工艺被更高效的现代技术取代，伊势型纸同样受到了巨大的冲击，社会需求明显下降，从业人员不可避免地迅速减少，型纸业也不可避免地进入了衰退期。

造成型纸业衰退的根本原因，是由于人们的生活方式与穿衣习惯发生了根本性的变化，人们对传统服饰的需求减少，日常服饰从和服变为现代服装。此外，与以往的型雕不同的是，材料与技术的创新使人们逐渐开始采用平网或圆网型。这种型也称照片型，即先在胶片上画出纹样，利用感光技术把纹样转移到涂了感光胶的纱网上。因此技术的进步正一步步减少人们对型纸的依赖。

关于历年来型雕从业者的人数和经营额，铃鹿市也并未掌握准确的数据。不过根据文献的记载，在 1960 年型雕行业景气之时，在白子高中的学校报纸上刊登的消息表明，型纸的年销售额为 3 亿日元。1973 年伊势共有彫刻师 179 人，平均年龄为 48.2 岁。1978 年，据伊势型纸传者培养事业第三期发行的《伊势型纸》记录，当时的相关公会及团体见表 3–1。

表 3–1　伊势型纸公会及团体

团体名称	规模
伊势型纸雕刻公会	250~300 人
伊势染型纸贩卖公会（贩卖着尺型）	24 家
日本注染型纸合作社（贩卖浴衣型）	13 家
伊势型地纸制造公会	10 家
贴纱同志会	19 家
三重县染型纸雕刻技术者工会	51 人
图案设计从业者	30 人

此外，伊势的型雕师中还有一部分为上述分公会成员以外的人，铃鹿市内约有 300 户、约 500 人从事这些工作。另据日本传统工艺品产业振兴协会于 1985 年发布的"全国传统工艺品总览"统计，伊势型纸业有企业 49 家，从业者 195 名，年产值 7.35 亿日元。[①]

据 2022 年铃鹿市传统产业会馆公布的传统工艺士[②]名单，有突雕 3 人、锥雕 1 人、道具雕 3 人、引雕 2 人、综合图案 1 人、型地纸 2 人，共计 12 名传统工艺士。

（二）保护措施

为避免优秀传统技艺的快速消亡，日本各级政府相继出台了"无形文化财"和"传统工艺品"的认定制度，设立传统工艺会馆等展示场所，并鼓励多元化传承创新模式等多种保护措施。

除 1955 年根据文化财保护法指定南部芳松等 6 人为"伊势型纸"重要无形文化财保持者（人间国宝）外，1993 年伊势型纸技术保存会被认定为重要无形文化财"伊势型纸"的保持团体。1983 年被通产省指定为"传统工艺品"。

为了延续这种传统技术，从 1963 年起，铃鹿市内实施了"伊势型纸传承者培养事业"，伊势型纸技术保存会以会长中岛嗣雄、副会长佐佐木正明和六谷博臣为中心，致力于培养和传承型纸雕刻的高技术人才。以 5 年为一期，每期招募十几人，招募资格要求拥有 4 年的工作经验，年龄在 25 岁到 40 岁。日常指导方面，道具雕、缟雕、入线这些工艺由被认定为"人间国宝"的 3 人负责，突雕由光永安一、锥雕由六谷进一负责。每年还会在白子举办一次展会，帮助培养者接受更加深入的指导。

为更好地宣传本土文化，铃鹿市政府设立以专门展示本地传统工艺——伊势型纸和铃鹿墨的"传统产业会馆"、在寺家町原寺尾才兵卫祖屋开设"型纸展示馆"等场所，进行对型纸的历史介绍，聘请工匠定期进行现场雕刻以展示工艺；积极开发书签、灯罩等周边产品（图 3-24），拓展型纸的应用范围以便于推广与销售。

为扩大创作队伍，铃鹿市还组织成立"雕型画会"，鼓励人们用型雕工

---

① 小岛茂：《日本染织地图》，朝日新闻社，1985 年，第 97 页。
② 传统工艺士：是根据《保护传统工艺品产业振兴法》第 24 条第 8 款的规定，由日本传统工艺品产业振兴协会对技艺高超的传统工艺从业者认定的荣誉称号。

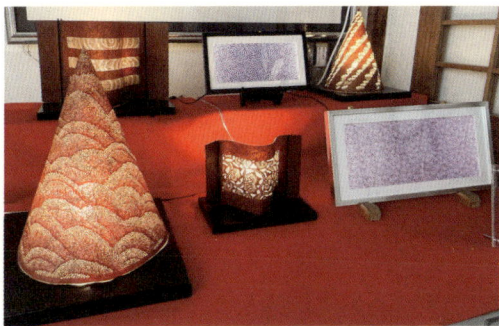

图3-24　型纸的创新应用　铃鹿市传统产业会馆藏

艺积极创新，创作出符合现代审美的作品。并且每年还会组织"伊势型纸雕型画作品展"，展出采用型雕技术创作的各类艺术作品。这些作品是基于型纸雕刻工艺加工而成，以点线面为元素的艺术创作，创作者以刀代笔，作品风格多样（图3-25），写实、抽象，传统、现代不一而足。这些作品虽然不完全是为了雕刻型纸而创作，但也是在为培养型雕人才做出的积极努力，为拓展型雕工艺应用的一种尝试，从而吸引更多的年轻人加入创作队伍，以培养传统技术的接班人。

图3-25　型纸创新作品（局部）　铃鹿市传统产业会馆藏

第四章
小纹与中形

　　日本的型糊染因得到上流社会的喜爱而促进了该工艺的发展，最终成为工艺成熟、技术先进和图案精美的印花工艺。日本型糊染工艺的特点在于通过型纸印制出连续性、标准化的图案，是一种操作便捷的面料装饰手段。根据型糊染纹样的大小和染色方法、使用功能的不同，可以呈现出不同的风格特征，其中小纹、中形、注染是型糊染的重要品类。尤其是小纹与中形，是日本型糊染的代表。

　　小纹以其颜色淡雅、图案精美而受到人们的喜爱，是制作和服的高档面料。小纹的纹样细腻，典型图案有"鲛小纹""行仪小纹""通小纹"等。它的特征在于远看朴素清雅，近看花纹精细。

　　中形是根据花纹大小而命名的名称。也就是说，中形是一种中等大小的纹样，且多具有绘画风格特征。中形盛行于江户时代，根据中形的传统技法制作出的染物称为"长板本染中形"。

第一节 小纹与中形的发展历程

一般认为，小纹由裃小纹转化而来。裃是足利时代的武士常服——直垂狩衣广袖的简略版，到了室町第三代将军的统治时期，出现了大纹的形式，型糊染工艺开始被应用于武家服饰中。进入江户时代后，随着武士公服样式的确定，小纹作为其装饰手段从而也被大范围推广开来。中形则是型糊染得到发展以后，由于用途不同而分化出来的工艺。

一、名称的由来

（一）小纹

小纹这一名称正如其字面意思一样，是指小纹样。因为是使用型糊染技法印制的细小纹样，从而得名"小纹"。它是相对于对大纹和中形而言的。小纹的名称最早见于井原西鹤 1688 年出版的《日本永代藏》中的一段文字："瞧瞧近些年这都市人搞的名堂。说是要在男女的各款服饰上设计出美感。于模型上染色，现出浮世小纹之纹样。""安部川流域的纸子上搞出绉绸，有给染上各种各样的小纹"，此外，浮世草子和洒落本[①]等文学或剧本中也都出现了"小纹"的字样。

在当时作为时装样本书的小袖图案雏形书、元禄十三年（1700 年）发行的《当流七宝常盘雏形》中记载有用友禅染等表现的小袖图案，分为"小纹（小もん）""中小纹""朦胧小纹"三种，还收录有 335 种型染图案。在这里面被称为"小纹"的是小几何图案，被称为"中小纹"的是植物、鸟和扇子等具象主题，相较于"小纹"来说图案尺寸更大，"朦胧小纹"则是在"小纹"的基础上覆盖叠加"中小纹"的图案样式。在这之后，"小纹"普遍称作"小纹"或"小纹染"，"中小纹"被称作"中形"或"中形染"，"朦胧小纹"被称作"追掛型"。事实上，在封面背后书写有"宝历八年寅五月 京扣"的宝历八年（1758 年）《松印型见本账》中，可以看见"小纹"

---

① 洒落本：江户中期通俗小说的一种。

和"中形"的名字，该书也收录了与《当流七宝常盘雏形》中的"小纹""中小纹"差不多大小的图案。[①]

"江户小纹"（指东京地区的小纹）是小纹最高成就的代表，是日本文化遗产保护委员会于 1955 年指定小宫康助（1882—1962 年）为重要无形文化财持有者时命名的。江户小纹是指在江户（今东京）发展起来的蓝、茶等地色上，单用白色细小纹样进行型染的传统技法，为了与其他地区的小纹染区别开来，特以"江户小纹"命名。

（二）中形

中形，也称长板中形。型付时，先在布料上刮印防染糊，如果是两面印，需要将正反两面的纹样对齐，再将其浸入蓝瓮中染色，去除防染糊后得到的染物。

中形这一名称，是因为与小纹使用的型纸图案相比，中形用的花纹较大，在大、中、小花纹中属于中间大小，故而得名。中形这一词，早在日本元禄时期（1688—1704 年）就被使用。井原西鹤的《好色一代女》中，就出现过："黄唐茶（颜色名称）刻稻妻中形……"

中形因其主要用于浴衣而别名浴衣染，是从江户时代开始作为制作浴衣的主流工艺而流传下来的。现存最早的浴衣是德川家康所用的浅水色地蟹纹样浴衣（图 4-1），这是使用蟹纹样的型纸在麻布的两面印上防染糊，然后浸染在蓝染液中染色而得到白色图案。家康用的浴衣流传下来的共有 33 件，几乎都是靛蓝色底白色图案，是当时型染技术的体现，这在《骏府御分物》里都有记载。江户初期的浴衣，主要是上层阶级的男女在沐浴后穿着的麻布料衣服。到了江户中期，开始广泛使用棉布以后，庶民也在洗完澡之后穿着棉浴衣。《诸国御雏形》贞享三年（1686 年）里有记载："达染浴衣图案"，《友禅雏形》贞享五年（1688 年）里有记载："淡淡葱色底，放置在水上，在上面画图案，用藤注入彩色"，可以想见，在型染上绘画或加入金、银泥将会更华丽。还有，现存的江户时代的浴衣，藏于奈良县立美术馆的"白地桧扇橘纹样"浴衣，从肩膀到袖子部分有桧扇图案，在底摆部分有橘纹，是用较大图案表现的活泼纹样。另外，因为在浴衣的肩膀部分没有接缝，因此

---

① 長崎巖：日本の型染と型紙染の歴史 // 馬渕明子：*KATAGAMI Style*，日本経済新聞社，2012年，第 254 页。

图4-1　浅水色地蟹纹样浴衣　麻，桃山—江户时代（17世纪），德川美术馆藏

前后片是相连为一体的，中形图案印制时会注意这一点，否则图案可能颠倒相反。在中形图案中，不仅仅只是单一型的反复，也有表现绘画性的作品，例如日本三景纹样浴衣（松阪屋参考馆藏），从肩膀到底摆画有云形的霞光，在这之间表现有三景：安芸的宫岛、丹后的天桥立、陆奥的松岛。这件浴衣是为了图案完整而不重复、使用了数十张不同图案的型纸制成的。型雕、型付、染色，无论哪一项都表现出工匠熟练的技法。

二、小纹与中形的发展过程

（一）小纹在江户时代的两次转型

江户时代是日本和平稳定的历史时期，德川幕府建立的制度促进了江户的发展，由于强调了人的阶级划分，从而对服饰和面料的加工工艺也产生了影响，型糊染也迎来了发展机遇。

1. 第一次转型——作为武士公服

（1）参觐交代制的影响。随着德川家康建立江户幕府，日本结束了动荡的战国时代，开创了社会稳定和文化繁荣的发展时期。为加强管理，幕府颁布了被称为"武家诸法度"的法令以建立统治秩序。1615 年的《元和令》规范和约束了大名及武士阶层的行为。此后三代将军德川家光于 1635 年颁布的《宽永令》将元和令扩充为 19 条，其中"参觐交代制"规定大名的正室和长子必须住在江户，大名自己则一年住在江户一年回到自己的领地。在这个制度下，各藩纷纷在江户大兴土木建造藩邸，作为驻地和藩地间的政治联络点。这些房屋根据其用途和与江户城的距离，被称为上屋敷、中屋敷、下屋敷和藏屋敷[①] 等，并被统称为江户藩邸（图 4-2）。并且由于这一制度，各藩把相当数量的家臣派往江户，导致武家人口（包括家人及家臣）占了当时江户城人口大约一半的比例，18 世纪时达到 50 万之多。[②]

江户时代的参觐交代制导致大名的家臣在各藩和江户之间穿梭，间接产生了将江户文化传播到全国的效果，同时大量来自各藩的人们，将外省的语言、文化和习俗流入江户，在江户和各地区间传播和相互影响，从而促进了文化的繁荣。

（2）服制的影响。元和令中第 10 条对服饰做了这样的规定：衣裳品级，不可混杂，君臣上下，各有其别。宽永令是儒臣林罗山（1583—1657 年）主持

图 4-2　东京大学赤门　原为百万石大名加贺藩邸大门

---

① 藏屋敷：储藏兼出售粮食等的栈房。
② 幸田成友：《幸田成友著作集（第二卷）》，中央公論社，1972 年，第 24 页。

修改的，由于他主张正名，提倡大义名分，认为天地有上下之分，人伦有尊卑之别，因此对服饰也作了明确规定：衣装的等级不可混杂。白绫是给公卿（三位）以上、白小袖是给诸大夫（五位）以上，不可胡乱穿着紫袷、紫里、练、无纹的小袖，禁止家中的下级武士穿着绫、罗、锦和刺绣的服饰。

在这种服制的影响下，随着武士的官僚化，服饰形成规范并得到统一，将室町时代即已出现的无袖肩衣（图4-3）和袴得到了定型与制度化，将其演变成"裃"并成为江户时代武士的公服。

在每年3月3日、5月5日和其他节庆日，大名也会穿上肩衣和长袴，俗称长上下（长裃），并手持扇子和佩短刀，这是大名等高级武家成员的标准朝服。裃的质地是亚麻布或加小纹装饰制成，整套服饰上总共有四个家纹：肩衣的背面、胸前左右两侧各一个、袴背面的腰带上。

图4-3　卷贝霰小纹纹样肩衣　麻，桃山—江户时代，德川美术馆藏

　　裃分为肩衣和袴。肩衣前身和后片并不缝合，前身下部只有门襟，后片从肩部往下逐渐呈弧形。裃的最大特色是肩部宽阔而硬挺的造型，从胸部朝着肩部呈扇形打开状，形成一个倒三角的轮廓。为突出这种造型，早期的裃采用硬挺的苎麻材料，并且胸前各有 3~4 个硬褶连接门襟形成支撑（图 4-4），在结构上协助其保持造型，以塑造出武士的刚毅形象。这种加宽肩部的趋势愈演愈烈，从江户时代初期的单边肩部 20cm 左右，到江户中期变成 30cm，总宽度达到了 75cm 左右，为此还在边缘加入鲸须以保持直挺的造型。

　　（3）图案转变。裃成为江户时代武士正式场合所穿的服饰，但是单色的普通平纹组织过于平淡，因此大名们开始在裃的纹样上下功夫。然而当时日本的大提花技术尚处于发展期，并且丝绸原料不能自给自足，而依赖从中国进口，因此当提花织造技术不能满足庞大的武家装饰需求时，只能寻找其他替代方式。此外，武家服饰是从庶民和公家的日常服饰中发展起来的，以"质实刚健"为纲领的克己的服饰。所以当时"从织造物到印染物的变化中，型染可能是作为绫的替代品出现的。"[1] 从东京国立博物馆等机构收藏的许多规则的裃纹样（图 4-5）来看，完全

图4-4　鲛小纹　裃（局部）　19 世纪，文化学园大学博物馆藏

图4-5　裃纹样　19 世纪，东京国立博物馆藏

---

[1] 長崎巖：日本の型染と型紙染の歴史 // 馬渕明子：*KATAGAMI Style*，日本経済新聞社，2012 年，第 253 页。

可印证上述对这一型糊染模仿织物图案的猜测。

在提倡名分尊卑的宽永令下，对服饰的装饰自然要符合场合的需要，而以前的碎小花纹显得较为随意不够庄重，因此裃的装饰图案从室町、桃山时代的多元样式转变为追求精致严谨的规则图案，从自由转向严谨，从碎小花纹统一为更为细小而规整的纹样，追求秩序美感。

并且随着各藩大名定居江户，觐见将军或其他各藩领主的时机增多，为了标识各藩，将军世家和各大名都定制专属的小纹纹样，称为"留柄"或定制小纹。如德川家的松叶、纪州家的极鲛、岛津家的大小霰、锅岛家的胡麻、武田家的武田菱、前田家的菊菱等。

2. 第二次转型——作为时尚服饰

经过江户时代初期的建设，日本进入都市化发展时期。因此在江户时代中后期，由于大量商人与手工业者集聚都市，町人逐渐成为财富的实际拥有者和社会活动的主体，创造了新的文化并影响了小纹。

（1）都市化发展与町人文化形成。由于参觐交代制导致大量武士集聚江户，并且武士阶层不事劳动，为满足这一阶层的生活需求，幕府采取强制性移民及优遇工商业的政策，吸引大量农民和手工业者来到江户并形成了城下町，从而催生了服务业与手工业，促进了城下町的建设与工商业的发展。在城下町聚集起数量可观的手工业者与商人，他们统称为"町人"。据幸田成友等学者推算，18 世纪中叶，江户人口为 100 万～110 万，成为当时世界上较大的城市之一，从而迎来了日本的"都市时代"。

随着江户时代日本社会的逐步稳定与发展，幕府重实物而轻货币的政策使得社会上出现了"札差"等新兴的商人群体，这些町人利用为武士阶级代理禄米交易而发展为富裕的商人和从事发放高利贷的剥削阶级。并随着町人阶层逐渐壮大，从而成为社会资源的实际掌握者与消费的主力，围绕其创造的文化成为江户时代的主流。

（2）町人的流行服饰。江户时代中期以后，小纹从只应用于武士公服而转变为大众服饰，由男性专有变成女性主导，由单一的裃扩展到流行服饰。因此江户中期以后，平民中也开始普及小纹，无论男女都开始纷纷用起小纹，于是慢慢地兴起了新的花纹样式，并运用到了羽织与和服上。

到了天保年间（1830—1843 年），小纹变得更讲究了。大阪的豪商加岛屋设计了自家用的图案，将其命名为加贺岛小纹，并以此为傲。当时的社会，还流行将菊花元素作为小纹染的纹样，许多至今仍被人们喜爱的雅致的菊花图案，就是在这个时期创作出来的。

因此，客户群体的扩大又一次推动了小纹工艺的发展，激发了绘师与工艺师的创造力，在不违背当时禁奢令的前提下，巧妙地创造出町人的时尚潮流。

随着日本蚕丝产量的提升，袢的用料逐渐从麻转变为丝，同时由于材质的改变而带来了工艺方面的技术提升。首先是细腻的丝绸可以表现更精致的图案；其次，由于丝绸具有良好的光泽，其染色效果更好，能表现色彩的微妙差异，小纹完成了第二次转型并达到高峰。

到了明治时代初期，也许是为了反映社会形势的急剧变化，不论老少，开始流行色彩朴素的和服。这是因为继承江户时期的小纹染传统，在服装整体上配置精巧的细纹，在袖子和下摆配置写实的友禅染，发挥引染的长处，在下摆和下身部分加入松皮菱或雪轮等形状的晕染，再加上细致的友禅染或刺绣。它们继承了江户时期的小纹染、友禅染、刺绣等技术，与明治时代的构思设计相结合，散发出近现代的气息。图4-6所示是一件友禅染与小纹相结合的和服，下摆的松树和左上角的绳子以鲛小纹作为底纹，以写实的友禅染手法描写纷飞的燕子与绳暖帘，下摆大面积的深灰色与袖子上的松树纹呼应并衬托出中间灵动的主体空间，形成小纹与友禅、动与静、平面与立体的多维度对比。

此外，据不完全统计，除了东京的江户小纹和京都的京小纹以外，还有石川县的加贺小纹、东北地方（会津、喜多方、仙台）的会津型、熊谷市的熊谷染等。加贺（石川县）金泽地区的小纹较有特色，大致分为两种制法：一种是将几张型纸叠在一起，用型付友禅的手法，染加贺友禅的图

图4-6　极鲛小纹地暖帘燕友禅染和服（局部）　丝绸，明治时代，文化学园大学博物馆藏

案，以花草纹样和御所解纹样为主，加贺小纹不同于京友禅之处，在于它给人一种古朴、沉着之感；另一种是采用江户小纹的制法，只用一张型纸染一种颜色。近来，还出现了各种新样式。例如，只在衣服下摆和胸前的纹样就由好几种小纹图案组合而成的绘羽纹样，甚至连服饰的背部也做了花纹修饰。

（二）中形

浴衣（ゆかた）一词来源于"汤帷子（ゆかたびら）"的音变。帷子古代是指单衣的布，后来称这些单衣为帷子。汤帷子是洗浴时穿的衣服，到了镰仓初期，汤帷子变得更加简略化，开始使用名为"汤兜"的入浴专用兜裆布。女子穿的则名为汤卷或者汤文字[①]，她们将白布卷于腰间入浴，这种习惯一直持续到江户时代。

到了江户时代，汤帷子开始有了纹样，变成了洗完澡后穿的衣服，后来人们开始称它为"浴衣"。这样的画面可以在浮世绘中看到。

西鹤的《五人女》中，有一句写到"扇流纹样制浴衣"，并且这扇流纹样可以在铃木春信所画"时计的晚钟"图中女子所穿的衣服上找到。此外，鸟居清长的东之锦"出浴"图中，也有涡纹带常春藤的纹样，这种纹样在现在的浴衣中仍可以看到。还有同样是清长所作的"大川桥下的凉船"图中，站立姿态的女人的浴衣纹样则是采用了七宝、网眼、木贼草图案并以云朵形曲线将其分开呈现，这种型纸的制作极为复杂细致。

江户幕府多次颁布节俭令，禁止百姓享受奢侈生活，这一点在对服饰的管制上尤为严格。于是，人们开始在二枚袭里不显眼的贴身衣、穿在和服下面的长衬衣、羽织内里等上下功夫。由于棉织类的服饰不在管制范围内，因此人们开始对浴衣重视起来，从而纹样变得越来越丰富和精致（图4-7）。川柳（一种诗歌形式）中有一句"祭典无不见深川亲和"。所谓亲和，指的是将书法家三井亲和所写的篆书笔迹图案化，变成成套的浴衣纹样。还有一句"水野为信笔亲和染"，意为亲和染并没有成为管制对象。江户末期，夏戏从傍晚开幕，中场结束后，大家就去茶馆吃饭，吃饭时会换上浴衣。第二场开始后，人们就直接穿着浴衣继续悠闲地看戏。那时的女性观众在观赏戏剧的同时会相互攀比浴衣的纹样，这样的场合成为展示时尚的舞台。

由于明治维新时期服饰的整改制度，裃被废除，所以当时从事裃小纹制

---

① 汤文字：类似于包臀短裙的白布。

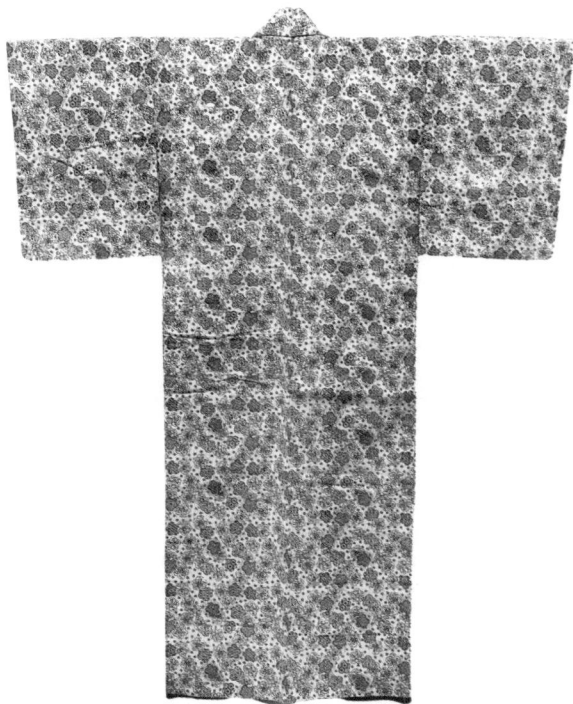

图 4-7　中形浴衣　20 世纪初，东京都江户东京博物馆藏

作的大部分工匠也开始兼任浴衣的型付工作。这种既有江户小纹，又有中形与细小花纹相间的纹样，被应用于高级浴衣上，深受爱美人士的喜爱。

　　在 20 世纪初期，出现了注染工艺，并且以其更为便捷与高效的工艺特点逐步取代了传统的中形工艺，成为浴衣的首选面料。本染中形从此逐渐淡出人们的视线。

第二节　小纹与中形的工艺流程

一、江户小纹的工艺流程

　　江户小纹通常在摆有一排排长板（贴板）的房内工作，因此江户小纹的作业场地被称为"板场"（图 4-8）。贴板靠近入口的一端叫板端，最末端则叫板尾。由于布料、糊、型纸不适合干燥环境，所以作业场所的地面选择泥土铺就，以保持适当的湿度。贴板放置在名为"三马"的T字形支柱上，这三个支柱从靠近入口的一侧起依次名为端马、中马、尾马。天花板上有收纳木板用的吊具分别被称为蜻蛉和栏间，木板不使用时放入"栏间"，并挂在"蜻蛉"上。

江户小纹的工序和技法大体上可分为：制糊、印前准备、贴布、型付与染色、后处理等五大步骤。

图4-8　板场

（一）制糊

1. 生糊的制作

生糊就是将布料贴于板面时所用的糊。制作生糊需使用上等细糯米粉，在细糯米粉中加入少许石灰，放入沸水中搅拌，待其成团状后倒入加了少许盐的热水中搅拌，再用文火煮大约4小时。

2. 目糊的制作

目糊是涂抹在型纸上的防染用糊，也称型付糊。目糊采用糯米粉和优质米糠以3：7的比例混合后，倒入加了少许盐的热水中搅拌熬制而成。然后将其揉成两个拳头大小的团子状，再在团子中央开个孔，放入蒸笼蒸5～6h。蒸完后放入钵中，趁热用棒子搅匀后存放到容器中备用。

3. 地糊的制作

用于染地色的糊称地糊，这种糊是加染料混合制成的有色糊，制作方法基本与目糊相同。

4. 色糊的制作

首先按照染色要求准备好适量的染料。将准备好的染料煮开溶解，再加入预先制好的地糊。为保证颜色的准确度，需要事先打样。取少量制好的色糊涂在小范围的布料上，按照染、蒸、洗的步骤进行显色测试。如果显色没有达到预期效果，需重新进行调色，重复显色测试步骤。

（二）印前准备

1. 布料过温水

将布料浸入温水中，去除残留的浆糊和污渍。

2. 目糊的着色

为了便于型付时方便接版，目糊中加入群青使糊显色。群青不会染到布料上，水洗后就可以脱落。

3. 打磨刮刀

用砂纸打磨刮刀的刀刃，使刮刀更易于使用。

4. 调整型纸

为防止型纸变形，需要给型纸补充一定的水分。因此在使用型纸前，先将其在浅水槽中浸泡润湿。

5. 贴印巴

在擦拭台沥去型纸多余的水分后，在型纸背面的下方和左右两侧用小麦粉和水粘贴印巴。印巴是旧柿漆纸剪成的带状物，也算是一种废物利用。它可以增加型纸强度，同时防止糊从布料侧边溢出粘到板面上。

（三）贴布

1. 涂生糊

这一步是为使布料贴合于板面，预先在贴板上涂生糊的作业。贴板长三间五尺（6.9m）、宽一尺五六寸（46~48cm），采用优质冷杉制成。用钢制的"金引"工具将糊涂在板上，并在太阳底下晒干。

2. 喷雾

为使板上的糊产生黏性，给糊喷水使其湿润的作业。用喷壶把水喷在板面上，再用刷子轻轻将水均匀抹开，使之前涂的生糊恢复黏性。

3. 贴地

在板面上贴布料的作业。将布料的一端置于板面，快速向另一端移动并完成贴合作业。再使用硬木制成的"地延""地擦"工具在面料上来回按压，使布料更贴合于板面，且平整无褶皱。

4.贴胶带

使用白色纸胶带沿布料两边将其贴在贴板上（图4-9）。这样既可以防止型付时弄脏板面，还可以因胶带减缓了布料与木板间的落差而提升印制效果。

（四）型付与染色

1.调整目糊

在糊台（放置糊的台面）上取目糊，并调节水分，水分控制非常重要，太稀容易洇，太干容易堵眼，需要丰富的经验。

图4-9　贴胶带

2.型付

涂目糊。首先在贴板上贴好纯白布料，再在料子上放置型纸后刮糊，用型纸一直向布料的末端方向依次重复该动作的过程，就叫"型付"。方法是先用刮刀取糊，在布料上沿着型纸雕刻的图案刮涂目糊（图4-10），并从布料最前端一直往后重复作业。型纸以四寸型、六寸型居多，一反布料需要重复

图4-10　型付

50~90次。在每次重复该作业前，确保将型纸的"星"标对齐，这样布料上的花纹连接才会流畅，不至于发生偏移。此外，还要在型纸的左边扎上缝针（也称边针），使型纸的前端翘起。这么做是为了在后一次涂糊时型纸不会压倒前一次涂的糊而造成瑕疵。型付工作要求动作干净利索，速度快且精准。

3.干燥

型付完成后，将布料放在干燥室晾干。

4. 捋

地染。即在布料干燥后染地色。将完成型付的布料放置在捋板上，用刮板涂色糊的步骤就称"捋染"，简称"捋"，该步骤用到的色糊称为"捋糊"。这一步是先将布料的一端钩在捋板一端的钉子上，然后在板上铺平，但无须像型付时那样将布料贴在板面上。捋板比贴板更大，作业时，需要有另一个人用手拉住板尾方向的布料以免移动。使用大型地染用刮刀蘸取色糊，沿着布料纵向刮涂（图4-11）。最后再用比布幅宽的大刮刀在布料上从头至尾刮一遍，将布料上多余的色糊刮掉以保证染色均匀。

图 4-11　捋

（五）后处理

1. 型纸的保养

型纸使用完毕后用清水洗净（图4-12）并擦干，放在阴凉处晾干。

2. 撒锯末

地染步骤完成后，将布料移至撒有一层薄薄锯末的U形槽中，然后在布料上撒锯末。这样可以更好地使色糊附着，同时避免磨损。图4-13展示的分别是型付完成、地染完成和撒上锯末的效果。

图 4-12　洗版

3. 存放

在转移到下一道工序之前，为避免干燥过程中水分分布不匀，先将布料存放至类似提盒的容器中。

图 4-13　从左到右分别为型付完成、地染完成和撒上锯末的三种状态

4. 蒸

固色。由于在明治时代（1868—1912 年）改用合成染料，所以需要将面料进行高温固色。方法是用钉子钩住布料的侧边，呈 Z 字形横向悬挂在木架上，然后放入蒸箱（图 4-14）中，在 90℃左右的温度下蒸 30min。蒸过后的色糊染料就会附着到布料上。

图 4-14　蒸箱

5. 水元

即水洗。通过充分水洗，彻底清除布料上的糊，从而显露出白色纹样。以前都是在河道中漂洗，现在都改用大水池中清洗。

6. 干燥

充分去除水分后，将布料挂在室内干燥。

7. 蒸汽熨烫

调整布料褶皱、幅宽的作业。

8. 修地

最后是修地，即仔细检查成品织物，用笔取染料修正染色不匀等问题，因此也叫"刷匀"。至此一幅小纹面料就制作完成了。

小纹工艺要求动作干脆、利落，尤其是在型付时，由于纹样极为细小，如果速度不够快，目糊就会把孔眼堵塞，染出的图案就会不流畅甚至出现残缺。此外，接版也是非常重要的环节，必须避免出现型与型之间的接缝痕迹。纹样部分的留白处称为"目色"，"目色"的白与地色形成的鲜明对比，正是江户小纹的精髓所在。在特殊的条纹纹样染物中，为保证染色效果，也有使用双色染制作而成的。正因如此，型付步骤对小纹印制的效果尤为关键，这时就体现出型付工匠的技术了。

二、长板中形的工艺流程

由于中形在型付时使用了长板，且用植物蓝染色，同时为了与明治时代出现的注染中形或使用合成蓝的染物加以区别，故得名长板本染中形，简称长板中形或江户中形。具体工序如下。

1. 预先准备

为达到更好的染色效果，将白色布料浸入生麸糊（小麦淀粉糊）溶液中，取出后挂在户外的阴凉处晾干。然后经过蒸汽熨烫调整布料的褶皱、幅宽。

2. 型付的准备

型付用到的板同样是由冷杉制作而成的长板。将这块长板放在作业台上，用名为"挫边"的刀具磨平板面，这一步可以确保板面平整。因为如果板面不平整，就难以做出完美的型付。长板上会预先涂一层薄生糊。长板中形使用的糊一般是先煮好糯米粉，然后加入米糠和少量的石灰搅拌后制作而成（图4-15），不同花纹的型付，对防染糊的混合比例也有不同要求。

3. 贴布

先在长板上喷水，再用刷子轻轻抹匀，目的是使长板上的糊恢复黏性，然后贴上白色布料。因为是在板的两面贴布，因此长板的一端会慢慢变薄，侧面看象楔子形状。贴的时候将一端固定再向薄的方向贴，一面贴完再折向另一面。贴布时最重要的一点是不可出现褶皱，为此需要用名为地张木、地擦的小木块在布料上摩擦压平，使布料平整地紧贴于板面。紫檀、黑檀是制作地张木和地擦的最佳木材。

4. 型付

在白布料上放置型纸，然后在型纸上用刮刀涂防染糊的作业（图4-16）。如果是两面印，需要考虑后期通过浸染步骤染色，第二次型付时必须保证与正面花纹对齐的情况下才能进行型付。因此需要给花纹做标记，所以还需要在糊中加入少量蓝色或朱红色颜料。这种颜料并不上染，只是作为标记使用，入水一洗就会脱落。型付步骤最难的是将型纸之间的接缝处理好，还要保证正

图 4-15　制作防染糊

图 4-16　型付

反两面的花纹完全对齐。因为只要稍有偏移，花纹就会毁掉，所以这一步相当考验技术。由于型付是按每半反为一个单位进行的，所以一个单位的型付完成后，直接将布料保持贴在长板的状态拿到户外晾干，晾干后再进行剩下半反的型付。

5. 涂豆汁

也称"下染"。将大豆浸泡一晚使其泡发，再用磨豆器将其磨至黏稠状。加入石灰，并加水放入棉袋中，用力拧紧过滤（图4-17）。然后在该乳白色豆汁中混入少量的蓝液。将完成型付的布用伸子撑开，用刷子取豆汁涂抹在布料上。在布料两面均涂上豆汁，放置

图4-17　制作豆汁

两天后再在正反两面涂一次。混入蓝液主要是为了更好地辨别豆汁是否涂抹均匀。涂豆汁的目的则是使蓝的染色效果呈现得更好。待这一步骤完成后，把布料折叠起来放置一周，这样豆汁可以更好地渗透到布料中。

6. 蓝染

在充分干燥的布料的两侧用伸子撑住，边折叠边用伸子撑开布料。然后将其轻轻地浸入蓝瓮中染色，从蓝瓮中捞出，展开折叠的部分，但此时呈现的还不是鲜艳的蓝色。随着与空气接触的时间增加，蓝开始氧化，逐渐显现出标准的蓝色。通过这样的方法将布料按由浅至深的顺序浸入不同深浅的蓝瓮3次，最后将布料挂在架子上，使其完全展开并暴露在空气中。将布料暴露在空气中还有一个特别的叫法称为"破风"[①]，这项作业尤为关键。因为哪怕布料有一点点没铺展开，导致这部分没有接触到空气，就一定会出现染色不匀的情况。

7. 水洗

将充分接触空气而染成蓝色的布放入装满水的大桶中，轻轻地洗掉糊。用扫把状的刷子仔细清洗，糊就会慢慢被水流冲走脱落。这样，蓝染布上就会呈现清晰的白色纹样。

---

① 破风：即氧化。

8. 干燥

将充分清洗的布料放在户外晒干。如果遇到大风天可以放在室内，将布料悬挂在天花板上晾干。

9. 精加工

调整布幅宽度的作业。

第三节　小纹与中形的差异

小纹和长板中形的不同之处，最直观的是图形大小、材料的质地、图案题材、产品样式与加工工艺的不同。而归根到底还是使用者与使用场景的不同，需求的不同自然带来外观和与之对应的加工方法的差异。

一、外观与用途差异

材质方面，小纹最初采用麻布材质，后期采用丝绸材料；中形出现相对晚一些，且棉花种植已经在日本普及，因此大多采用棉布材质。因此两者在视觉与触觉上都有一定区别，并且把这种差异体现在价格上。

从外观来看，正如两者名称所表达的那样，小纹与中形的差异是非常明显的，小纹图案细小，而中形则更大一些。因此两者呈现出明显的区别：小纹对比较弱，远看呈现出似有似无的朦胧感；而中形则对比较强，图案造型特征比较明显。

服装款式与用途方面，两者同样也存在较大差异。小纹最初用于武士公服上，后来成为町人妇女的服饰；而中形一直都是用于浴衣。无论是公服还是町人妇女的服饰，都是礼服类高档服装，而浴衣则是百姓在夏天穿着的普通服饰，因此两者的款式与档次存在一定的差异。

二、图案差异

在图案造型方面，小纹细腻严谨，有很多细小的几何纹样，排列上不追求纵横捭阖的节奏感，而是崇尚弱对比的清淡感；长板中形的图案

（图4-18）由于单元面积更大，因此有更大的施展空间，显得自由从容，造型风格多样，细节刻画深入，从而表现力更强、艺术性更高。图案结构方面，小纹由于造型元素细小，因此花型和花围均较小，四方连续较为普遍；而中形造型元素较大，图案结构以二方连续为主。

　　江户中期以后，小纹受町人文化影响，服装样式的主导权由武家转向了町人，其纹样不再只是裃上规规矩矩的几何图案，而是变得自由洒脱，反映了当时人们的生活情趣。因此江户小纹的图案来源更加广泛。植物、动物、风景、自然景观、生活器具、文字等皆可成为小纹与中形的题材。日本人崇尚自然，樱花、菊花、梅花、竹子、桐叶、松树、萝卜、蕨类、辣椒、茄子等植物图案，龟、鹤、蝴蝶、蜻蜓等动物图案，流水、雪轮、海浪、云霞等

图4-18　长板中形　麻，东京国立博物馆藏

景观图案都是受人喜爱的主题，此外还有吉祥文字类、生活器具类、祈愿祝福类及佛教信仰类等主题图案也是小纹与中形的常见题材。相比之下，小纹的题材元素较单纯，而中形则更丰富些。

三、工艺差异

小纹与中形的工艺原理基本一致，因此两者的工艺差异是由于分别采用了不同材质的承印物而造成的，比如浸染和糊染、蒸与不蒸等在细节处理上两者存在区别。

由于起初长板中形采用的棉或麻质材料和小纹采用的麻质材料都是纤维素纤维，因此都使用靛蓝以浸染的方式染色，甚至可以说中形只是纹样稍微大一点的小纹而已。但由于后来小纹的面料改用了丝绸，尤其是明治时代，小纹采用了化学染料，因此改用单面糊染，而中形则仍然采用浸染。明治时代以前，制作小纹与中形的工匠是同一批人，但自从开始用混合了化学染料的色糊之后，制作小纹和中形的就不再是同一批工匠了。

因为薄的布料比较通透，在印上防染糊并进行浸染后，颜色容易从背面渗透到正面而产生防染不匀的情况，因此为了保证浸染挑白造型的锐度，为保证图案的清晰而多采用双面印工艺。所以会比小纹多一个步骤，就是为了使得背面和正面的形状完全重叠，需要进行两次刮糊。由于双面印要求糊料刮印时正反两面不允许有一点偏差，因而需要极高的技术。明治时代以前，大部分的小纹与中形都是双面印糊料。用单面糊料进行浸染的白色防染，是在布料厚和浸染比较低温等条件时进行的。

现在制作小纹时，底染步骤是用"捋"也就是糊染的手法，所以在板场就可以完成。但如果是制作中形，对型付师和绀屋的工作场所要求就不同了。在绀屋，是将正反两面涂了糊的中形用伸子撑开，涂上豆汁后晾干吊在室内，用松柴和稻草熏制。这一步是为了去湿气，并使蓝的染色效果更好。这一步完成后，再多次重复将布料浸入蓝瓮的动作，使之暴露在空气中并发色。

也就是说，制作长板中形甚至有可能会比制作小纹染花费成倍的功夫，但因为小纹是用丝绸制作的高档外出服饰，而中形浴衣只是棉麻质的日常家居服，故价格不可能过高。这也是制作长板中形的工匠越来越少、中形逐渐被注染取代而退出历史舞台的主要原因。

第四节　小纹与中形的工艺特色

一、小纹与中形的工艺特点

　　小纹与中形虽然色彩方面并不引人注目，但是小纹与中形的图案精细、印制精良，因此工艺精湛是小纹与中形重要的特色之一。小纹与中形的工艺特点，首先是图形精细、印制清晰，其次是接版技术高超。

　　在上一章中介绍了工匠们在型纸雕刻上的坚守与努力，但是还需要型付师高超的技术才能将图案转换到面料上。这需要型付师在糊料的配置、型付的速度与力度等多方面进行长时间练习才能掌握。正是有了型雕师与型付师的互相促进，才有了如此细腻的小纹与中形图案。

　　如果说图案清晰是印花工艺最基本的要求，那一次又一次的重复并将其分毫不差地连接在一起，无疑又提升了难度等级。由于小纹的图案细密且排列均匀，尤其是缟小纹，简单的直线没有其他多余的变化，而即便是出现一丝一毫的微小偏差都会产生明显的叠色或留白。因此小纹与中形最令人叹服之处在于高超的接版技术。

　　保证准确接版的秘诀是在于，首先在型纸刻制时，边缘留出接版用的记号，刮色糊和接版时必须确保将型纸的"星"标对齐，保证型纸的每一次平移都与面料保持平行，这样布料上的花纹连接才会精确，不至于发生偏移。如果倾斜或移动，都会导致图案出现移位的不规则现象。其次还要在型纸左侧扎上3~5处边针（图4-19），使型纸的一端翘起，这么做是为了避免型纸的边缘蹭到前一次刮上去的糊。最后是型付时要求动作干脆果断，速度快且准，而最后这一点也是最重要的。

图4-19　精准对版

二、小纹与中形的工艺创新

（一）解决"孤岛"问题

糊防染的特点是形成色地白花图案，而要得到白地色花是不易解决的困难，因为特别容易遇到型版制作的难点——"孤岛"问题。日本型糊染的工匠们一直以巨大的勇气挑战型糊染的难题，采用被称为"追掛型"的工艺，成功克服了镂空型版的局限性。图4-20、图4-21中的蓝色小点与图形即"孤岛"，为达到此效果，该作品需由两张型纸先后套印而成。即把成片的地色分成两张型版并通过分毫不差的精准叠加，以解决该问题。而这考验的又是型付师的对版技术，两张型版无疑再次提高了难度。图4-22是印制第一遍防染糊的效果，图4-23是印制完第二遍防染糊的效果，通过两次型付就可以得到图4-21中白地蓝花的效果，完美地解决了困扰镂空型版的难题。图4-20是小宫康孝先生的作品，卍字纹地、贝壳形开光、自然景观图案的蓝染面料，这幅作品由两张型纸套染而成，最难的是图案中的细小线条和蓝色点子，是采用追掛型工艺印制，两张型纸的位置对应精准，所有

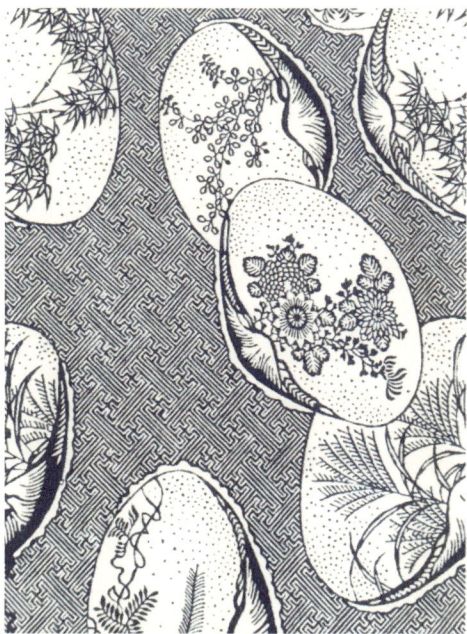

图4-20 卍字地贝壳纹 丝绸

图4-21 白地蓝花中形

图 4-22　追掛型：印制第一遍糊

图 4-23　追掛型：印制第二遍糊（浅色部分）

蓝色小点大小一致，卍字地纹清晰匀称。

（二）双面印

由于浴衣的布料较薄，如果采用浸染的方式染色，防染糊因无法透过布料而有效防染，容易出现染料从反面渗透过来而造成图案不清晰的情况。对此，型付师的解决方案是在布料的正反两面各印一遍防染糊，这样就需要保证正反两面的图形必须对应一致，以免图形错位。制作中形染时，首先在布料上放置型纸，再把布料的正反两面先后印上防染糊，并保持正反两面图案完全对齐，入蓝染缸中浸染。有的中形染会做成蓝地白纹的，也有的是做成白地蓝纹的，但无论是哪种，双面印的中形纹样都可以呈现非常鲜明的效果。

（三）双面染

小纹双面印制不同的图案是一大特色。早期的双面染是印制相同的纹样，这一技法可见于传统的江户小纹和中形染中。一般来讲，江户小纹是只染正面的单面染，但在江户后期到 20 世纪初期，出现了许多同色同纹样的双面染。由于采用合成染料后，小纹使用糊染取代了浸染，因此反面并没有完全上染地色。小宫康孝根据新出现的这种情况，成功研制出正反两面染不同纹样的江户小纹（图4-24）。在制作双面染的江户小纹时，使用化学染料和糊混合的色糊进行捺染，必须控制好色糊能恰好对正面上染而不透过反面，因此需要有足够丰富的经验才能做到。

图4-24 双面染 江户小纹，丝绸

（四）多色染

除了用一张型纸进行连续刮糊和接版之外，小纹与中形还能利用套版技术进行图案造型和色彩的变化。如图4-25所示的牡丹花图案的面料，仔细观察能够看到图案由浓淡不同的紫色小点构成，对于这种色彩的渐变效果，需要用七张型纸套版的工艺才能够达到。

图4-25 江户小纹（局部） 丝绸

三、小纹与中形的工艺之美

说到江户小纹，马上会联想到以鲛为图案的代表性纹样——鲛小纹。但鲛也分多种，如三位鲛、力印鲛、极鲛、丁字鲛等。当然，除了鲛以外，还有露芝[①]、樱花、梅花、千鸟、雀、暴风雪，以及萝卜与削皮刀、鱼与刀、剪刀、扇子、宝尽（吉祥宝物统称）等日用品或用具类纹样。几何图案是江户小纹的常见题材，且种类繁多，如七宝、麻叶、龟甲、青海波等"割物"，这种割物根据一寸角（边长约3cm的方形）内有多少个花纹计算大小和颗粒的数量。一般的纹样数量在几十到几百之间，极细小的纹样则达到800～1200粒。将一些独立的个体巧妙地联系在一起，创造出千姿百态的世界，这就是江户小纹的魅力所在。

小纹远看像素色，近看则可观赏到纤细纹样，它最常用的造型单位是最简单、最朴素与最细小的元素——点，且不追求大小变化以塑造形象，点的

---

① 露芝：月牙形灵芝状纹样。

单向排列成为线，密集排列形成面，用细小的点进行排列组合，在边长 1 寸
（约 3.03cm）四方内雕刻最多可达 1200 个小点，在日本是号称"美之极致"
的精致工艺。小纹的颜色多为含灰的绿、蓝、茶、黑等单色，色调素雅、纹
样细密，即便是双色或多色，往往也只是深浅变化。

中形虽比不上小纹精细，但由于图形较大，因此有了较为充分的施展空
间，它的特点是图案刻画充分、图形结构自由、艺术表现力强。

小纹与中形的美在于外表的平凡和朴实，然而仔细品味则可感受到型糊
染的工艺精致之美，手工艺人固守平淡而不争、恪守技艺而不懈、坚守本职
而不退的精神值得尊敬，并最终形成低调不张扬、精致不奢华的艺术风格。

第五节 小纹与中形的经营模式

一、经营模式

小纹与中形的经营是由吴服屋、商人、绀屋和板场等商人或工房共同参
与的，因为吴服商财力雄厚、业务范围广，所以经常是由商人主导的。悉皆
商[①]、吴服商和绀屋会准备各种小纹的样本薄（图 4-26），由他们接受订货。
即客人根据样本册选好图案后，把订单交给绀屋进行加工，然而由于当时小
纹染的板场是从属于绀屋的，接到订单后将附有小纹样品编号的布料送往板
场，待板场的型付工作完成后，由绀屋负责完成地染工作。

江户出现吴服商是在宽永年间（1624—1643 年）的事。《事迹合考卷二》
中写道："本町二丁目，一吴服大商名唤家城太郎次，宽永六七年左右，初
次从京都下到江户，立于常盘桥头，臂挂吴服。大名直属的家臣们纷纷前来
购买，臂上都挂满了。个个像个木马一样，把竹子绑在两腿，在上方再横放
一根竹子，把吴服担在上面走路，险些把竹子撑断……就这样他们自从本町
开了吴服店，日复一日，特从京大阪聚集到此……"由此可见，江户的吴服
店是宽永年间发展起来的。

根据小宫康助先生的回忆，当时东京著名的绀屋有根津的丁字屋、神田

---

① 悉皆商：江户时代以接染物、和服拆洗订单，代销商品为业的人。

图 4-26　小纹账　江户时代后期，文化学园大学博物馆藏

美土代町的三星、芝大门街的形菊、九段下的龙雪、浅草的形铁和松纲、深川的形幸、下谷的三久、本所的军姬、四谷伊贺町的形麻、赤坂福吉町的形幸。舞台服装的小纹是由白木屋经营，由日乃屋和日本桥的山城屋承包。[1]白木屋是近江长滨的木材商人大村彦太郎在日本桥通二丁目开设门面宽度一间半的针线杂货铺发展起来的，创立于宽文二年（1662 年）8 月。宽文五年（1665 年），租下伴传兵卫的店，搬迁至日本桥通一丁目。搬迁后经营范围扩大至吴服业，与成立于 1673 年的越后屋（现三越百货）、创立于 1717 年的大丸屋（现大丸百货）并列，为江户三大吴服店之一。

二、绀屋与板场

由于江户时代城下町的规划与建设，各地都陆续建起了绀屋聚集的绀屋町，至今很多城市依旧保留了该地名。绀屋的主营业务是染色，印花的话需要外发给板场。当然如果绀屋的规模大的话，可能自己也有板场，但不一定有专职的型付师。

位于东京千代田区的神田绀屋町最早为绀屋头土屋五郎右卫门所管理的町。五郎右卫门旗下的染色匠居住于此，因而称"绀屋町"（图 4-27）。土屋五郎右卫门是江户绀屋的核心人物，庆长年间（1596—1615

---

[1] 岡田讓：《人間国宝シリーズ -16》，講談社，1980 年，第 36 页。

年）被德川家康作为军功允许大量购入关东一带的蓝。由于周围居住了大量的染物职人，绀屋町的名字就这样而来。作为具有江户特色的蓝染浴衣和手巾，大部分是由位于绀屋町的工房制作生产的。

庆长年间，德川家康许可绀屋主管土屋五郎右卫门大量购入关八洲和伊豆的蓝，在他支配的町里聚集居住了大量的蓝染职人。附近的河流被称作"蓝染川"。位于町北部有於玉稻荷神社和关于於玉的遗迹。相传有这样一个故事：中世的时候，在这个地方通往奥州的街道边，池边有一位名叫玉的美丽女子，请来往的旅人们喝茶。玉被两位男子求婚，无法决定嫁给哪个人，于是向池里纵身一跃。村民们为了祭奠玉，设立了这个神社。

图 4-27　名所江户百景：神田绀屋町
1857 年，日本国会图书馆藏

代表江户的蓝染浴衣和手巾，大部分是由绀屋町一带的染物屋制作生产的，达到了"去了绀屋就知道那一年的流行是什么"的程度，绀屋町的名物就是江户的名物。也就是说，这里是流行的发源地。日语中有一个词叫作"場違い"，据说这是江户人对在绀屋町以外的地区染制的浴衣和手巾的称呼。町内东西走向有一条叫蓝染川的小河。这是一条宽约一间（约 1.82m）的河流，用来冲洗染过的布，所以就有了这个名字。在《狂歌江都名所图会》中，咏有"在绀屋町附近，蓝染之川水流浅黄"等和歌，可知是江户有名的河流。

19 世纪末，制作中形的绀屋有许多，单东京就有 236 家，埼玉有 98 家，中形批发商 132 家，每家绀屋都有固定的批发商，并与之签订了协议。板场则被认为是第三方，常受制于批发商与绀屋，处于被动的地位。

三、新技术对小纹与中形的影响

合成染料在 19 世纪后期开始应用于手工印染业，到了 20 世纪初，京都盛行使用混合了化学染料的"色糊"，小宫康助敏锐地觉察到未来的小纹染会使用化学染料进行染色，并且如果使用化学染料的话，涂糊步骤完成后，就可以避免再去绀屋跑一趟的麻烦，直接在板场就可以完成了。抱着这样的想法，小宫康助立刻开始尝试并最终获得成功，从而改变了经营格局。

而中形受到新技术的冲击则是巨大的。到了大正时代，使用合成染料的手拭染被应用于浴衣。手拭染不使用长板，而是折叠起来一次就能染好的新型染色方式，从而得以大批量制作。这种工艺可称为折中，也称为注染。注染工艺的出现对长板中形形成的冲击巨大。

1923 年 9 月 1 日，关东大地震让东京变得满目疮痍。神田绀屋町的板场和绀屋同样受到了影响，从岩元町到昭和大道的大概 40 家板场和绀屋因受灾严重而很难再开展这方面的作业，因此转向了江户川、葛饰和埼玉等地，并且由于重要的型纸都被烧成了灰烬，大部分的染色工厂乘此机会都改换注染工艺，从而注染开始大范围流行。

现在的小纹生产企业早已独立经营。据日本传统工艺品产业振兴协会于 1985 年发布的"全国传统工艺品总览"统计，当时江户小纹有企业 54 家，从业者 376 名，年产值 13.25 亿日元，京小纹的年产值 8.08 亿日元；长板中形有企业 5 家，从业者 13 名，年产值 0.5 亿日元。[1]

第六节　小纹与中形的代表人物

一、小纹的代表人物

1. 小宫康助

原名小宫定吉，康助是其雅号（图 4-28）。小宫康助出生于 1882 年，是东京向岛一名农户家的次子，13 岁时在浅草象潟的一家名为若松屋的小纹型付坊当学徒。若松屋的茂十郎颇有名气，他一天可以将双面染的毛万[2]安上 5 反，是一名出色的型付工匠。凭借天生的直觉和长年的练习，小宫康助于

---

① 小岛茂：《日本染织地图》，朝日新闻社，1985 年，第 97 页。
② 毛万：一寸范围内雕刻的缟筋数达到 20 根的小纹图案。

20 岁时就成了一个能够独当一面的手艺人。

由于小宫康助技艺高超，尤其擅长难度较大的像二割、掺有鲛小纹或鹿子纹的纹样制作，能完成别的型付师难以完成的高难度型付作业，因此如果接到这种高难度的订单，绀屋就会把订单发给小宫。终于在 1907 年 4 月，小宫康助在浅草千束三丁目有了自己的板场，并订购了京都隐士型屋名人，被称为"崇京"的型纸，从而正式开始了他的独立之路。

图 4-28　小宫康助

小宫康助擅长使用竹篦。他认为评判一个型付师技艺的好坏，可以看他在型纸上对糊的把控程度以及对篦的使用。现在大多用的是桧篦，且种类繁多，但以前他只用一根竹篦。篦是按他的喜好自己削的，选竹子的时候，最关键的是看竹子的节与节之间的距离。一般是选长约 80cm 的竹子，做成宽约 1.7cm 的篦。拿篦的时候，要给中央处留一竹节。涂糊时，手要握在距离篦端约 20cm 处。

1912 年，随着业务拓展，位于千束的小板场已经不够用了，于是小宫康助把板场搬到了浅草田町，并进一步扩大了规模。然而 1923 年 9 月 1 日，一场关东大地震全面摧毁了小宫康助的家。无奈他只能暂时搬到多摩川附近，不过后来又回到了原来的田町。之后又因为区划调整而再次搬迁。对于搬家的选址，小宫康助首先考虑的是水质。他的观念是，裃小纹不同于京小纹，更适合混有土壤的水，于是在 1929 年他选择了现新小岩附近的中川。然而好不容易安家准备开始努力工作的时候，又因为邻居家失火而将他家也连带烧毁了。

小宫康助因火灾、地震、洪水已经 7 次失去了住所。但是他并没有灰心丧气，相反他因此而燃起了斗志，常豪言："人类居住的房子，只要能有一扇门，有厕所，能喝着水躺着仰望星星就足矣。"

最后，小宫康助对江户小纹的满腔热情终于得到了回报，1955 年 2 月 15 日被指定为重要无形文化财技术保持者（人间国宝）。小宫康助于 1961 年 3 月 23 日离开了人世，享年 79 岁。

2. 小宫康孝

小宫康孝（图 4-29）1925 年生于东京浅草象潟。在制作小纹的工作场所——板场环境下成长的他，仿佛命中注定要做这一行，在他 14 岁时就开始在板场工作了。

图 4-29　小宫康孝

小宫康孝于 1978 年 4 月 26 日被认定为江户小纹的重要无形文化财技术保持者。继其父小宫康助之后，父子两人皆被认定，他被认定时年仅 52 岁，这光荣不仅仅是因为他们父子二人身为型付师本身的能力，还在于他们平时为培养与小纹有密切联系的地纸和型纸的继承人也做出了巨大贡献。

康孝在他父亲的严厉指导下完成型付的工作，并在 20 岁左右学会了整个流程。他对外回答是如何走上这条路的时候是这样说的："我不是因为自己喜欢而选择了这条路，而是当我意识到的时候，发现自己只能靠这门手艺吃饭了。我甚至有被严厉的父亲逼哭过的经历。那时处于太平洋战争时期，我不得不去青年学校上学，但是学校是白天上课，这样我就不能工作了。所以父亲就叫我去读夜校，无奈之下我只能坚持每天白天工作，晚上上学。一个星期天的白天，我在车间的木板上画制图作业，父亲走了进来，他斥责我不好好工作，就做些有的没的。说着，他就把我的制图工具和肯特纸卷起来丢进锅炉里烧了。他当时说，哪怕我到了可以独当一面的年龄，但是如果我违背他的意愿，就别做小纹的活了。只要他留下型纸，小纹依旧可以被其他人传承下去。父亲满脑子只想着小纹。从他自己的亲身经历来看，他一直本着这样一个信念：不论时代如何变化，如果掌握了常人难以掌握的，例如制作小纹的本事，最起码是能吃饱穿暖的。"

许是受了父亲的影响，康孝不仅潜心于染料研究，他对型纸也有极大的热情。他认为，要想制作出众的小纹染，每一步都是关键的一环，因此小纹染必须选择最优质的型纸作地纸、最好的染料和最高品质的面料。

对于贴纱、入线的型纸，康孝的看法是，采用了贴纱技术的型纸就像是隔着棉服挠背一样不痛不痒。但入线不同，如果不进行这一步，型纸的图案就不能完美地被印出。当然如果是不需要进行这一步的型纸，能省略一步自然是最好的。但型纸的精髓在于把控小刀时用的力度以及型纸所能承受的力的极限。

对于制糊，康孝也有自己的看法。他认为现在有用机器通过蒸汽原理制糊的，但这种做法并不适用于制作江户小纹所用的糊，因为搅拌必须适量而不能过度。说到制糊，康孝回忆起来："我家糊的制法，从父亲那一代开始就一直延续至今，未曾改变。糯米粉和米糠的混合比例约为3：7。是将用于型付的糊放入热水中搅拌，再揉成团状，待蒸四五个小时后再次搅碎。具体操作还是要根据型纸的不同来把控，这就得凭我们的直觉了。"

至于竹篦，康孝曾说过："我家老头子以前用过的竹篦还留着五六个，不过他生前从不让我碰。因为他说我拿出刃篦的时候手不稳。所以他就算是拿给别人看，也不让我碰一下。正是有了这样的父亲，我才能用从小锻炼出来的技术，和对江户小纹无上的热情，创造出优秀的作品。如今我也依旧致力于此。"

3. 小宫康正

小宫康正 1956 年出生于小纹染世家。作为人间国宝小宫康孝的长子，1972 年在康正中学毕业后就跟随父亲在工场学习。1980 年作品《木瓜四十本连子》初次入选第 27 回日本传统工艺展，1983 年凭借江户小纹作品《突雕小纹组不同组合》获日本传统工艺展文部大臣赏。1989 担任第 26 回日本传统工艺染织展监察委员，1990 年获 10 周年纪念特别 POLA 奖励赏，1994 获第 7 回 MOA 冈田茂吉赏、优秀赏，2006 年其江户小纹双面染《梅》获第 53 回日本传统工艺展高松宫纪念赏。图 4-30 所示为小宫康正作品。

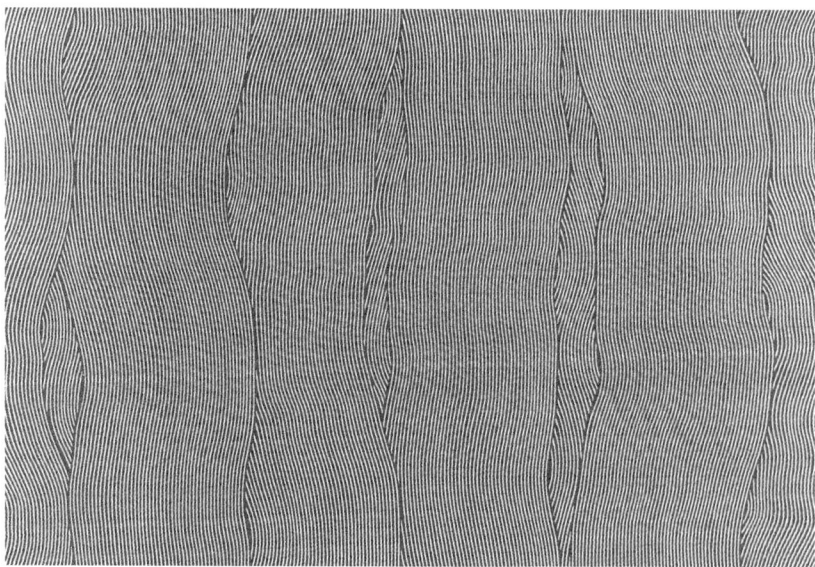

图 4-30　小纹着尺（局部）　第 57 回日本传统工艺染织展参展作品，2023 年，小宫康正作

康正致力于传统工艺的传承，他复原了长板中形技法，是日本工艺会正会员。2010 年获紫绶褒章，2018 年被认定为重要无形文化财"江户小纹"保持者（人间国宝）。因此，小宫家成为祖孙三代均获此殊荣的家族，在日本也是独此一家。

二、中形的代表人物

1. 清水幸太郎

清水幸太郎，1897 年 1 月 28 日在东京本所林町弥勒寺附近出生。1955 年 2 月 16 日被认定为重要无形文化财技术保持者，并于 1965 年 4 月被授予勋五等双光旭日章。

清水幸太郎先生是其父清水吉五郎的独子。在吉五郎 15 岁时，成了本所松金的第二个弟子。松金是从江户时代延续下来的小纹染老字号，到了明治末期开始转为制作中形。吉五郎在松金学成后，于 1903 年也就是幸太郎 6 岁的时候，在本所绿町五丁目独自开业，店名取松金的松字，命名为松吉。3 年后，因需扩大面积搬迁到了横川町，1919 年搬到寺岛，第四年遭遇关东大地震，最后于 1928 年在四木定居下来。1936 年其父吉五郎去世，享年 63 岁。

清水幸太郎从高等小学毕业后，就跟从父亲学习业务。起初他就是当个跑腿，在板场搓搓板，模仿如何型付，后来终于能做出一个像样的形状。之后他开始将报纸拼接起来当作布料进行型付练习。清水幸太郎的父亲对待工作特别严厉，对待新人工匠均一视同仁，只有通过考核才能够留下来。在清水幸太郎 19 岁的时候，已经能够完成中形型付了，此后他独当一面的能力终于得到了父亲的认可。

清水幸太郎是经历相当复杂的状况后，最终才被认定为重要无形文化财技术保持者的。他先是通过了中形公会的选考，成为通过选考的 14 人之一，然而最终的投票结果为田岛吉五郎与清水幸太郎同为 6 票，其他人均少于 2 票而淘汰。由于出现平票的情况，评审委员会决定以作品决出结果。最终清水幸太郎向评委展示了他制作的贝壳纹、萨摩筋以及纱绫三种面料。9 名评审中，清水的作品其中一件获得了 9 票，得到了全部评审的认可。另外两件作品各获得 8 票，大大拉开了与其他竞选者的距离而成功入选。此后清水一直活跃于长板中形界，也从未缺席一次春季人间国宝新展，每年都会拿出自己的新作品来展示，一直到他去世。图 4-31 所示是清水幸太郎的作品。

图 4-31　清水幸太郎作品　东京国立博物馆藏

2. 松原定吉

松原定吉 1893 年 2 月 24 日出生于富山县鱼津市。1955 年 2 月 15 日，松原定吉被认定为重要无形文化财技术保持者。

松原家经营一家豆腐店，定吉有 2 个哥哥，4 个姐姐，他是其中最小的儿子。奈何豆腐店很难维持一家 9 口的生活，于是定吉在 12 岁的时候，就被委托给中介出去找工作了。

松原定吉在深川大岛上一个叫"川边屋"的中形板场做学徒。川边屋是一个随处可见的小板场，定吉不分昼夜在这里工作，就这样一直工作到 22 岁并终于可以独当一面了。定吉在规定的佣工期限结束后，就以从川边屋的主人九里那里拿到的酬劳作为本金，在龟户水神森附近开了一个板场。

然而等他独立后才恍然发现自己并没有掌握高级型付的手艺，而作为一个优秀的型付师，还必须掌握更多高超的技艺。于是他开始埋头于"地白"中形的研究，并发现不同的型纸把握石灰的用量十分关键，从此技术得到了长足的进步。

松原定吉在关东大地震中失去了家，在那之后的第二年，他搬到了江户川区松岛。那时候交易方式已经发生了变化，之前的型付工作是从属于绀屋的，但是此时变成了型付师直接与批发商交易，即型付师把型付好的中形发给绀屋染色，完成后再把货交付给批发商。

如果偶然出现瑕疵品，容易引起绀屋与板场两方的争执，由于板场的工序在先，所以最终还是板场遭受损失。因此松原认为，这就是分工后引起的问题。为避免以后再发生这样的纠纷，他决定蓝染这一步骤也由自己来完成。

于是松原定吉便在作业场所的角落设了蓝瓮，然而他对于染色技术一窍不通。于是便亲自把涂了糊的布料拿到绀屋去染色，然后盯着工匠学习染色方法。就这样他每天在蓝瓮面前观察，渐渐地学会了染色方法。经过一段时间的努力，1954 年定吉用从四国取来的蒅[1]，终于研制成功了本蓝染，他终于建成了一个既有板场又可以进行蓝染的工房。绀屋里有板场，这不足为奇，而一个型付师拥有蓝瓮着实少见。且明治以后，中形染大多改用化学染料，而松原定吉反其道而行之使用本蓝进行中形染，这大概就是松原定吉的梦想吧。

1955 年 2 月，松原定吉被认定为重要无形文化财技术保持者（人间国宝），然而就在那一年的岁末，松原先生因脑出血而遗憾地离开了人世。

图 4-32 所示为松原定吉的作品。

图 4-32　松原定吉作品　东京国立博物馆藏

---

[1] 蒅：由蓼蓝的叶子发酵制成的染料。

第五章
板缔

　　中国的夹缬工艺传入日本是在飞鸟、奈良时代，这一时期官府还特设染色机关，夹缬在当时因有助于壮大佛教、树立统治阶级的威信，从而日本开始学习该技法，成为当时极尽昌盛的染色技艺。然而在之后的漫长岁月里，夹缬的实物与文字记载均少见于世，似乎退出了历史舞台。

　　从江户时代（1603—1868年）传世的实物、大量型版及浮世绘作品、染坊账本等资料可知，在夹缬退出舞台的数百年之后，至江户时代中期出现了被称为"板缔"的特殊单色红板缔和蓝板缔，并流行至大正时代。板缔是夹缬工艺在日本江户时代出现的本土化名称。在日本进入江户时代之后，长期的和平使城市的平民阶层富裕起来，成为带动时代风潮的中坚力量，文化也至此进入鼎盛时期。江户时代红、蓝板缔的流行使古老的夹缬工艺又迎来了第二次生命。红板缔和蓝板缔始于市井阶层，并从这一阶层流行开来，其技术也趋于完善。

　　在日本，板缔一词除了上述与夹缬同义的含义以外，通常还指板缔绞缬，它是将被染物经多层折叠后，置于三角形或其他无雕刻的多边形平面模板之中，然后夹紧模板进行染色，

从而染出几何形状的图案，此类板缔不在本书讨论之中。板缔工艺早已退出历史舞台，目前只有少数创作者进行一些创意性实践。如在日本蓝染料的重要产地德岛县板野郡上板町，4位年轻人于2015年成立了"buaisou"工房，对包括板缔、型糊染在内的传统染色工艺作了大量尝试，将传统技艺与现代设计融合，拓宽了应用的边界，从而获得业界的瞩目。此外，板缔作为防染工艺也被应用于纱线染色，如山形县西置赐郡白鹰町还有利用板缔工艺的"白鹰板缔小絣"在加工生产，这也是板缔工艺的一种延续。

由于板缔工艺存世实物与文献资料较少，因此本章节借鉴参考了日本国立历史民俗博物馆藏资料及研究成果、石塚广先生研究团队对岛根县立古代出云历史博物馆收藏板缔资料的调查与相关研究成果。

第一节　夹缬与板缔

一、夹缬与板缔的区别

关于夹缬与板缔在日本的简要发展过程，已经在第二章中有所论述，本章不再赘述。然而由于资料的缺乏，无法还原从夹缬到板缔的过程，但还是可以总结出两者的差别。第一是颜色，夹缬为多色染，而近代以后的红蓝板缔以单色染色为基础，与中国浙江省温州地区的蓝夹缬一样，板缔也是古代夹缬的简化版。第二是成品为独幅与匹料的区别，由于古代夹缬的多色为分色染色，所以普遍被认为是使用了上下两块木版来实现的；而近代以后的板缔主要用于服饰，因此使用了大量木版在长达数尺的布匹上进行染色以满足服饰需求。第三是染色方法，红板缔通过注入红花液来染色，蓝板缔通过在靛蓝染液中浸染来染色；而夹缬则通过浸染法、从木版背面注入染料的方法，或是两者组合使用来实现染色。第四是图案的主题方面，夹缬有宗教意图或明确的主题表达，而板缔的图案则注重装饰而并没有此类意图。第五体现在图案组织形式上，夹缬以"图案对称性"为特点，并力求发挥这一特长；但红蓝板缔却可以从设计意图上看出，存在有意避免图案对称性的倾向，这一点在蓝板缔上尤其明显。

如上所述，古代的夹缬技术为了表现宗教主题及迎合权力阶层的权威而不遗余力地塑造复杂图形，而近代的板缔技术则脱胎于市井平民之中，仅仅是为生活增加趣味，作为一种装饰而流行起来的，两者之间形成了鲜明对比。

二、板缔的特色

无论是夹缬，还是红蓝板缔，其布料的正反面差异不大，两面都呈现较为清晰的花纹，并且都有"地白"（图5-1）和"地染"（图5-2）两种染色成品留存于世。红板缔的染色成品基本上以"地染"为主，蓝板缔的染色成品基本上以"地白"为主。

从《守贞漫稿》所记录的"染后颜色并不鲜艳，各个方向均有晕染，自成一派"中，就将晕染渗透作为蓝板缔的特点，和型糊染的成品加以区分。在这一点上，古代的板缔也和白乐天的诗作《泛太湖书事寄微之》中"黄夹缬林寒有叶"有共通之处。红板缔的纹样边际虽然没有蓝板缔那样的渗透，但是与型糊染的纹样相比，纹样边际的柔和度还是有很大差异的。板缔以染料的晕染渗透和纹样的柔和性为特点。

图5-1　地白板缔图案

三、夹缬与板缔的流行与消亡

日本古代的夹缬，由于较好地表达了佛教的主题、依靠繁复的花纹样式、精美的图案造型以及多彩奢华的配色而得到发展。但后期由于新的染织工艺迅速发展，因而夹缬被更具表现力和生产效率的工艺所取代。

而近代以后再度流行的红蓝板

图5-2　地染板缔图案

缔，则是在江户时代后期由于迎合了市井美学而开始盛行的。但是从江户时代末期到明治时代，西方的现代科学催生了新的生产力和生产关系，这使技术迭代的速度加快，从而使社会的各方面发生了巨大变化。人们开始关注西欧文化，此前在封闭、停滞不前的社会中培养出来的喜好和流行也迅速发生了转变。直接导致支撑红板缔和蓝板缔生产的审美被丢弃了，板缔也不得不在这样的变化中衰退，最后走向消亡。

第二节　红板缔

红板缔的兴盛期是在江户时代，以丝绸为坯料，夹在两片纹样对称的木版之间后染色，以达到防染显花的效果。红花订货量和消费量最大的城市是京都。红板缔开始于京都，随着红花供给量的增加而盛行，并在此基础上形成了先进的技术。此后，红板缔技术与所使用的木版等工具一起逐步向地方传播。除了红色以外，采用板缔工艺的还有紫色和茶色。

19世纪80年代是天然染料急速向合成染料转变的时期，受此影响，红板缔所使用的染料也由红花转变为合成染料。这使采用红花进行红板缔工艺染色的时期，和采用化学染料进行红板缔工艺染色时期的产品有较大的区别。因而可以将以使用红花为染料的红板缔定义为红板缔前期，将采用化学染料的红板缔定义为红板缔后期。

一、红板缔的实物资料

（一）红板缔的特征

红板缔以其独特的染色法而具有明显的特征。第一，由于染色非常均匀，面料的正反面大致相同，很难将其区分开来；第二，红板缔以常见的自然题材为主，图案由花草纹样、动物纹样、几何纹样等构成，图案结构方面以纹样的二方连续最为常见，即固定纹样在长度方向上进行不断重复；第三，纹样以面料的折痕为分界，呈现对称镜像的关系；第四，纹样以木版短边的宽度为单位进行重复，且每个纹样间隙都可以看到由于木版厚度所造成的空白；第五，红板缔的颜色大都染为红色，但也存在蓝色、紫色、胭脂色。

（二）使用天然染料的红板缔

红板缔织物常用于羽织内侧和襦袢[①]、和服内衣的躯干部分（图 5-3）。在浮世绘中，红板缔除了用在外褂、浴衣和内衣上外，还用于腰带、上衣、发饰、儿童服装（图 5-4）、寝具、玩偶中，可见其用途十分广泛。

在采用红花作为染料的时期，所用的布料中虽然也有棉麻材质的，但平纹绢、绉绸、罗等真丝材质还是占了多数。

染色品有单色染、深红色中含着淡粉色的双色染两种。留存下来的染色品，与化学染料染就的织物相比，色彩饱和度低，且大多已经褪为橙色。在褪色的大部分地方都能看到作为底色的郁金色，纹样较为柔和模糊，呈晕染

图 5-3　菊花竹篱笆红板缔和服衬衣　丝绸，岛根县立古代出云博物馆藏

---

① 襦袢：和服的内衣。

图 5-4　红板缔童装　个人藏

状。虽然染色品大部分为地染板缔，但还是能看到一些地白板缔的织物。

在染色布上，也会添加使用型纸的印染。在板缔的留白部分，会采用墨线描绘边线，或用多彩描绘使纹样边界模糊这样高超的技术，以对纹样加以修饰。这样的纹样设计主要还是依靠摺込来实现，而红板缔只起到印染底色的作用。

（三）使用化学染料的红板缔

在使用化学染料的时期，虽然较薄的平绢被大量使用，但仍可看到少量棉布的踪迹。用化学染料染色时，虽然地染板缔占了绝大多数，但地白板缔也占有一定的比例。染色织物大多数为红色，但也能看到鲜艳的蓝色和紫色。后期的红板缔织物主要用于贴身单衣和夹衣内衬的制作。

化学染料时期，存在单色板缔、浅粉色中呈现深红色的双色板缔、在红色中呈现粉色晕染的双色板缔多种形式。与红色板缔前期相比，化学染料时期的染色品图案清晰，没有渗透导致的模糊边界。此外，还可以看到在板缔基础上装饰友禅技法的染色品。在这种情况下，主角仍是板缔，友禅的装饰仅起到了丰富板缔纹样的作用。

红板缔前期的织物，虽然纹样呈现较为柔和，但随着时间的流逝褪色会不断加重，导致色彩无法长久。与之相对，红板缔后期的织物，虽然纹样较为清晰，但作为底色的红色出现渗透、污染白色部分的例子较常见，这表明在洗涤牢度和工艺制作上都存在一定问题。

（四）红板缔的色彩特点

红板缔的色彩虽然都为红色，但根据传世实物的研究发现，其红色存在一定的变化，这是由不同的染色法导致的。

红板缔的色彩有以下 6 种：

（1）红底色上呈现单一的白色花纹（图 5-5）。

（2）白底色上呈现单一的红色花纹（图 5-6）。

（3）红底色上，花纹呈现粉色和白色的双色变化（图 5-7）。

图 5-5　红底色上呈现单一白色花纹

（4）红底色上，花纹呈现白色和粉色的晕染（图 5-8）。

（5）紫色和红色的双色染色。

（6）在红底色的白色部分，加上友禅染手绘的花纹装饰（图 5-9）。

如上所述，红板缔的色彩效果多种多样，其成品的差异取决于木版的不同形状。其中第（3）类的红色和粉色双色染以及第（5）类的紫色和红色双色染，是需要使用两套木版的双色板缔。第（4）类的粉色晕影，是由在雕刻木版纹样时略微倾斜雕刻而造成的。具体做法是，先将夹具松松地固定，使

图5-6 板缔和服衬衣（局部） 丝绸，女子美术大
学博物馆藏

图5-7 红色和粉色双色染 日本国立历史民俗博物馆藏

图 5-8 红底色上白色和粉色晕染

图 5-9 在板缔防染出白色轮廓后再使用友禅染技法深入刻画

粉色渗透进去，然后将夹具紧固，注入红色。在这种方法染成的染色品上能看到明显的压痕，这也证实了上述方法的使用。

（五）红板缔的工具

以在 1996 年大阪仓库中发现的 2400 多张红板缔木版为契机，到发现亲手制作红板缔木版的雕刻师——描金画屋利三的竹冈利三及其三男竹冈忠三郎所使用过的雕刻刀和草图、纸模，再到从商号"万武"十一代的万屋武兵卫的长女处收集到的信息，这些都为红板缔研究提供了详实的依据。2400 多张红板缔木版，首先被委托给京都造型大学进行调查研究，之后被捐赠给了收藏着出云蓝板缔木版、夹具、账本的岛根县立古代出云历史博物馆。岛根县立古代出云历史博物馆收集了近代以后有关蓝板缔和红板缔的大量资料。此外，商号"红宇"的 2 万多张木版、纸模型、花纹样本、夹具等资料在寄存京都染色试验场之后，全数捐赠给了国立历史民俗博物馆。这些发现为后人了解近代板缔工艺提供了较为充分的条件。

1. 木版

红板缔用的面料是长度不到 20m 的匹料，染色时将面料折叠后夹在木版中，这就需要木版有较好的平整度与稳定性。红板缔的木版采用优质厚朴木制成，为了增强寿命而涂上天然漆。[①] 一组红板缔木版有的多达 20 多块，除底版和面版为单面雕刻以外，其余都为双面雕刻。为使夹在木版中的面料成功上色，需要染液在木版中流淌顺畅，因此需要在木版中留有"水路"。

岛根县立古代出云历史博物馆所收藏的红板缔木版的尺寸约为 23cm×41cm，厚 1.0～1.3cm。

在这些木版中，地染板缔占比较大，在木版的两面均雕刻花纹的双面雕刻木版占绝大多数。纹样部分被雕刻成 0.3cm 左右的凸起形状（图 5-10），用于染制地染板缔。此外，在红板缔中，也有少数木版仅在单面上凹刻 0.25cm 深的花纹。将花纹雕刻为凹状的单面雕刻木版用于地白板缔。在这类板缔中，由于是在木板的表面阴刻花纹，花纹与外部是分割孤立的。因此如何将染料传递至花纹的细节部位是一个大问题。为了简单地实

图 5-10　红板缔型版　岛根县立古代出云博物馆藏

① 石塚广：日本近世以来的板缔 // 张琴：《各美与共生——中日夹缬比较研究》，中华书局，2016 年，第 53 页。

现这一目标，单面雕刻的木版以两块为一组来使用。在木版的背面刻有与木版的截断面相连的凹槽，凹槽中设计有与纹样区域相连的孔洞，当将两块木版的纹样面相合时，背面的凹槽组合后形成围绕整个背面的水路。染液从木版的截断面通过水路进行染色，同时这也是排出残液的通道。凸状雕刻的木版也有单面雕刻的，它们的背面也设计有沿着图案形状雕刻的凹槽，这些凹槽上也设计了与表面相通的孔洞，从凹槽到凸状纹样是互相联通的，这是因为凸状花纹的内部是封闭的。为了解决这个问题，凸形双面雕刻木版设计有从表面通往花纹内部的贯穿孔。水路设计要区分单面雕刻和双面雕刻，虽然对于白底板缔来说并不容易，但是仍可根据图案进行区分。

除此之外，为了表现花纹，红板缔也在木版上下了很多功夫。红板缔使用十几张单面刻木版、20多张双面刻木版，夹住织物进行染色。折回部分由于木版厚度产生的空白会形成横条纹。为了填补这一空白，会采用与木版厚度一样宽的细小木条进行遮挡。在板缔中，花纹通常会呈现上下对称、反复交替式地重复。为了避免由此产生的图案设计过于平庸，还可见到一些染色品选择使用相同纹样、但不同设计主题的两种木版进行交替使用的板缔。

岛根县立古代出云历史博物馆所藏的木版、商号"万武""三传"和"红宇"的木版都是用朴木制作而成。在木版短边侧面的四角附近有宽5mm、深7mm左右的刻痕，而在侧面的中部位置则有宽17mm、纵深3mm左右的刻槽被雕刻在单面或是双面上。这些刻痕被认为是叠放木版时的位置标记。

作为出云历史博物馆所藏木版的特色，多重版的木版数量非常多。经确认，双色染的木版有82组，单独使用情况下无法形成图案的木版也有157块。并且在古典纹样的设计中，也加入了符合时代潮流的设计。

2. 夹具

夹具起到固定板片、用楔子加压时充当夹具框的作用。留存下来的红板缔夹具，只有京都府立综合资料馆所藏的"红宇"所留存的夹具（图5-11）。夹具框由四根柱子、连接柱子的压木、紧固夹具框的楔子以及调节木版堆积体积的方形木材组成，材质为橡木。

红板缔的夹具与出云蓝板缔以及中国蓝夹缬，在利用楔子加强紧固力方面是相同的。

图 5-11　红板缔夹具　京都府立综合资料馆藏

二、红板缔的衰退

江户时代后期，低调的外表和极尽奢华的内里，这种被称为"底至"的审美观十分流行，可以在描绘当时风俗的浮世绘中看到。在这些绘画中可以发现，身着印有条纹和小花纹的朴素外褂，却搭配着鲜艳夺目的、由红板缔染就的内衣的艳丽女性。

红花染采用浸染法，为了得到满意的红色，需要反复在红花液中浸染，这需要相当长的时间。因此，除了纯色染色外，在纹样染色上存在诸多限制。在这一点上，扎染是不存在此类技术限制的少数方法之一。

江户时代后期，迎来最盛期的红花染也因为合成染料的出现受到了致命的打击，于 1878 年前后被合成染料所取代。据《夹缬花纹书》序中记录，随着红花需求的减少，使用红花的红板缔也逐渐不再流行。但转换为化学染料后，红板缔中用到的木版和工具仍继续被使用。由于化学染料价格低廉、染色性能优越，且染色所需时间更短。成本的减少带来了销售价格的降低，这导致购买阶层急剧扩大，化学染料的红板缔变得十分流行。同时，由于这种新出现的染料被广泛用于染色业，于是很快就创造了一种前所未有的染色工艺——"型友禅"。这种技术完全不挑材质，可以很容易地对薄面料染色，十分适合量产而对红板缔形成了挑战。由红花转变为使用合成染料的红板缔，虽然迎来了短暂的发展机遇，但迅速被更为便捷的"型友禅"所超越，从而失去了之前作为唯一一种可以进行印染红色图案的垄断地位。虽然此后红板缔尝试了迎合潮流的图案设计，发展出能够发挥合成染料特长的"晕染板缔""多层木版板缔"技术，甚至制作新的花纹将红板缔用在从前并不常见的"白底板缔"上，企图借此能够卷土重来，但仍然无法与型友禅等新工艺竞争，在20世纪初便逐渐消亡了。

作为红板缔衰退的主要原因，有内外两方面的因素。自古以来，对日本人来说红色是最基本的色彩之一，在神社、寺院等传统建筑和传统服饰中非常常见。在即使是白天也仍有些许昏暗的日本传统建筑中出现一抹红色，会让日本人感觉特别亲切。红板缔本身就是因红花染而存在，为了染制红花纹样而诞生，后被逐步改良而成的。可以说红板缔是一种与红花染盛衰与共的技法。

在红板缔后期，采用合成染料以后，虽然价格下降导致了购买层的扩大，但染料发生变化后，红板缔失去了花纹边缘晕染柔和的特点，难以与纸型印染区分更使其魅力减半。更重要的是，木质型版制作难度大、成本高、周期长，导致新花型推出速度慢，在追求时尚的新时代，板缔已经跟不上发展的步伐。另外，如前所述，注入染料进行染色的低温染色法，不符合化学合成染料的应用理论，是一种不恰当的染色法，这导致染色品染色牢度低。并且由于产品仅限于内衣，用途不广泛，自然就无法打开销路。

红板缔是在将染料由红花染向化学染料的转变过程中失去了红色染技术的垄断地位，被新开发的技术所追赶和超越的，因此可以说红板缔是由于失去了实用性以及技法上的优势而落幕的。

三、红板缔的工艺流程

（一）型版的制作

1. 雕刻刀

为了在木板上雕刻出精美的图案，需要精细的刀具才能完成刻制。雕刻木版的雕刻刀是由雕刻师亲手制作的,雕刻红板缔的木版所用的雕刻刀,与一般的雕刻刀形状不同。大正年间的红板缔木版雕刻师——描金画屋利三的竹冈忠三郎,一直使用钟表的发条等部件来制作平刀和圆刀的刀尖。在他的51把雕刻刀中,有40把刻刀的刀刃宽度小于10mm,刃厚平均也只有0.5mm。

2. 草图与型纸

在制作木版前,需要确定纹样主题,精确绘制纹样草图后制作成与型糊染基本一致的型纸。将型纸覆盖在木板上后用刷子蘸墨涂刷,将设计完成的纹样转印在木板上并将其雕刻完成(图5-12)。

3. 木版的选择与制作

木版的材料使用朴木,由经营板缔业的染坊负责原木的采购。朴木木质细腻且柔软、易于雕刻,十分适合制作对水有很强稳定性要求的板缔木版。

首先,选择被称为朴木赤太的木芯部分将其制成木版,在池中浸泡2~3

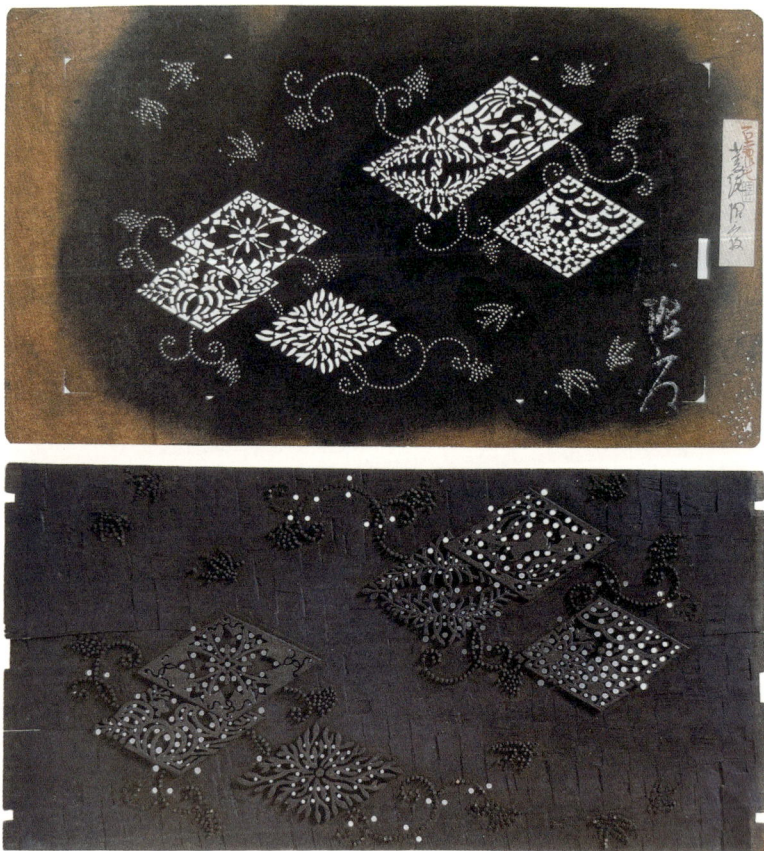

图5-12 型纸与型版 日本国立历史民俗博物馆藏

年后待时机成熟时取出，在湿润的状态下雕刻成木版。

木版的制作需要先在木版上用纸样印刷图案。为了在多张木版上正确地描绘图案，纸样上标注有套准标记。在竹冈忠三郎的资料中，除了雕刻道具以外，还包括与客户商谈时使用的册子和草图、纸样等。草图上有对雕刻纹样进行修整的痕迹，另外还有许多修正线。由此可知，雕刻师会按照出草图、剪纸样、誊写纸样的工序进行加工。

4. 刻板

为了加强雕刻时的力度、提高运刀的稳定性，需要将雕刻刀贴在下巴上雕刻，在刀刃 4mm 处增加了竹制夹片以增加强度，并用三味线的弦加以固定。这个竹制夹板也有防止雕刻深度过深的作用。

（二）染色工序

通过对被称为"京都之首"的板缔商号"万武"的第十一代继承人——万屋武兵卫的女儿的采访记录，结合商号"红宇"留存的相关资料，尝试再现当时的染色工序。

当时，面料是采用大约 37cm×1000cm 的窄幅丝绸，即以制作 1 件和服面料为单位进行加工的。为了对这种用于制作小巾（半袖或是无袖上衣）的高档长面料进行染色，需要在布匹的长度方向上多次折叠后夹在木版中。红板缔有双面雕刻和单面雕刻的木版两种，其中以双面雕刻木版占多数。一组木版需要使用 20 多张单面雕刻木版和十几张双面雕刻木版。单面雕刻木版以两块背向组合作为一组来使用。

将织物夹在木版上的工作称为"卷入"，但在卷入之前首先需要上灰汁。灰汁是由热水注入即将燃烧殆尽的稻草灰中得来的。上灰汁的工作由专门的业者负责。在万武，每天都有灰汁店的伙计运送来上完灰汁的布匹和取走需要上灰汁的新布匹。

木版在用于加工前的 7~10 天会用水浸泡，使其充分吸入水分后才能使用。为了正确地叠放一组木版，会在木版的侧面两端刻有沟槽，在沟槽里放上被称为"榛"的木片，然后一边在木版的纹样面上刷米浆一边堆叠木版以进行防染。红宇的米浆，是先将米碾碎后在水里浸泡 7~10 天，然后磨成的米浆。夹布需要用十几块双面雕刻木版、20 多块单面雕刻木版，将一反轻薄的面料重叠在 8 块木版上卷起来。面料的折叠方法已被确认的有两种，一种是在绕上木版之前进行折叠，另一种是连着木版一起折叠。夹具框的柱子有各种长度，为60～90cm，可根据织物量的多少区分使用，最多可以一次紧固三组（图5-11）。

在红板缔染色时，会使用名为"はんぼう"的深度在30cm左右的大圆桶，桶通常会被低而倾斜地放置在身前。在万武，会将圆桶按颜色区分，有浅粉色、红色、紫色三种圆桶。

染色分为以下几个步骤。

1. 夹布

在木版上铺上面料，并依次把木版卷进布匹中，加上上下的压板后被放入夹具框中紧固。

2. 紧固

把木版套入夹具，将楔子用力打入以紧固木版。

3. 染色

将夹具框放倒，从木版侧面用长柄勺注入染料（图5-13），从上方注入的染料通过木版后积存在桶底，中途改变夹具框的方向，用长柄勺将积存在桶底的染色液舀出，根据染色浓度的要求浇在需要的部位。

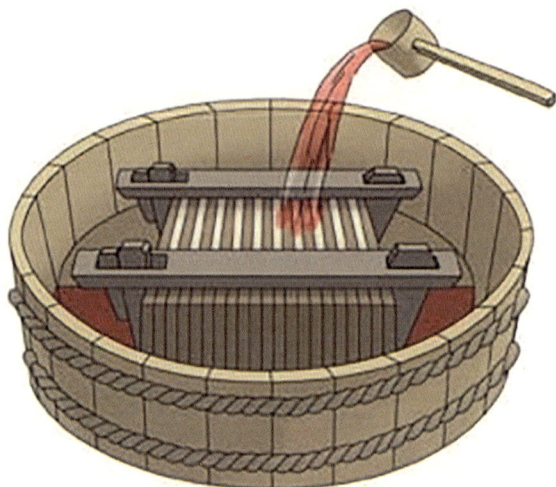

图5-13　红板缔染色示意图　石塚广复原团队制图

4. 水洗

染色后，有的染坊会用酸对面料进行简单的后处理。在万武，会将这项工作交给被称为"糊匠"的衣物清洗从业者，由他们将带着夹具的布匹用推车运至鸭川的河岸地带，用流水进行清洗。

5. 干燥

水洗完成后，用绞干机将织物绞干，然后在半干状态下运往晾晒场晒干。

6. 包装

最后，将染色的面料进行整理和包装，并用线绳捆好后交付给客户。

第三节　蓝板缔

关于蓝板缔的产地、工艺等相关细节一直不被人熟知。直到 20 世纪末，在蓝板缔工艺消亡约 100 年之后，在岛根县的一处老房子中，由于一场台风致使存放木版、道具的建筑物倒塌后，才得以将板仓家存放的这批长久以来无人见过的蓝板缔型版再一次展示在众人面前。现在这些被偶然发现的 2000 多片蓝板缔木版以及几百本蓝板缔作坊的账本等资料，通过捐赠与购买的形式，被整体收藏于岛根县立古代出云历史博物馆中。[①] 人们在对这些资料进行研究之后，才对该工艺有了直观的认识。

一、蓝板缔的传世实物

（一）实物纹样与用途

迄今为止能够确认的蓝板缔传世实物，主要有藏于草津市下笠町参弥礼踊保存会的草津舞的舞服——厚织棉布质地的"瀑布鼓"纹样长和服和"鲤鱼登瀑布"纹样长和服，芹泽銈介先生收藏的棉质地"麻叶"纹样半被（图 5-14）、"井桁"纹样田间作业服、"箭羽纹竹篱和桐纹"纹样的半被、"几何纹樱花"纹样的半被残片、粗纱棉质地"散点式文字"纹样的半被，以及古代出云历史博物馆收藏的用蓝板缔制成的"竹与虎"纹样棉布、"角通"纹细带、巾着等。

由于出云蓝板缔的"竹与虎"纹样、"扇上樱"纹样、"鸟与雾"纹样，全都是棉布残片，没有留下可以用于判断染色品用途的资料。并且这些

---

① 张琴：《各美与共生——中日夹缬比较研究》，中华书局，2016 年，第 10 页。

图 5-14　麻叶纹样蓝板缔半被　棉，19 世纪，静冈市立芹泽铚介美术馆藏

面料均为粗织且轻薄，所以可以推测它们并不适用于浴衣等服饰的制作。由于"箭羽纹竹篱和桐纹"纹样半被和"几何纹樱花"纹样半被的残片，与出云蓝板缔所使用的棉布极为相似，所以可以推测出云蓝板缔的棉布也用于制作半被。"竹与虎"纹样由两块木版构成，为手巾大小。在本次复原染色中，"兔踏波浪"纹样的底色为白色，花纹为蓝色，图案并不是呈对称关系不断重复的，而是按照一个方向斜向展开。从这一设计中可以推测，"兔踏波浪"纹样的织物没有考虑像手巾那样的裁剪方式，而是像草津舞蹈的服装那样，纹样向一个方向延伸，这样的纹样可以用在长和服以及浴衣的制作中。

　　正如在出云蓝板缔制品中所看到的那样，面料不会多层折叠，应该是单层夹在木版中，即使是像"麻叶"这样的细小纹样和田间作业服那样的厚棉布也能被双面均匀染色。

因此可以认为，出云蓝板缔的染色品可根据面料的不同变换用途，被广泛应用于手巾、半被、浴衣、长袍、田间作业服等各类不同用途的服饰中。

（二）蓝板缔的特点

从被留存下来曾用于盛放枕头内的荞麦壳所使用的染色裂帛上可以观察发现，蓝板缔的织物没有正反之分，两面染色都很浓郁，是底色为白色，花纹为蓝色的"地白"染色品。这些织物的颜色柔和，多处出现渗透晕染。在"竹与虎"纹样的裂帛上，竹子以及老虎条纹等大面积的染色处还发现了染色不匀的现象。

首先蓝板缔在纹样边缘可见渗透的晕染效果，这是蓝板缔的主要特征。其次，蓝板缔擅长白底蓝花的纹样。红板缔中的双面雕刻木版多用于"地染"，而出云蓝板缔的 2557 张木版中，有 143 种为单面雕刻木版用于"地白"。虽然还有 33 种为双面雕刻木版，但染织品可明确判断为"地染"的非常少，大多数仍为"地白"。因此可以毫不夸张地说，蓝板缔就是为染"地白"而生的。

二、蓝板缔的衰退

板仓家是在旧出云国神门郡大津町（现岛根县出云市大津町）担任村长、年寄等村官的旧家地主，其经营范围非常广泛。1807 年第七代继承人——板仓佐重建了染坊，1817 年加入染坊行会，两年后可染制蓝色以外的其他颜色，1829 年开始了"板缔定制加工"的业务。此后，在 1831 年建造了专门用于加工板缔的建筑，并在 1852 年加设了型版加工工房、染缸工房等，此后业务不断扩张。但是这样的繁荣，在 1863 年第九代继承人——与兵卫、1886 年第八代继承人——佐重相继病逝后，染坊于 1870 年停业，经营了 40 年的蓝板缔业务就此终结。不仅出云蓝板缔，整个日本的蓝板缔行业也几乎是在这个时期终结的。

出云蓝板缔是通过接手其他地区转让的蓝板缔木版而开始生产的，这也意味着那个地区的蓝板缔从业者由于行业的衰退而出让了这些木版。

与红花染料的变动对红板缔行业带来不断变化不同，蓝板缔产业的萎缩和最终消亡，并没有受到蓼蓝产量的影响，因为蓼蓝的生产量在明治时代后期开始扩大，至 1903 年到达顶峰。

据描写 1837—1853 年前后世情风俗的《近代风俗志》（守贞漫稿）记载，这一时期在关西地区的京都和大阪仍存在红板缔，但已经没有了蓝板缔，而在江户不论红板缔还是蓝板缔都已经看不到了，可以说蓝板缔已经被废弃了很长时间。这一说法从时间上来看是合乎情理的，并在这个时期全套木版被贩卖到相对偏远的出云地区，从而使蓝板缔在出云地区再次兴盛的可能性很大。

然而蓝板缔的衰退正是由于其自身的特长所造成的。这些最终被抛弃的特长，包括将纹样边际的渗透看作一种审美意识；其次，代表性的地白蓝花的蓝板缔技术，最终被同样以蓝白图案见长的，但加工更简便的注染所取代。依靠注染技术能够轻易地在短时间内染出没有边际渗透的白底蓝色花纹。自此之后，蓝板缔再也没有得到能够重整旗鼓的机会。

三、蓝板缔的研究与工艺复原计划

关于日本蓝板缔的研究，在出云地区的蓝板缔资料发现之前几乎为零，由于技术上存在许多不明点，因此被称为梦幻染色。蓝板缔的资料保存在江户时代后期从事蓝板缔行业的出云市大津町的板仓家，这份出云蓝板缔的资料由板仓家使用过的木版染色工具、交易中使用过的会计账本等组成。

1974 年，由于吉冈常雄先生的调查研究成果在染织季刊杂志上发表，蓝板缔开始被外界所了解，这成为蓝板缔研究的开端。但是，由于吉冈常雄先生的去世等各种原因，出云蓝板缔的调查一度中断。

直到 1999 年，岛根县接受了蓝板缔的木版和相关资料的捐赠，2004 年岛根县古代文化中心以"主题研究事业"第一号为名，重新启动了蓝板缔调查研究并提出了复原计划。2005 年，岛根县古代文化中心聘请石塚广先生担任客座研究员，委托其主持出云蓝板缔的研究和修复工作。作为研究成果，2008 年在岛根县立古代出云历史博物馆举办了"出云蓝板缔的世界及其族谱"的展览并出版了图录。同年，他还与岛根县教育厅古代文化中心共同出版了《出云蓝板缔修复研究》的研究报告书。

出云蓝板缔的资料包括 2557 张木版、夹具等工具类物件，相当于交易账目的《万觉牒》76 册（图 5-15）、《板缔悬账》8 册、《板缔木棉挂取账》，还有"竹与虎"纹样、"扇上樱"纹样、"鸟与雾"纹样的染色品。与数量庞大的木版和夹具相比，留存下来的染色织物数量较少，且多为残片，

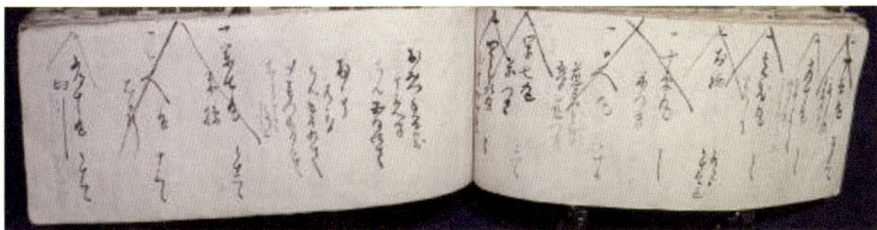

图5-15　蓝板缔作坊流水账（万觉牒）　19世纪，岛根县立古代出云博物馆藏

因此无法了解蓝板缔的全貌。

但是，由于留存了很多木版和夹具，因此具备了验证蓝板缔加工工序的条件。将木版的纹样实际印染到织物上，是体验当时蓝板缔加工工序，研究织物染色后的外观、纹样、纹样构成，甚至染色布用途等的最佳途径。

虽然出云蓝板缔并没有留下技术方面的文字资料，但是木版、夹具等工具可以作为了解其染色工艺的线索，而从《万觉牒》《板缔悬账》中的内容可以推测出使用的材料。另外，石制的蓝染缸可以通过照片和实测图进行研究。通过这些资料，复原课题组尽可能使用与当时出云蓝板缔相同的工具和材料，复制木版和夹具等工具，再现当时的染色工序，力求再现出云蓝板缔所呈现的板缔纹样。

四、蓝板缔的复原过程

（一）型版的特点

蓝板缔木版中有单面雕刻花纹的木版和双面雕刻花纹的木版两种。单面雕刻木版的花纹是凹状阴刻的，背面刻有好几条 V 字形沟槽。在凹状雕刻的花纹部分，有贯穿孔通向背面沟槽，而孔的形状因图案而异。

双面雕刻的木版，其花纹为凸状雕刻。由此可知，单面雕刻木版所染成的织物，是底色为白色、花纹为蓝色的"地白"图案。

出云蓝板缔中两面雕刻的木版，由于花纹为凸状雕刻，因此凸面染色后为白色，而凹面部分为蓝色。在对这些木版进行统计后发现，出云蓝板缔木版中的两面雕刻木版中，几何图案占了大半。两面雕刻木版上的花纹，除了毘沙门龟甲等一部分之外，几乎都是条纹和格子等几何图形（图5-16），而且并不是像红板缔的两面雕刻木版那样，在红色底色上单纯地表现白色花纹那样的"底色染"，单面雕刻木版和双面雕刻木版在成品效果上差异很小，

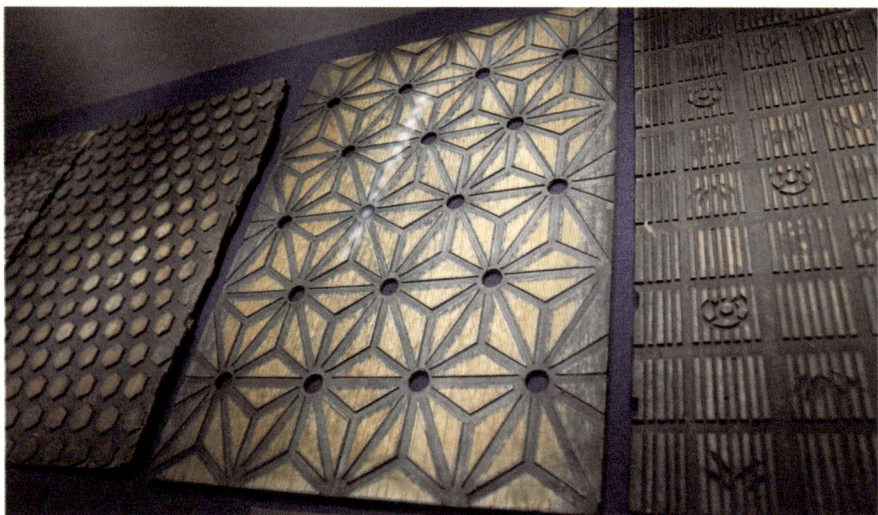

图 5-16　蓝板缔型版　岛根县立古代出云博物馆藏

即使是两面雕刻的木版，也可以用于表现白底色较多的"白底染"。

由此可知，相对于红板缔是以红色染色为基础的防染技术而言，蓝板缔则是以不染底色、而用蓝色直接染制花纹为主的地白工艺。

单面雕刻木版约 40 张为一组，双面雕刻木版 20 张为一组，可以染制 1 反的布。由此可见，单面雕刻木版和双面雕刻木版的堆叠方法不同。双面雕刻木版按照垂直上升的方式堆叠起来，而单面雕刻木版则以两块木版为一个单位，按照左右错开约 1.5cm 的距离进行交替堆叠。

（二）纹样选择

由于出云蓝板缔木版以地白板缔的单面雕刻木版居多，在染色复原实验中课题组选定了"竹与虎"的纹样，但在正式染色中选择了"兔踏波浪"的纹样。竹与虎的组合是镰仓时代常见的传统纹样，是以虎与竹为主题，通过两块木版纵向合起来成为一幅完整图案。这件被称为出云蓝板缔代表性纹样的"竹与虎"，是这批资料中唯一一种木版和染色裂帛均被流传下来的图案，因此选择这个纹样将便于在复原过程中与原品进行对比。

（三）木版制作

木版的材料，根据树种被鉴定为五针松。它的生长比较规律，油脂多但不易出油，所以很适合用来制作蓝板缔的木版。

课题组最终采购了 2001 年在福岛县大沼郡昭和村山中采伐的、推测树龄为 130 岁的五针松原木，制作了总共约 50 张木版，用于 2003 年的实验染色和 2005 年的正式染色。

木版的制作委托富山县的雕刻师森下广箭先生操刀。从 2003 年到 2004 年，以"竹与虎"的图案为试验品，分别制作了上下各一张木版。从 2005 年 12 月到 2006 年 3 月，制作了 40 张用于正式染色的"兔踏波浪"图案的木版。

（四）染料

日本的蓝染，除冲绳地区的琉球蓝外，都采用蓼科的蓼蓝作为染料。蓝染料的有效成分是一种叫作靛蓝的物质，含有这种成分的植物在世界各地都能见到。蓼蓝的叶子中含有一种叫作尿蓝母的物质，使蓼蓝叶发酵，就能生产用于染色的靛蓝。在最初蓝板缔盛行之时，是将蓼蓝的叶子发酵后紧实成蓝玉（蓝色球状固体染料）进行买卖的。

在板仓家的《万觉牒》账簿上可以看到名为阿波屋的蓝玉供应商。根据 1811 年的《万觉牒》中，不仅有购买鸟取县境港市（外江村、新道村）栽培的蓼蓝叶的记录，还有远距离大批收购蓼蓝叶的记录。由此可知，在出云蓝板缔中，优质的阿波蓝玉和当地的蓝色染料是有区分地进行使用的。

现在，仍有以德岛地区为中心的四五家蓝染剂匠人在生产"染块"。只是现在不是以蓝玉的状态，而是以"染块"的状态进行买卖。在此次蓝板缔的复原中，课题组使用的就是这种"染块"。

（五）染色

用于复原的棉布，分别委托了鸟取县境港市的田中博文和福岛县昭和村的酒井美智代两位织物匠人，以传世的出云蓝板缔实物为参考，用手工纺织制作而成。

在染色之前先对棉布作预处理，将棉布在灰水中煮 2h 后，在棉布潮湿状态下将其夹进木版之中。由于所使用的木版和红板缔木版一样，厚度不足 1cm，如果直接将夹具压在木版上，可能会造成木版变形受损，因此仿照红板缔的做法，在叠放的木版外又分别加了一块压板。

"兔踏波浪"纹样的木版为单面雕刻，木版背面横向雕刻着平行的 V 字沟槽，从 V 字沟槽到木版表面有贯穿孔。将两块木版背向相合，两面的 V 字沟槽合在一起，在木版侧面形成菱形的水路，以供染料流入与流出。但是最上面和最下面的木版背面没有雕刻 V 字槽。因此为了染料能够流入，在压板和木版之间排列放置了小型方形木材，为染料流通提供空间。

1. 夹布

先将木版的底版以纹样面朝上放置，把湿着卷好的棉布展开铺在上面，拉紧使其不起皱。再将第 2 块木版盖在布上，从木版侧面留有的刻痕为基准对齐，确保上下底版的纹样相吻合。然后重复前面的步骤把布逐层夹入版中，在放上最后一块木版后，摆放上小型方形木材，最后放置压板（图 5-17）。

2. 固定

固定的方式参考了中国温州蓝夹缬的办法，用金属夹具将夹有棉布的木版夹紧，并打入楔子以进行固定。

3. 加防染糊

由于是地白板缔，因此需要对棉布回折而露在外面的部分进行防染处

图 5-17 夹布并固定

理。先将紧固的木版横放，在木版短边的四角形沟槽内涂上防染糊，再将卷着棉布的四方形木材嵌入槽中。完成这部分的防染处理后拉起木版，再次紧固夹具。

4. 加灰水

等待四角形沟槽内的防染糊干燥后，将灰水注入木版。

5. 染色

将木版放倒，使侧面朝上，把它吊入为此次复原特制的蓝染石缸中浸泡20min后将木版从蓝染缸中取出，木版内的染液会顺着菱形水路流出，以使面料在空气中氧化20min。这个工序重复7次后完成染色。

6. 水洗

松开并卸下木版，把布取出后用水冲洗干净并干燥，整理后即算完成。图5-18为完成后的效果，上图为使用田中博文织制的布料，下图为使用酒井美智代织制的布料。

图5-18 完成后的效果

第六章
红型

　　琉球王国是曾存在于琉球群岛的封建政权名，最初是指琉球群岛建立的山南、中山、北山三个国家，1429 年，三国统一为琉球王国。1879 年日本宣布琉球废藩置县，强行将琉球并入日本，设"冲绳县"，琉球王国覆亡。琉球纯净的天空、湛蓝的海水和亚热带温暖的气候孕育出了独特的文明。明洪武五年（1372 年）12 月，琉球中山王遣使向明朝进贡，标志着中国与琉球确立了藩属关系，并一直持续到 1879 年结束。在长达 500 余年的友好交往中，琉球深受中华文明的影响，琉球人在福建等地学习音乐、舞蹈、绘画、漆艺、染织等艺术与手工艺，并取得了一定的成就。

　　染织方面，琉球工匠在吸收中国型版印花工艺的基础上，举全国之力创新性地将多种工艺有机融合在一起，最终发展为一种新的工艺——红型。这种以手工方式绘染的花布，具有色彩瑰丽、图案华美、工艺精湛等特点，使其成为琉球文化中的一朵奇葩，并依然绽放至今。

第一节　红型的发展历程

一、红型名称的由来

琉球绀屋[①]将利用镂空印花版在面料上使用多种颜料进行绘染的称为"红型"（图6-1），使用蓝色颜料的称为"蓝型"。相比之下红型更具琉球特色与影响力。红型的"红"在狭义上使用时单指"红色"，即采自胭脂虫

图6-1　浅地牡丹柳燕笼纹样红型苎麻衣裳　18—19世纪，双面染，那霸市历史博物馆藏

---

① 1609年，琉球遭萨摩藩入侵，此后一直成为其附属国，至废藩置县后并入日本，从此日本文化对琉球的影响日益加大，绀屋等名称是日本传来。

体内的胭脂红，但在广义上并非专指红色，是多彩的意思。使用胭脂红色进行"限取"（晕染）的技法称"抚红之晕"，是红型的代表性工艺，因此胭脂红是这种印花工艺的主色调，也是琉球红型最具特点的颜色。此后，"入红"也被引申为限取之意，"入黑红"是指使用墨进行限取的手法。于是，"入红"从原本仅指使用红色进行型染的工艺，到后来逐渐演变为广义上所指的采用限取染法和采用各种颜色的染色工艺了。

"红型"的名称被确定下来是很近的事，但对于名称的由来学术界却存在不同看法。虽然在正式的历史文献中并没有发现关于"红型"名称的记载，但据知念家代代相传的绀屋文书来看，在19世纪初这种工艺被称为"红差"或"美型"，在19世纪中期被称为"红入色型"，或许可以认为这就是后来出现的"红型"的词源。

在琉球语中一直用"bingata"这个读音来称呼这种工艺，一直到20世纪20年代，汉字的"红型"才开始普及。冲绳学创始人伊波普猷认为"红型"名称是来自琉球语，因为"bin"在琉球语中是红色的意思。[1]此外还有一种说法是"bingata"来源于"闽型"，因为闽的发音就是"bin"。[2]

1925年，镰仓芳太郎在东京美术学校举办的琉球艺术展的演讲中，将这种传统印花工艺称为"红型"，[3]1928年，在东京上野公园举办的纪念国产振兴博览会上，芹泽铚介被"冲绳县的红型展"的作品所打动，并立志成为红型艺术家。[4]通过这些展览，红型这种工艺被日本本土人民所认识，红型这个名称也被广为传播。

二、红型在琉球的发展

（一）明清使臣记载

长久以来，琉球的纺织业发展一直非常缓慢，陈侃于明嘉靖十三年（1534年）出使琉球后有"红女织绖惟事麻缕"[5]的记载。说明琉球当时无论纺织材料还是纺织技术都相当单一和落后。随着明朝洪武二十五年（1392年）闽人

---

① 小岛茂：《染めの事典》，朝日新聞社，1985年，第69页。

② 城间荣喜：《琉球红型の覚书》// 西村允孝：《红型》，泰流社，1989年，第156页。

③ 吉冈幸雄：《染織の美》，京都书院，1980年，第55页。

④ 滨田淑子：《人间国宝（芹泽铚介 / 玉那霸有公）》，朝日新聞社，2006年，第2页。

⑤ 陈侃：《使琉球录》（台湾文献丛刊第287种），台湾银行，1970年，第65页。

三十六姓入琉、使团的往来传播，以及 1659 年国吉和 1736 年向得礼等琉球"勤学"人员到福州进修织造和印染工艺，[1] 中国的纺织技术、染料与印染工艺等相继传入琉球，琉球的纺织业、印染业才慢慢发展起来。1756 年周煌出使琉球时，已经"绸有土绸，布有棉布、丝布、蕉布、麻布，皆花纹相见，綦组斓褖，亦有五色染成者，皆以自服。"[2] 到 1800 年李鼎元使琉球时，已是"国人善印花，花样不一，皆剪纸为范，加范于布，涂灰焉。灰干去范，乃著色，干而浣之，灰去而花出。愈浣愈鲜，衣敝而色不退。此必别有制法，秘不语人，故东洋花布特重于闽。"[3] 上述文献虽然没有能直接证明印花工艺是从福建传入的记载，但从这些文字可以看出琉球纺织业的发展状况，以及福州对于琉球的影响。

（二）本土遗存分析

琉球本土发现最早的红型遗物是尚圆王（1470—1476 年）时代的"菊花链状丝绸型染布料胴衣"，它曾为久米岛伊敷索按司之女及其侄女所穿戴。虽然这件衣服并不是真正的红型，但是运用了型纸的工艺，可以认定为红型的早期形态，并使用了胭脂、黄、蓝、黑色等颜料。此外，还有一件"纯白纺绸地筒引糊置染色纹胴衣"，这件衣服是琉球王送给统治奄美大岛的大和滨祝女的服装，它同样也不是由红型工艺制成，但是它使用了手绘防染糊工艺，其大致时间为室町末期到安土桃山时代（1573—1603 年）的一段时期。[4]由此可以看到，在 16 世纪末期之前，红型工艺的两大关键要素——型版和防染糊已经成熟。

琉球文献中有关红型工艺的记载，最早的是《新参璩姓家谱》中王府画师璩自谦（1658—1703 年）所述："本年（1689 年）十二月，国场翁主将御婚嫁，御衣裳下绘书之。"[5] 由此可见，当时的画师同时还承担服装图案的绘制任务。而璩自谦、查康信、吴师虔等人都曾长期留学福州，师从王调鼎、孙亿等人学习以写实风格为特色的院体工笔画，回国后均担任宫廷画师。历史上，泽岻家、知念家和城间家是最著名的三家绀屋，并长期

---

① 赖正维：《福州与琉球》，福建人民出版社，2018 年，第 232 页。
② 周煌：《琉球国志略》（台湾文献丛刊第 293 种），台湾银行，1971 年，第 236 页。
③ 李鼎元，韦建培校点：《使琉球记》，陕西师范大学出版社，1992 年，第 22 页。
④ 镰仓芳太郎：红型——琉球工艺之花 // 西村允孝：《红型》，泰流社，1989 年，第 33-34 页。
⑤ 镰仓芳太郎：红型——琉球工艺之花 // 西村允孝：《红型》，泰流社，1989 年，第 36 页。

为王室服务。泽岷家绀屋创建于 1686 年，城间家从事绀屋的传统可追溯到 1702 年。[①]

康熙五十八年（1719 年），尚敬王为举行册封大典、迎接清朝使臣海宝和徐葆光等一行官员，向受佑提前一年受命创作国剧《组踊》。由于其中的"御冠船踊"需要有华丽的红型舞蹈服装，因此典型的服装图案风格在当时已经形成。[②]随着舞蹈的成功演出，艳丽的红型服装向外广泛传播，从而进入了一个重要的发展时期，红型工艺逐步成熟完善，并形成了独具特色的琉球染绘艺术。到了下一代尚穆王（1752—1794 年）时期，红型已经呈现琉球独特的色彩美感，这一时期的基本色调从黑变到深紫，逐渐形成了成熟的新样式。

终于在宫廷画师和手工艺人的共同努力下，创新性地发展了型版工艺，在技术上突破了限制，在色彩丰富度和造型精细度等方面得到了大幅度提升，使"红型"逐渐成熟并成为具有琉球特色的印染技艺。红型面料深受王室喜爱，红型工艺在琉球也因此成为"国术"。到 1800 年李鼎元使琉球时，红型工艺已非常成熟，还说明此时的红型已是琉球成熟的对外贸易商品。

作为琉球王国最具代表性的物产之一，红型面料曾多次作为贡品进贡清朝政府，琉球王室编写的《历代宝案》中，有乾隆五十四年（1789 年）向清朝进贡"染花棉布伍拾疋"的记载，故宫博物院至今仍藏有 30 余种不同风格的红型织物。[③]

（三）红型源流探析

福建历来手工艺发达，纺织印染同样成熟。从福州出土的宋代黄昇墓、茶园山宋墓中均有大量采用印花、印金工艺的服装，说明宋代时福州地区使用型版的印花工艺已经成熟和普及。[④]琉球人在福州学习纺织技术的同时，引进型版印花的工艺、材料、染料应该是顺理成章的。这与前文提到的"闽型"与"红型"相同的琉球方言读音，可以进一步说明"闽型"是早就引进并被广泛接受的。

琉球画师在福州学习了工笔重彩，学会了使用矿物颜料和晕染技法，在

① 小島茂：《染めの事典》，朝日新聞社，1985 年，第 69 页。
② 鎌仓芳太郎：红型——琉球工艺之花 // 西村允孝：《红型》，泰流社，1989 年，第 37 页。
③ 白寅生：红型——故宫旧藏琉球织物，《紫禁城》，2005 年第 2 期，第 85 页。
④ 盛羽：《中国传统镂版印花工艺研究》，中国纺织出版社，2018 年，第 53-54 页。

琉球缺少成熟的织造、刺绣技艺的现实情况下，王室命令画师采用手绘的方式对服装进行装饰是极有可能的。而画师所属的奉行所与绀屋同为王室服务，将具有可批量生产的型版印花工艺与手绘结合即是十分自然的事。

此外，首里的尚侯爵一族传有一组上衣，共有"牡丹菖蒲流水尾长鸟纹锁大模样图案""枝垂樱菖蒲流水燕纹锁大模样图案""牡丹菊篱尾长鸟纹锁大模样图案"三种图案。这种型纸风格的形成，是在尚敬王（1713—1751年）时期。而璩自谦所描绘的国场翁主的衣料图案，与上述图案尤为相近。[1]

图 6-2 传为按吴师虔的画稿所作，牡丹花朵饱满，菖蒲灵动，尾长鸟飞翔姿态生动，以对称布局，显示王室服装的气度与庄严。

根据上述有关中国、琉球两方面的文献与实物遗存情况，可见红型的发展进程大致过程，并可以在两者间得到相互印证。因此可以说，琉球红型是在从福州传入的蓝印花布、镂版印花等型版印花工艺的基础上融合工笔重彩的技法而发展成熟的可能性极大。

（四）近代红型的兴衰

到了 19 世纪末至 20 世纪初，从日本本土流入大量机织的廉价服饰，红型开始逐步走向衰退，当时许多红型工匠纷纷转行。雪上加霜的是，太平洋战争的爆发使红型遭到了毁灭性打击，许多红型作坊被炸毁，型纸和工具毁于一旦。

在如此困难的情况下，红型在太平洋战争后迅速恢复，这得力于城间绀屋的城间荣喜的坚持与努力。在城间荣喜的带领下，红型开始复兴。在物资极度缺乏的情况下，他们在军用地图上雕刻作为型版，用锯子上的锯条或钟表的发条来制作刻刀，将装小麦粉的袋子拆开当作糊袋用来防染，上色用的笔则是用女士的头发制作，刷子则用甘蔗上的纤维来做，糊筒用的口金则是用燃烧弹熔化的铅成分并钻出一个洞、切掉前端制作而成，刮糊用的刮刀则是剪断丢弃的唱片盘制作而成的。并且，他们在染料上也费了不少心思，白色是用夜光贝壳磨碎制作而成，红色则是混合红瓦粉和口红制作而成。不久，在城间的感召下，加入的行业伙伴也逐渐增多，并于 1950 年成立了琉球红型研究会。

此外，幸运的是，镰仓芳太郎收集了大量的型版并收藏于东京，从而幸

---

[1] 镰仓芳太郎：红型——琉球工艺之花 // 西村允孝：《红型》，泰流社，1989 年，第 36 页。

图 6-2　牡丹菖蒲流水尾长鸟纹样红型木棉衣裳　18—19 世纪，冲绳县那霸市历史博物馆藏

免于战火，得知红型工艺恢复后，镰仓芳太郎主动捐出许多型纸给研究会，所以这也使得许多经典图案能够继续传承至今，并极大地加快了红型工艺的恢复速度。

然而在新技术的冲击下，红型工艺同样受到了冲击。为保护传统工艺，政府在 1973 年组成了冲绳红型传统技术保存会，同年红型被认定为冲绳县"重要无形文化财"。1996 年，玉那霸有公被认定为重要无形文化财的技术保持者，作为琉球文化的重要组成，红型这一传统工艺被传承了下来。

第二节　红型的工艺流程

琉球被强行并入日本已近 150 年，在这长达近一个半世纪的时间里，红型不断与日本本土的友禅、型糊染等染织工艺相互影响，因而目前的红型工艺在名称、材料、工具等方面逐渐与上述日本本土工艺趋同，已无法精确还原琉球王朝时期的工艺流程。

一、工艺原理与类型

从显花工艺的原理上来说，红型是一种防染和手绘结合的工艺。做法是先把刻有图案的型版覆盖在布料上，将糊透过镂空处刮印在布料上形成防染的区域，再用毛笔蘸色在空白处擦涂，从而使其局部染色，洗去防染糊后即得所绘图案。

红型的种类较为多样，主要有白地、色地两种（图 6-3），此外还有返型、手付红、双面染、浦添型、胧型等特殊工艺。白地红型最简单，白色面料上呈现彩色图案；色地红型则是在绘染好的白地红型上用"糊袋"（用棉布卷成的锥形圆筒并刷柿漆使其防水，在锥尖处开口并套上不同开口形状的金属头）画上防染糊，目的是保护绘染好的图形与颜色，然后用毛刷刷染地色；双面染难度较高，需要双面刮糊，为了让糊能更好地透到背面，使正反图案相一致，会在正面的糊里放入一点蓝色，然后进行擦色、晕染等工序，图 6-1 即是采用红型双面染工艺制作的衣服。胧型是使用两种型纸先后绘染的工艺，第一遍绘染完成后用防染糊盖住所绘图案，再用第二张地纹版盖在布料上刮糊，进行二次

白地红型

色地红型

图 6-3　白地红型和色地红型　冲绳艺术大学藏

刷染地色，使地色呈现两种颜色，具有更丰富的色彩。

二、工艺流程

　　知念家和城间家绀屋一直延续到今天，依然还在从事着这项事业。城间工房位于那霸市首里山川町一处安静的院子里（图 6-4）。红型基本工艺流程分为刻版、印前准备、印绘、水洗四大步骤，以及刻版、裱布、刮防染糊、刷大豆汁、擦色、覆糊、染地色和水洗等主要工序。

（一）刻版

　　型纸雕刻决定了最终的纹样呈现效果，因此这一步十分关键（图 6-5）。现在，

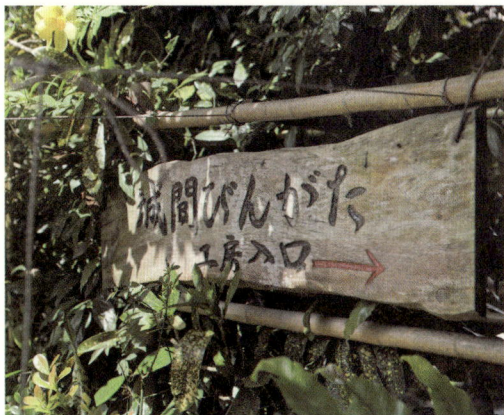

图 6-4　城间工房入口

177

通常是由同一人直接完成从底绘设计、型纸雕刻、型置到着色的全过程。不过，在琉球王国时代，首里城设有绘图座，有分别负责底稿和型纸雕刻的画师和雕刻师。传统的琉球红型用于制作型纸的是从中国进口的奉书纸（楮树皮制成，用于书写的纸）刷柿漆制成，现在则用和纸或合成纸。雕刻时堆叠2~3张奉书纸，并用线固定四周的几处位置，在最上方的纸上贴好画稿。雕刻方法类似于突雕，即利用小刀的刀刃向前推进雕刻（图6-5）。雕刻时，型纸下方使用被称为"六寿"的一块约10cm见方并经过特殊硬化处理的豆腐作为垫板。因为豆腐长期被油浸泡后烘干切平，所以变得结实而有韧性，可以保护刻刀并使刻划顺畅。雕刻刀涂有适量的油脂，既可以让雕刻过程更加顺畅，也可以防止刻刀生锈。

如果使用的是刻有精细花纹的型纸，为防止大面积镂空地方的线条或图案变形甚至断裂，则要增加入线或贴纱的工序，以避免型纸纹样移位。以前是用生丝线将其各部位连接，现在是使用丝质网眼纱，用生漆将其与型纸粘在一起。

图6-5　刻型纸　摄于冲绳艺术大学

（二）印前准备

印前准备包括制作防染糊、调制大豆汁和染液。

1. 制作防染糊

防染糊是由糯米粉、米糠、盐和石灰组成。糯米的黏着力强，但不耐水，所以加入米糠不仅可以加固糯米，还能形成薄薄的膜，起到防止水渗透的作用；石灰不仅能起到防腐的作用，还能使浆糊在某种程度上变硬，防止在擦色的过程中融化；加盐的效果与石灰相反，是为了让糊始终保持一定的湿度，以防印在布上的糊过度干燥而开裂，一般来说在较干燥的夏、秋、冬季加的量相对多，而雨季则不需要加。

一般来说，糊的制作方法是：混合半升糯米和2升米糠（1:4），再用石磨碾成粉，用细筛过筛。将水倒入锅中煮开，待水开后加入少量石灰，再加入配置好的米粉，充分搅拌直至糊产生黏性。这一步完成后，加少许盐，慢慢加入与糊同温的热水，使其达到一定的柔软度，再将其揉捏成一个个圈状并放入蒸锅，蒸3h后放入陶钵，用木棍搅匀至合适的柔软度（图6-6）。

2. 制作大豆汁

传统的颜料主要有朱砂、群青、胡粉、石黄、墨、云母粉、金银箔、胭脂、靛蓝、福木等矿物或动植物颜色。由于矿物颜料没有黏性，动植物颜色的色牢度低，因此要想在面料上获得附着力，必须要借助胶汁等黏性材料来作为颜料的黏合剂。中国画自古以来常使用鹿胶、牛胶或桃胶

图6-6 制作防染糊 摄于东京艺术大学

等动植物胶作为黏合剂，而琉球绀屋则采用大豆汁、胶汁、植物油来调和颜料。大豆汁的制作方法是：取10g干燥大豆，再加100g水进行浸泡，研磨并过滤后制成元豆汁。

3. 调制染液

泽岷家的传统红型技法中，是在作为固色剂的大豆汁中再加入大豆油。不过知念家没有这一步骤，这是由于他们白色颜料使用的是贝壳粉（水粉）。大豆汁在夏天易腐，添加少量大豆油被认为是促进其中的植物卵磷脂和氨基酸发生作用，而卵磷脂膜的形成是颜料固色的基础。擦色和染地色前刷的豆汁还需在元豆汁中分别加2倍和1倍的水。如果是使用矿物颜料的话，由于其附着力较差，因此需要使用元豆汁加酒精调制成的染液。

（三）印绘

1. 贴地（裱布）

型置的准备工作，即在长板上贴布料的作业（图6-7）。为了防止刮防染糊时布料发生移动而对位不准，如果是双面染，还要保证正反两面的图案能准确对上。因此，就需要先将布裱在木板上。贴布时先在板上用板箆把糊刮平，再把布料铺在板上黏合，并避免布料和木板之间出现空鼓。该步骤最关键的几点总体上与江户小纹相同。

红型选用的布料多以麻布、芭蕉布①、丝绸、桐板②、棉布为主，现多使用丝绸和芭蕉布。图 6-8 所示为城间工房内的场景。

2. 型置（刮防染糊）

贴地完成后，将型版覆盖在布料上，用刮板将防染糊依次刮印在镂空处。刮印时先从左边开始，从左向另右连续刮印，直至全部刮印完成。

3. 地入（刷大豆汁）

在涂有防染糊的布料上用刷子取豆汁进行涂刷的作业。使用宽刷子蘸大豆汁后依次涂刷在已干燥的布料上，目的是固色。注意要将豆汁涂刷均匀，不然会导致染色不匀。

4. 色插（擦色）

色插即擦色，是用刷子给花纹部分上色（图 6-9）。擦色有严格的规范，需要对应配色表进行，一般先擦浅色，后擦深色。即先用颜料进行下涂（底涂），然后用植物染料进行上涂。这与传统中国绘画中的工笔画的施色方式非常相似。

擦色是红型中最重要的步骤，先将各类颜料调制成染

图 6-7　贴布　摄于东京艺术大学

图 6-8　城间工房内部

图 6-9　色插　摄于琉球城间工房

---

① 芭蕉布：使用芭蕉纤维织成的布。
② 桐板：对所使用的原料说法不一，大多指使用龙舌兰纤维织成的布。

液，然后用毛笔擦涂在印上防染糊后布料的空白处，从而形成图案。擦色分为底涂、上涂和晕染三步。底涂和晕染使用不透明的矿物颜料，植物染料主要用于颜料底涂完成后的上涂步骤，其目的在于缓和颜料的生硬和刺目感。由于矿物颜料是固体小颗粒，所以需要用笔擦色上染，方法是两支笔在手里轮换使用，一支涂笔填色，另一支擦笔擦色使其过渡均匀，与工笔画的晕染技法类似。擦色时力度较大，因此擦笔的毛较短且是平头的，以前用头发制成，现在多用马毛和黄鼠狼毛的笔，甚至有用剪短的毛笔代替。

对红型进行擦色时，一般以不透明且不溶于水的颜料为主色调，用透明且溶于水的植物染料为搭配色调。但是，有时也会先用福木的染液进行下涂，后混入蓝色中和为绿色；或用胭脂下涂，后混入蓝色中和为紫色。此外，擦色的上色顺序是：首先加入主色调的朱色或胭脂色，其次给纹样中间涂上淡红色，黄色涂在主色调周围，接着再涂上绿、紫、青、鼠色等，最后再涂黑色。用植物染料上涂，主要是为了通过弱化颜料的硬度、中和其明艳感，展现红型的柔软和雅致。

最后，再进行"隈取式"晕染。隈取可以使纹样更加立体，有突出强调纹样的效果。比如在给叶尖、花蕊、纹样轮廓处上色时，就是用笔点涂染液，再用隈刷晕染均匀。

图 6-10 所示为红型绘制过程中的三种状态，图 6-11 所示为白地红型和

印制防染糊

平涂上色

擦色晕染出层次

图 6-10　红型绘制过程中的三种状态　城间工房提供

白地红型

色地红型

图6-11　白地红型与色地红型绘制完成的效果
城间工房提供

色地红型绘制完成的效果。

5.伏糊（覆糊）

如果是白地红型，不需要伏糊操作。如果是色地红型，则还需要伏糊等工序。即在纹样部分上完色后，给该部分涂上防染糊，为之后的染色做准备。步骤是将防染糊从袋口挤出并覆盖在彩色纹样和需要留白处。需要注意的是，用来覆盖的糊里面不可以加石灰。

6.地染（染地色）

用引染或浸染的方法染地色的步骤。遮盖的糊料干透后，先用毛刷蘸稀释的大豆汁均匀刷涂，再用毛刷蘸染液多次对地色进行叠涂上染。在刷地色之前，布料的两头要用张木固定并拉向两端，纬向则用两端带刺的竹伸子撑开，使布料绷紧并悬空，以便上色均匀并快速干燥。

7.干燥

将布料用伸子撑住，在阳光下充分晒干。

（四）水洗

染完地色并待其干燥后，将整匹布料放入大水池中浸泡，要避免布料间贴在一起以防搭色，数小时后布料上的糊就会渐渐融化并浮上来，然后在水中轻轻摇晃，抖落残留的糊后在干净的水中洗净，最后用张木撑开并置于通风处晾干即制作完成。

第三节　红型的图案造型与工艺特点

1996 年，琉球王室后裔尚裕向那霸市历史博物馆捐赠了一批王室旧藏，这批服装共 60 件衣和 2 件裳，除了 5 件是当时清朝政府赏赐的朝服以外，其余 57 件服装都是琉球本土制作的。在这些本土服装中红型有 40 件（棉 16 件、丝 10 件、麻 14 件）之多，达到了 70.1%，其余分别为蓝型 1 件、型染刺绣 1 件、花织 3 件、絣织 8 件、条格纹 2 件、绫 2 件。[①] 因此从这批王室服装可以看到，红型服装占据了绝对的主流位置。此外还发现，即便是王室服装，也没有出现技术要求更高的大提花织物，有的只是条纹等简单图案的小提花织物，而有图案的絣织却属于平纹织物，依靠提前对纱线的局部染色才呈现出简单的几何图形，这更说明红型对于琉球王室的重要性。同时也足以说明当时琉球的提花技术与刺绣工艺并不发达。本章中图 6-1、图 6-2、图 6-12、图 6-18 所示均为尚裕捐赠的王室服装。

一、图案的题材

琉球王国时期，把人分为王族、按司、

图 6-12　黄绢地凤凰牡丹扇面纹样红型　19 世纪，第二尚氏王朝，东京国立博物馆藏

---

① 那霸市市民文化部歴史資料室：《尚家継承美術工芸——琉球王家の美》，那霸市，2002 年，第 99-104 页。

亲方、亲云上、筑登之、庶民六个等级，王室、贵族的礼服大多是丝质或棉质的红型服装，并且以黄色为最高贵的颜色，"龙""凤"是王室专用的图案。因为琉球国受到中国影响，红型服装的款式与图案都有等级之分，王府官用的是高端的"首里型"，其他士族用较低端的"泊型"和"那霸型"，日常服装多以麻布或芭蕉布制成。庶民则不得穿着红型服装。

　　琉球红型在受到中国传统印染工艺影响的同时，还融入了印度、爪哇等地印花布和日本友禅染的装饰风格。从红型图案的题材内容看，既反映出中国、东南亚诸国的影响，又有来自日本文化的印记。如其中有来自印度、泰国及爪哇等地印花布四方连续式的自然花鸟纹样，也有来自中国的祥瑞纹样。同时，还有取材于当时日本京都友禅染的衣裳纹样（图6-13）。这些源自不

图6-13　白色地竹梅鹤图案红型衣裳　19世纪，东京国立博物馆藏

同地域的纹样，逐渐与琉球本土文化融合，与当地风物浑然一体，形成了琉球红型特有的装饰风格和艺术特征。因此，琉球红型是中国、印度、东南亚诸国、日本等不同文化交汇于琉球王国的产物。

红型图案（图6-14）主要有花鸟、风景、动物等类型。题材有来自中国的龙、凤、松、竹、梅、兰、蝙蝠、虎、宝物、唐狮子、唐草、牡丹等纹样；本土的鱼、虾、贝类、海螺、水藻、海草、帆船、芭蕉等海洋生物和亚热带植物；同时，还有来自日本的红叶、垂枝樱花、龟甲、折扇、雪轮等图案。

图6-14　雪竹纹样红型　18—19世纪，故宫博物院藏

二、图案的组织形式

红型图案有大、中、小、细之分，地位越高图案越大。因此图案的组织形式有独幅纹样、二方连续和四方连续三种形式。其中独幅纹样较少，从尚裕捐赠的王室服装中看到只有3件衣服上有这种大型的独幅图案，其余均为重复图案，最大的图案以对称的结构布满整件衣服（图6-2）。这3件衣服都是先将大身的衣片拼合后印制，因此大身的图案是完整的，但是衣袖图案与大身有较大错位，因此可以判断是分开印制后缝合而成的。

中小图案都采取连续纹样的形式，以故宫博物院所藏的30匹面料为例，门幅最窄的35.6cm，最宽的44.5cm，其中以38cm为最常见。[①] 由于门幅较窄，其图案的组织形式以二方连续为主，小花纹为四方连续。有的图案造型虽然是四方连续，但颜色却没有依据造型的规律涂刷，效果反倒更生动。

---

① 那霸市市民文化部歴史资料室：《中国北京故宫博物院藏——琉球王朝の秘宝》，归ってきた琉球王朝の秘宝展实行委员会，2005年，第92—94页。

三、工艺特色

红型工艺具有复杂、综合、精细的特点。复杂体现在工序上：既有印、绘两道主要工序的白地红型；也有先后印、绘、盖、染四道工序的色地红型；更有先后印、绘、盖、染、印、染共六道工序的胧型。综合体现在工艺的种类上，红型是"印""绘""染"三种工艺的结合，无疑是型糊染工艺上的一大突破，将三者的优点集中于一身，使得加工变得高效且具有质量保证。精细体现在完成的效果上，红型具有色彩均匀、图案清晰、对版精准等特点，不仅可以表现色块，还可以表现线条，工艺水平精湛，尤其是手绘的晕染效果大大提升了立体感与层次感。图6-15为东京国立博物馆藏的"白木棉地流水草花贝纹"红型衣裳，画面采用点线面生动地描绘出植物的姿态，以流

图6-15　白木棉地流水草花贝纹红型衣裳　19世纪，东京国立博物馆藏

水将这些水生植物穿插在一起，色彩采用黄、红等暖色形成主调，穿插少量蓝色与紫色，形成一幅和谐而灵动的画面。因此可以说红型工艺成熟、技术精湛、特点突出，达到了那个时期东亚地区的先进水平。

第四节　红型工艺的创新之路

由于琉球王国在成为中国的藩属国以后建立了衣冠制度，而面料图案是建立服饰礼仪规范的重要组成，因此在本国缺少成熟的织造、刺绣技艺的现实情况下，只好另辟蹊径将目标投向了宫廷画师，命其参与到服饰的开发中。

一、王室主导的官方行为

琉球王室为此专门设置了奉行所、纳殿这样的专门机构以及双纸库理（负责物资）、绀屋主取（工匠主管）等职位进行管理。与中国的印染工艺长期在民间流行不同，红型的创作与加工是一项在琉球王室主导下多方精英共同参与的官方行为，因而有较高的起点。

琉球王室曾多次派遣画师到中国学画，璩自谦、查康信、吴师虔、殷元良、吴著温、向元瑚等人都有留学中国的经历，除吴著温和向元瑚在京城学习以外，其余都在福建学习中国绘画。璩自谦、查康信于康熙二十二年（1683年）在福建学习 5 年，[①] 回国后创建了琉球画派。吴师虔（日文名为山口宗季1672—1742 年）于康熙四十三年（1704 年）到福建学习 3 年。[②] 他们先后跟随当地的王调鼎、谢天游、孙亿、梁亨、郑大观等人学习绘画。[③] 这些人均为擅长写实画风的院体画家，善画花鸟、蔬果、草虫等题材，因此这些琉球画师学习了严谨写实的工笔重彩画，学会了使用矿物颜料和晕染技法，为日后从事服饰图案的创作打下了坚实的基础。因此这些画师在创作红型图案时得心应手，仅仅需要适应型版的刻制特点即可。"首里的尚侯爵一族相传一种上衣样本裁剪尺寸的纸型衣料图案。共有'牡丹菖蒲流水尾长鸟纹锁大花纹

① 球阳研究会：《球阳·附卷一》，角川书店，1982 年，第 592 页。
② 球阳研究会：《球阳·卷六》，角川书店，1982 年，第 280 页。
③ 梁桂元：福建画坛对琉球画派的影响，《国画家》，2002 年第 8 期，第 42 页。

图案''枝垂樱菖蒲流水燕纹锁大花纹图案''牡丹菊篱尾长鸟纹锁大花纹图案'三种。"镰仓芳太郎认为："读谷山御殿传入一幅花鸟图卷，这是宗季归朝时被赞誉传承了孙亿风格的画作。而此图卷中的牡丹和菖蒲，与上述牡丹流水尾长鸟纹锁花纹图案十分相似。"①

琉球王室让奉行所中最优秀的画师绘制原画以后，指定最好的绀屋制作成红型。历史上，泽岷家、知念家和城间家是最著名的三家绀屋，并长期为王室服务。泽岷家绀屋创建于1686年，城间家从事绀屋的传统可追溯到1702年。②在尚敬王时代，泽岷捉亲云上是绘染方面的行家，并带领从事绀屋工作的族人，参与尚敬王受册封时琉球国剧《御冠船踊》演出的服装制作等工作。第三代捉亲云上师从画师吴师虔，习得了福建孙亿的花鸟画风，绘画技巧高超，其技术成熟，是优秀的中国风绘画高手。

二、红型的工艺创新

当时琉球人走出国门，到中国学习绘画、音乐、舞蹈等艺术与手工艺，到18世纪尚敬王时代，得到了长足进步和快速发展，进入史称"琉球文艺复兴"的黄金时期，琉球红型在工艺上进行大胆创新并取得重大突破。

红型是将型版工艺创新性地与手绘的结合，它的色彩比蓝印花布更丰富、图形比镂版印花更细腻、生产比手绘工艺更便捷，因此它具有多种技法的优势。因为有宫廷画师参与，所以加入了部分绘画的材料与技法，比如：在材料方面，墨、朱砂、群青、胭脂、靛蓝等都与绘画所使用的颜料是一样的；调色方面，红型的复色以多重罩染的方式呈现而不是直接调色，如绿色是先染靛蓝作为底色，再染黄色以获得绿色；技法方面，除了最基本的平涂上色以外，擦色晕染是最主要的方式，只不过由于画在具有更深纹理的布上，所以需要更硬的刷毛并以更大的力度去擦色才能让颜料深入纤维内部，如果直接画在布料上，会洇色而无法控制造型，所以需要在已经印制防染糊的布料上绘制，既控制了图案造型，又解决了颜料洇色的问题，可谓强强联合且一举两得。

红型利用型版印制出图案造型（图6-16），以手工擦色晕染出层次，型

---

① 镰仓芳太郎：红型——琉球工艺之花 // 西村允孝：《红型》，泰流社，1989年，第36页。
② 小岛茂：《染めの事典》，朝日新闻社，1985年，第69页。

图 6-16　薄蓝色地水菊芦雁纹样红型衣装　19 世纪，东京国立博物馆藏

版工艺快速复制的优点加上手绘丰富的表现力，使产品既可批量化生产又降低了绘制的难度，在保证高质量的同时，大大提升了生产效率。此外，红型改用糯米和米糠作为防染糊后，大大提高了细腻度，为表现更为精细的图案提供了可能。

在本章第二节中已经提到目前红型工艺中部分名称、工具、材料与日本本土的友禅、型糊染相似，尤其是红型改用糯米和米糠作为防染糊的这一过程与具体时间不得而知，与日本型糊染有无关联，是先于日本型糊染还是受其影响，其名称是否是在琉球并入日本后而被统一的，这些都无资料可寻，日本学术界也无法认定是哪种工艺影响了对方，这些都有待进一步的资料挖掘。但基本的观点都认为红型是独立发展起来的，[1]因此上述工艺突破极有可能是琉球工匠在红型的不断实践中取得的。

第五节　红型的艺术特色及代表人物

一、艺术特色

在当时琉球王室的推动下，在画师、工匠的共同努力下，突破了型版印花工艺的局限性，从而大大提高了这一绘染工艺的表现力，并最终发展为一种色彩瑰丽、工艺精湛的新工艺——红型，成为"琉球工艺之花"。

璩自谦、查康信、吴师虔等画师在福州多年学习写实风格的花鸟工笔重彩，具有良好的造型能力与较高的艺术修养，为红型的审美调性奠定了基础。并且，王室服饰的图案尺幅都比较大，因此给了画师充分发挥的空间，这些作品不仅色彩雅致，且造型完美，花卉、鸟虫、鱼虾无不姿态优美；在构图上也是别具匠心，利用流水或行云，将这些植物、动物生动地串联完整，使得画面主题突出、形态鲜明、灵动活泼、生机盎然。

琉球红型的色彩是一大特色，主要有胭脂、红、黄、蓝、绿、褐等色。这些鲜亮的南国色彩风格，与琉球亚热带风情完美地融合，给人一种轻松、

---

[1] 長崎巌：日本の型染と型紙染の歴史 // 馬渕明子：*KATAGAMI Style*，日本経済新聞社，2012年，第255页。

祥和、热烈的感觉。在染料的选择上，除了选用琉球本土的蓝草、福木等植物染料外，还使用南方产的苏枋和胭脂（动物科）、中国产的朱砂和石黄等颜料。尤其是胭脂，由于价格昂贵，是由皇族特供。图6-17所示为故宫博物院所藏"云流水若松红叶雁纹样"红型，图案中粉色作底，黄色、红色、深红色、深灰色色块上各有一只白线塑造的大雁，大雁身姿矫捷、造型各异；暖绿色嫩松叶和各深浅色红叶作为衬托，并加黑色流水纹以连接各图形，整体色调温暖而和谐，冷暖相配变化中求统一，颜色深浅差距中有节奏，描绘了一幅热情而又生动的画面。

由于是为王室制作服饰，画师和工匠们都投入了最大的能量去完成，并选用当时最好的材料，因此无论是艺术创作还是工艺制作的各个方面，都得到了最大限度的挖掘，从而达到了较高的艺术水平。

图6-18所示为琉球王室旧藏，图中仙鹤造型饱满、姿态优雅、形态生动，比例恰到好处，与花卉搭配相得益彰，色彩浓郁而不艳俗，是红型中的精品。

二、代表人物

玉那霸有公，1936年10月22日出生于冲绳县石垣市，是日本工艺会正会员、石垣市名誉市民，是红型领域首位被称为"人间国宝"的人物。

玉那霸有公于学校毕业后先在铁工所工作，1961年与红型城间家14代城间荣喜的女儿道子结婚后，开始在岳父的工房学习琉球红型。他从图案到型纸雕刻都追求极致，并精通所有工序，不久就和妻子一起在那霸市首里建立了红型工房。

玉那霸曾获日本传统工艺

图6-17　云流水若松红叶雁纹样红型　18—19世纪，故宫博物院藏

图 6-18 白地鹤霞菖蒲红叶樱红型苎麻衣裳 18—19 世纪，冲绳县那霸市历史博物馆藏

展文部大臣赏、第 22 回日本传统工艺展受赏等奖项。1996 年 5 月，玉那霸有公被认定为国家的重要无形文化财"红型"的保持者（人间国宝）。1998 年受紫绶奖章。2000 年 7 月 22 日，第 26 次主要国首脑会议（九州冲绳峰会）在首里城北殿举行，作为红型的保持者，玉那霸有公现场演示红型制作。

其岳父城间荣喜所染制的两面染是在红型领域的重要创新，而玉那霸有公深得其真传并同样擅长两面染技法，还独自创作出"二枚异型"技法。

玉那霸有公以力道强劲且精细周密的型纸雕刻见长，并擅长运用明度较高的中间色和晕染技法，表现充满清凉感兼具动静感和光感的作品。他的作品优美柔和又不失深刻的精神内涵（图 6-19），是独具个人特色的艺术创作，被称为是从琉球王国时代开始到红型复兴期为止，将红型的传统很好地传承并开创至未来的艺术家。玉那霸有公的作品艺术性强，具有较大影响力，被现代红型作家所模仿学习，正创造出新的流派。

图 6-19　芭蕉布地红型　玉那霸有公作，个人藏

第七章
型绘染

在众多的型染工艺中，型绘染无疑是最为独特的。自型绘染的名称确立以来，就引发了业界的一些争议，不仅是因为它出现的历史短，也与它的特色并不十分鲜明有关，有人提出它与红型过于相似而认为没有独立存在的必要。但无论如何，型绘染因为是融合了型糊染和手绘的优点，并融入现代艺术创作理念，所以它具有极强的艺术表现力。

并且，镰仓芳太郎、芹泽铚介和稻垣稔太郎等型绘染的开创者都受过良好的现代艺术教育，其创作理念必迥异于传统工艺的一般传承者，从而拓宽了传统工艺的边界，为传统工艺在新时代的发展带来全新的思路与活力。在上述三位艺术家的积极开拓下，无论是在产品类型的广度还是艺术探索的深度方面，型绘染工艺都取得了卓越的成就而被官方认可，因此它无疑是型染工艺大家族中一颗闪耀的明珠。

第一节　型绘染的由来和特点

一、型绘染名称的由来

　　红型的独特魅力引起了日本民艺家柳宗悦的关注，他多次到冲绳考察，并向外界大力宣传与推广红型，因此吸引了一些年轻艺术家对红型的喜爱，纷纷到冲绳学习红型并将其作为毕生追求的事业，其中有镰仓芳太郎、芹泽銈介和稻垣稔太郎，此三人都各有建树，并先后被日本认定为"人间国宝"。

　　在这些艺术家的努力下，红型在日本本土受到广泛流行，其创作题材、工艺与应用都有所拓展与提升，并最终开创了被文化厅定名为"型绘染"的一种新的艺术类型。型绘染因其出色的表现力，成为许多艺术类院校染织专业的重要课程，培养了一批创作者。在每届"日本美术展览会""日本现代工艺美术展""日本新工艺展""日本传统工艺展"等日本重要的全国性展会上都可以看到许多采用型绘染工艺绘制的作品（图7-1）。

图7-1　《小鸟》（局部）　柚木沙弥郎作

二、型绘染的特点

　　正如前面所述，型绘染源自琉球红型，其工艺特点与红型并没有本质区别，因此本章不对工艺流程做过多介绍。

　　型绘染的名称最初受到许多人的嘲讽，比如镰仓芳太郎在被认定为重要无形文化财"型绘染"技术保持者后，他在展示自己作品或介绍自己所从事的创作活动时也会冠以这个名号，但偶尔会听到有人拿"镰仓红型"一词嘲讽他的型绘染创作。也有人提出镰仓的作品充分体现了红型的本质性特征（图7-2），认为红型作家的称呼比含糊不清的型绘染作家更适合他。但实际上在"红型"前冠以"镰仓"二字，反倒凸显出镰仓芳太郎的独创性价值。

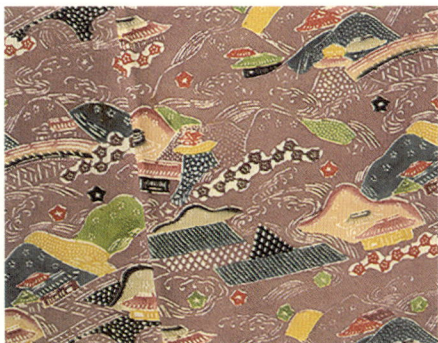

图7-2　镰仓芳太郎作品

顾名思义，型绘染具有型、绘结合的特点，因而具有很高的表达自由度。镰仓芳太郎、芹泽铚介和稻垣稔太郎对型绘染分别进行了不同层面的积极探索，这无疑大大拓宽了该工艺的宽度。镰仓芳太郎在年轻时即去琉球研究红型，对红型感情极深，所以他的作品中红型的造型题材与工艺特征保留最为显著；芹泽铚介的人生经历较坎坷，他的作品最丰富，印制的载体多样、作品类型多变，不仅拓宽了型绘染工艺的应用的边界，并且还具有较高的艺术性；稻垣稔太郎努力探索型版防染的独特个性，发挥其版画般强烈的对比，加上其超强的造型能力，使作品能跳脱出工艺性的束缚，呈现出极强的绘画性。

从上述三位艺术家的作品来看，都具有极强的个性和鲜明的风格，这也反映出型绘染工艺的开放性，具有较大的自由度，可使艺术家拥有较大的发挥空间，因此型绘染工艺最大的特点是具有较强的包容性和多变的艺术表现力。

在前辈艺术家的影响下，型绘染成为艺术创作的手段与思想表达的工具，因此吸引了众多染织艺术家投入其中，创作出许多具有较强艺术表现力的型绘染作品。

第二节　型绘染艺术家及其成就

一、镰仓芳太郎

镰仓芳太郎（图7-3）1898年出生于香川县，1918年毕业于香川县师范学校，在师范学校就读期间，学习了日本画的运笔和写生的方法。师范学校毕业后进入了东京美术学校，1921年3月从该校图画师范专业毕业。同年4月接到冲绳县女子师范学校的职务邀请，于是前往冲绳担任该校教师兼冲绳县立第一高等女学校教师。

镰仓与琉球艺术的缘分就是在这个时候开始的，并着手研究冲绳传统工艺。工作两年后，1923年再读东京美术学校研究科时，他决定继续研究琉球的艺术。

这项调查研究一直进行到1926年为止，历时整整五年。镰仓对琉球语也颇感兴趣，能说一口流利的首里士族语，这对他的研究

图7-3 镰仓芳太郎 那霸市历史博物馆提供

也有很大的帮助。在这期间，镰仓收集了大量珍贵的资料，包括详细、清晰地拍摄各种历史建筑物、遗物、遗迹的照片，收集古老优秀的型纸。虽然在太平洋战争中失去了很大一部分资料，但它们为首里城的重建和恢复红型工艺，发挥了重要作用。

由于明治时代废藩置县，红型的生产体系失去王室庇护而经营惨淡。不过在镰仓调研与学习红型的1921年左右，红型的技术和相关工艺的传承还是勉强延续着。镰仓一边孜孜不倦地收集实物资料、解读文献，一边研习泽岻、知念、城间三宗家代代传承下来的技法。这三家是代代以红型为业的名门，并且这些技法都是王室御用的上等型付技法。镰仓在此后的回忆中曾说："在红型的历史中，在这荒废至极的半个世纪以前，我搜集调查了王国时代首里王府所属的、具有悠久传统的纳殿绀屋。如果当时我没有去关注这些资料，我想战后这些宝贵的资料早已消失殆尽，更别提什么技法的传承了。我很自豪，因为我为如今冲绳的红型产业复兴作出了这样的贡献。但很可惜，如今只有我习得的真正技法——泽岻的家传技法，却再没有其他人在践行。"

从1926年9月开始，镰仓就在东京美术学校担任正木直彦校长负责的《东洋绘画史》的助手，从1930年开始，在《风俗史》的讲学之后，又担任了《东洋绘画史》《东洋美术史》的讲师。

此后，镰仓越发热情地钻研红型的色彩论和造型论，如进一步分析颜料的科学配比，追寻福州的中国金画和日本大和绘在着色法上的关联性，找出保罗·塞尚、瓦西里·康定斯基、费尔南德·莱热在艺术表现上的共同点，探求以黄金分割为轴的造型分割法等。镰仓涉猎范围极广，研究成果极为丰富，其代表性成果有《琉球红型（一集、二集、三集）》《古琉球型纸》

（图7-4）、《古琉球红型色彩论》《技法论》《东洋美术史》《琉球文化的遗宝》《琉球的织物》等。

1954年秋天，在东京国立博物馆召开的"法国美术展"上，镰仓受到一位艺术家演讲的启发，"今后的绘画将不再需要画框。我们试着在森林之中放上我们的画板，与自然构成和谐的画面才是真正的美。大自然中辉耀的太阳才是色彩真正的源泉。在布料上最直截了当地展现出这种自然之光的，是埃及的哥普特织物[①]和南美的印加染织。年轻人追求的，是阳光下的色彩之美。"正是这段令他印象深刻的话，给予了镰仓启示，他得出结论：冲绳灿烂的阳光底下发展起来的红型，正是现代之美。

在镰仓功成名就且已近花甲之年时，却义无反顾地开始了创作事业，继承并发展了红型的技法（图7-5、图7-6）。这也是源自镰仓对待生活的态度："我在琉球这一亚热带的强烈光芒中，以那道光芒照耀下制成的红型为基础，以万叶之心来表达。自然的美丽颜色，琉球的风格以及那万叶之心，便是我工作的态度。在明亮阳光照射的光芒之下，所见美丽的颜色，还有那对纹样的追求。这并非什么特别之物，而是作为外出穿着用的和服制作，是我的工作。"

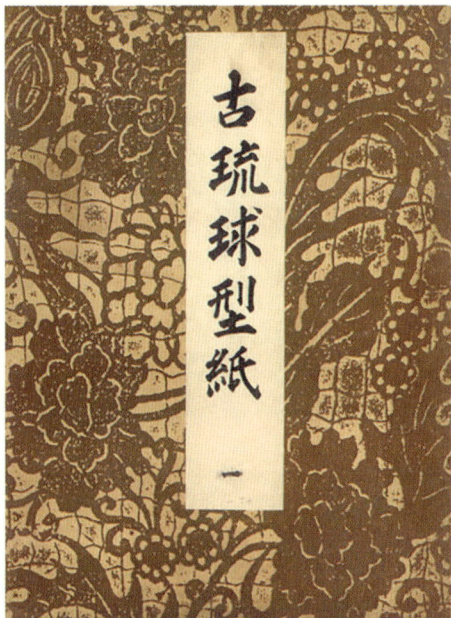

图7-4　《古琉球型纸》　镰仓芳太郎编著

图7-5　竹林纹上布地长着（局部）　镰仓芳太郎作

---

① 哥普特织物：埃及哥普特人所创造的织物。

图 7-6　霞枝垂樱燕纹纶子地长着振袖　镰仓芳太郎作

　　镰仓芳太郎的红型作品第一次问世时，他已经 60 岁了。一般来说，人到 60 岁，无论是身体机能还是精神方面，都已经是肉眼可见地明显衰退了。或许知识和经验可能还会随着年龄的增长而不断丰富，但是，韧性、活力、判断力、勇气等这些对人类来说最重要且最本质的特质都是在不断弱化的。而镰仓却在 60 岁的时候，在已成为著名的冲绳历史、文化或者说是红型、绯领域的研究专家、学者后，却义无反顾地投入红型创作之中。

　　无论是研究还是创作方面，谈到镰仓就无法对歌德的色彩理论避而不谈。可能有不少被红型触动的艺术家，但他们可能只是一时兴起，而不是像镰仓一样追求最深层、最理性的东西。镰仓希望能够通过观察琉球群岛特有的色彩现象，并从该角度来解释歌德色彩论，认为红型和絣的研究也可以纳入色彩论考察中的一环。特别是当镰仓在红型之中发现了合乎该理论的法则时，或许变成了一种潜意识并驱使着他的行为，然后在他的心中萌发出某种观念，产生出将自己理想的色彩论具象化的表达诉求，从而促使他进入创作领域以便更好地进行阐述。

从镰仓的作品中可以看出，他对线条，尤其是曲线的处理非常出彩。红型乍一看给人一种原始的古朴印象，所以一般来说人们在设计时，整体风格上也会强调这一点。但镰仓认为，红型的价值很大程度上在于其线条的比例和由此呈现出的明快形式。因此，冲绳本土的染色往往不会对红型进行有意的歪曲和内向的变形，其最终的呈现形式是清晰的、解放的。

镰仓在自选作品集解说的结语中提道："我认为，只有通过东方所谓潜心打禅的修行达到身心完全合一的境界，才能达到儿童般天真烂漫的心境，才能创造天然的造化之美……所以艺术的创造，是从超越理论、尝试性地接触生命的本质开始的。"这是镰仓历经人生艰辛而发出的感悟，同时也是将自己的理性、理智与在内心深处燃烧的热情碰撞，从而获得新的人格并学会放下理性的束缚。

1973 年 4 月 5 日，鉴于镰仓芳太郎在创作方面的杰出成就，他被认定为重要无形文化财"型绘染"的保持者（人间国宝），可以说他开拓并享受了两次富有成就的人生。

二、芹泽銈介

1895 年 5 月 13 日，芹泽銈介（图 7-7）出生在静冈市一户经营吴服、太物①的批发商家庭。銈介的父亲角次郎经营的吴服太物批发店，商号"西野屋"，也叫"西清"。据说在当时是名古屋到东京的东海道一带最大的吴服太物商店。

早在在上幼儿园的时候，銈介的绘画才能就已显露并被人称赞了。1908 年，銈介

图 7-7　芹泽銈介在工作

① 太物：棉麻织物的总称。

上静冈中学时，还创立了名为"静中画会"的绘画俱乐部。但由于老家遭遇火灾而烧毁，铚介的家道逐渐中落，被迫放弃读美术学校的梦想。1913 年 5 月，铚介进入东京高等工业学校学习图案设计，于 1916 年 7 月毕业。1917 年，在他 22 岁时入赘了芹泽家。

1918 年 9 月，芹泽先生在静冈县静冈工业试验场当起了技工。主要负责漆器、木器工艺品、染色图案的设计指导。这与他此后更多地将手工业者、风景、工具等作为作品的主题显然是分不开的。

从 1921 年 1 月到次年 10 月的大约两年间，芹泽先生被邀请到大阪府立商品陈列所担任技师，研究国内外流行的图案设计、对工商业者进行启蒙性指导。在 1922 年发表的《图案设计界的新倾向》演讲中，芹泽提出："我们不应该只局限于图案设计界，还应该广泛研究图案设计的相关领域——绘画与雕刻，去做更多新的尝试。这样，我们的作品才能达到比预期更好的效果。"

1927 年春，32 岁的芹泽和友人铃木笃踏上了前往朝鲜的旅途。访问被柳宗悦赞赏的庆州佛国寺，以及柳氏等人创立的首尔朝鲜民族美术馆。在驶向朝鲜的船上，芹泽在读柳氏的论文《工艺之路》时深受感动，不禁感慨道："读罢此文，我方才觉得一直以来对工艺的困惑全都消失了。读罢此文，我才真正发现了工艺正道的所在之处，我此生从未读过今日这般令我深感共鸣的文章。"

柳宗悦先生比芹泽年长 6 岁，是位在各个领域都留下过足迹的昭和时期的代表性思想家。甚至可以说，柳宗悦是一位在审美方面天赋异禀的宗教哲学家。他专注于研究"美"与"宗教"之间的密切联系，为世人留下了"用宗教阐释美、用美阐释宗教"的功绩。而"民艺"更是柳宗悦一生中倾注最多热情的事业。

1928 年，柳宗悦等人在东京上野恩赐公园举行的大礼纪念国产振兴博览会上，展出了名为"民艺馆"的建筑物。芹泽访问了"民艺馆"后，被那非同寻常的氛围所折服。而地板上放着的红色风吕敷更是令他动容。"那花纹、那色彩、那材料，如梦如幻，简直是染物中之极品。"

与柳宗悦、冲绳红型的不断邂逅，给芹泽的人生带来了转折性的改变。此后，芹泽尊柳宗悦为师，以红型为理想，做着染色家的工作。芹泽作为染色家出道的作品是蜡染的"绀地蔬菜纹壁挂"（图 7-8），这幅作品在 1929 年 4 月举办的"第四届国画会展"上展出并入选，还获得了国画奖。一年后，芹泽又开始专注型染，同年在春季国画会展上展出型染作品，其中又有 10 件

图 7-8　绀地蔬菜纹壁挂　1929 年（1978 年复制），芹泽铚介作，静冈市立芹泽铚介美术馆藏

入选，获得 N 氏奖，并被推荐为准会员。

1931 年 1 月《工艺》创刊，柳宗悦把装帧工作交给了芹泽铚介，这项工作要求他每月交出五六百件且质量保证的成品型染布（图 7-9），并由此受到出版界的关注。据说他的一生甚至完成了共计 500 多册书的装帧设计与制作。

芹泽在静冈生活时期的作品风格多是非常细腻的，主要有"蔬果纹壁挂""伊曾保物语绘卷""静冈四季二曲屏风"等诸多优秀作品（图 7-10）。

芹泽独具一格的装帧工作，使他得到了柳宗悦的高度信任。在 1937 年出版的《工艺》第 76 号的《芹泽的脚步》一文中，柳宗悦评价芹泽的工作

"从纹样的设计、雕刻，到完成染色一气呵成，呈现华丽而不落俗套的作品。"

1935 年 11 月，通过英文学者、翻译家寿岳文章的介绍，芹泽收到了一位喜欢收集世界各地"堂吉诃德"作品的美国人卡尔·凯勒先生的创作委托。包括构思阶段在内，芹泽花了大约一年时间完成制作，并于 1937 年 3 月发行《绘本堂吉诃德》。这部作品将堂吉诃德替换为日本镰仓时代的武士，用合羽摺[①]技法制作而成，同时还配有

图 7-9 《工艺》帙 1937 年，芹泽銈介作

图 7-10 四季纹风炉先屏风（局部） 1936 年，麻，型染，芹泽銈介作，静冈市立芹泽銈介美术馆藏

封面和书套，是一本精致的工艺品，得到了高度的评价。

1939 年 4—5 月，芹泽与柳宗悦、河井宽次郎、滨田庄司、外村吉之介、柳悦孝、田中俊雄、冈村吉右卫门一同在冲绳待了 59 天。他当时正和冈村一起接受久茂地町的濑名波良持、久米町的知念绩秀的红型工艺指导。那段日

---

① 合羽摺：使用型纸镂刻出图形，并涂颜料上色的技法。

子里，他学习用传统手法绘染红型、在本岛和久米岛观光写生。

冲绳之旅结束后，芹泽表达了自己的感想，"我以前只是努力地朝着制作琉球红型的方向去做染色工作。但这次真正去了琉球，尝试了制作红型的工作，这才觉得自己真正理解了红型。此后，比起红型的地纹风格，我更要向友禅风格看齐，注重整体构图，再去完成创作。"从冲绳回来后，芹泽画的素描稿几乎都是与冲绳相关的纹样，陆续创作了《冲绳绘图》《壶屋①的陶艺师》《冲绳大市》《冲绳风光》《冲绳三人女》等取材于冲绳的作品。

1945 年 4 月 15 日，芹泽在蒲田的住宅和工作室因空袭而被烧毁，家产和此前大部分的型纸作品、收集品也同时被毁。10 月，芹泽一家搬到日本民艺馆。在民艺馆安定下来以后，芹泽首先着手的是染纸日历工作。染纸是芹泽之前在冲绳受到启发而开发的一种技法。染纸和和布的技法同理，即通过在和纸上涂糊完成型染。由于当时布类难以入手，染纸的运用在很大程度上帮助芹泽节省了经济上的支出，日历的制作就是染纸技法运用的典型。

1951 年 10 月，芹泽又开始着手创作型染，这个时期的作品有"竹波纹和服""横段圆排列纹带地"等。其中属于型染绘本的有《冲绳风光》《造纸者们》。

1955 年 7 月，芹泽在自家开设了量产日历、贺卡、团扇、火柴盒标签、台心布的芹泽染纸研究所。芹泽染纸研究所生产的商品以合理的价格和优秀的设计大获好评，短时间产出大量的产品。例如主力商品日历，有一年的销售量甚至高达 1 万组（12 万张），在经济上取得了成功。

1956 年 4 月，"型绘染"被日本指定为重要无形文化财，芹泽则被认定为技术保持者。"型绘染"一词是日本文化厅所创造的新词。日本媒体大量报道芹泽为"人间国宝染色家"，自此芹泽终于在日本获得知名度。

1956 年 7 月，在芹泽宅邸内，同时设有土间和板场的两层大工作室也终于建成。从那时起，想要学习染色的学徒也越来越多，这里变成了一个真正意义上的染色工作室。1957 年 2 月，又从宫城县登米市石越町移建了板仓。芹泽将这一间作为平时构思作品、雕刻型纸的创作场所，不过主要还是做会客室使用。20 世纪 60 年代以后，这个房间还装饰了许多芹泽自己的收集品，平时更换屋内的摆设也成为芹泽的乐趣之一。

20 世纪 50 年代后期至 60 年代前期是芹泽型染创作的高峰期，

---

① 壶屋：冲绳县那霸市壶屋地区，多产陶器。

他在这段时间制作了许多不受以往染色的条条框框限制的创造性作品（图7-11）。如"渔具纹居家服"（1958年）、"布纹居家服"（1959年）、"御泷图门帘"（1962年）、"牵牛花纹门帘"（1963年）、"圆纹伊吕波六曲屏风"（1963年）、"鲷泳纹和服"（1964年）等。此外，芹泽还会积极挑战新领域的工作，例如，1960年《朝日新闻》上连载的佐藤春夫的《来自极乐》的插画（全173图），就是他用型染完成的。凭着为报纸、小说画插画的热情，芹泽在这一领域也获得了众多追随者。

从1966年的欧洲之行开始，芹泽正式开启了收藏之路，开始陆续收集国内外的工艺品。由于他是个相当有个性和主见的人，通过自己的选择创造了另一个世界，将其称为"另一种创造"并对外展出，如1971年5月的"芹泽铚介收藏品展"、1974年11月的"芹泽铚介的五十年作品及其身边物品"、1978年2月的"芹泽铚介身边——世界的染与织"展、同年11月"芹泽铚介的收集——另一种创造"等。芹泽收集的物品至少有6000多件。目前这批

图7-11 冲绳笠团扇纹部屋着　麻，1960年，芹泽铚介作，静冈市立芹泽铚介美术馆藏

藏品的大部分都收藏在静冈市立芹泽铚介美术馆（4500 件）和东北福祉大学芹泽铚介美术工艺馆（1000 件）。

随着收藏品的不断增加，1960 年，芹泽开始以这些藏品为主题设计作品。如代表性的"架子上的静物"（1968 年）、"座位边的李朝二曲屏风"（1969 年）、"冲绳特产二曲屏风"（1971 年）等。

1974 年 2 月，芹泽完成了京都知恩院御影堂内阵的"庄严布"，它是一块祭祀净土宗开祖——法然上人的祭坛装饰用的巨大型染布，由花纸绳、柱卷（包裹柱子的布）、打敷①组成，柱卷部分的图案宽 1.06m、高达 6.3m，是芹泽一生中创作的最大的型染作品。

1976—1977 年，芹泽受邀在法国巴黎的国立巴黎大皇宫美术馆举办了"Serizawa（芹泽）展"。此次展览会由法国国立美术馆联合组织和国际交流基金主办，从展出作品的选择到陈列的全过程，芹泽都为之倾注了极大的心血。

芹泽的巴黎展是在法国绘画巨匠巴尔蒂斯（Balthus）和美术评论家琼·雷马利（Jean Leymarie）的强烈举荐下实现的。巴尔蒂斯看到芹泽的作品时赞不绝口，评价他拥有"魔法之手"。琼·雷马利以他深刻的理解称赞了芹泽本人及其作品："他在这个领域的胜利，归根结底是源自他对色彩和纹样的审美天赋，源自他对布料的触感和视觉效果的敏锐判断，源自他本身技法的高超。""优秀的作品正是工匠的谦逊和艺术家最高能力相结合的产物。"

1976 年 11 月 23 日上午 11 点，在法国文化厅长官弗朗索瓦·吉罗、琼·雷马利、巴尔蒂斯夫妇的见证下，一场华丽的开幕式正式举行，巴黎市内随处可见"凤"字门帘的海报（图 7-12），法国当地晚报刊载了一段对此次展览会的高度评价："此类稀有染色物的地位堪比马蒂斯的剪纸"。1977 年 2 月，"Serizawa 展"在给法国市民带去深深感慨的同时也迎来了闭幕，而对于作品陈列的讲究比任何人都严格的芹泽表示："我对此次巴黎展的作品陈列没有任何遗憾。"可见这是一场多

图 7-12　巴黎街头的展览海报

———————

① 打敷：佛教寺庙用于铺设在佛坛及桌上装饰佛坛的用具，源于铺设在释尊座下的用品。

么完美的展览会。

1983 年 1 月 18 日，法国政府派人在芹泽邸宅当面将《法国艺术文化勋章》交给芹泽（获奖是 1981 年）。同年 2 月，全 31 卷的《芹泽銈介全集》由中央公论社出版。然而两个月后的 4 月 19 日，芹泽的夫人田代去世，享年 84 岁。

1983 年 8 月 19 日，芹泽在家病倒，1984 年 2 月 12 日他用左手拿起笔，画了一幅两个人分别从左右两侧爬上富士山的图，这便成了芹泽的绝笔。4 月 5 日凌晨，芹泽因心力衰竭去世，享年 88 岁。芹泽以型染为画笔，发挥自己对纹样和色彩的卓越才能，为世界献上了美丽的色彩。

1984 年，芹泽被日本政府追赠正四位勋二等瑞宝章。

三、稻垣稔次郎

1902 年 3 月 3 日，稻垣稔次郎（图 7-13）出生于京都市下京区麸屋町绫小路的俵屋町。其父亲竹次郎号"竹埠"，是活跃于明治前期京都画坛名家岸竹堂的门下弟子。据说竹埠擅长使用面相笔[①]画细致的花鸟画。不过，他后来专门从事绘制漆器、金属工艺品的底稿工作，包括给千家十职绘制底稿、设计铜像和戒指等，在多个领域都留下了许多优秀的作品。此外，比稔次郎年长 6 岁的哥哥广太郎，雅号"仲静"，也是一位日本画家，是一位当时画风相当大胆的艺术家，曾在国画创作协会展上展出作品，并斩获国画奖，作为新人画家受到关注。然而不幸的是，仲静在 26 岁时夭折。此外，日本版画创作的先驱——前川千帆也是稻垣一族。出生于这样一个家族的稔次郎，能拥有超凡的绘画能力也绝非偶然。

1922 年，稻垣从京都市立美术工艺学校（现京都市立艺术大学）图案设计专业毕业。但这一年的 2 月他的父亲去世，接着 6 月哥哥又突然去世，家里的重担就落在了他的肩上。

图 7-13 稻垣稔次郎在工作

① 面相笔：即勾线笔，日本画所使用的画笔之一。

同年 11 月，稻垣进入松坂屋京都分店图案设计部，负责型友禅的底稿设计。之后的将近十年，稻垣就在松坂屋以底稿画师的身份工作，主要任务是设计批量生产的吴服。这十年虽然看似没什么成就，却对他之后的创作有非常大的帮助。他在京都松坂屋工作时，收藏了许多辻花染、小袖等桃山、江户时期的染织精品，这对于他的制作来说是最好的参照物。并且，他还到京都市内多家染色工厂参观学习，较为全面地掌握了传统的技术。就这样，稻垣通过坚持不懈地学习和钻研传统工艺，切实地领会了技法。

1931 年，稻垣从松坂屋辞职，开始以染色工艺家身份投身创作。同年他与田藤惠结婚，生活方面也有了新的转机，但是之后的几年内均没有公开发表任何作品。因为他在创作出自己能认同的作品之前，必须反复修改，如非自信之作绝不公开。终于到 1938 年，他在国画会上首次展出《麻地南瓜图》，在京都市展展出了《无花果图》，并且两者都入选了。此后，又在第二年的第三次文部省美术展览会上展出《西瓜图屏风》，但遗憾落选国画会展。不过他对这幅作品相当有信心，所以在 1940 年春第十五届国画会展上再次送展，令人惊喜的是，这幅作品不仅入选，还被授予国画会奖。那时，在国画会上评选稻垣作品的人是富本宪吉。在富本宪吉的推荐下，他在 1941 年成为国画会工艺部同人。富本迅速洞察到稻垣的天赋异禀，稻垣也幸运地遇到了如此慧眼识人的老师。此后，稻垣总是跟随富本一起活动，在其身边备受艺术上的熏陶、精神上的感染，他艺术与精神相结合的生涯，也就此展开。

稻垣在获得国画会奖时，已近 40 岁。虽说作为一名艺术家，成名的时间确实是晚了些，但他在这之后的各项活动中展现的惊人之处，却有种厚积薄发之意。虽然当时在国画会的展出作品现在均无处可寻，但他 1940 年所作《鲤鱼图屏风》和蔬菜水彩画的写生仍留存于世。这两幅大作无一不是对题材外观细致而真实的描写。此外，当时稻垣主要使用的染色技法是筒描。这种技法是日本友禅染使用的传统技法，非常适合画出多彩而细致的具有绘画风格的图案。

1941 年稻垣稔次郎在第四次文部省美术展中展出的《善邻谱屏风》被评为"特选"[①]，这是一幅在方形画面中央画了富士山和陶俑，方形的四个角配以印度、东南亚的佛像，其余的空间有条不紊地遍布着各种南方人物和动物的新颖且有创意的作品。1943 年在第六次文部省美术展上发表的《牡丹图

---

① 特选：特别选出的优秀作品。

屏风》（图 7-14）是稻垣利用筒糊制作的前期诸作品中再度被评为特选的作品，奠定了他作为染色艺术家的名声和社会地位。

稻垣的作品是基于实物的写生，再通过将花纹简单化、抽象化，才得以达成以更加凝练的形式展示隐匿于自然之中的美。他把对象的形体表现凝练到只留下最本质的部分。或许正是因为稻垣在从事友禅底稿画师时期的踏实工作，才得以让他紧紧抓住了工艺设计的这一本质，让写生与单纯化紧密相连，让所画之物当即可以作为花纹所用。最终，他通过长期积累并努力完成了以长谷寺牡丹写生为蓝本创作的简约而庄严的《牡丹图屏风》。

但是，随着稻垣以追求对象的单纯化和集约化为表现方式的作品风格的定型，给他后续的新创作带来了阻碍。使用细糊①防染并达到分开上色的技法，更有利于实现像手描友禅那样呈现出多彩的绘画效果。不过，稻垣的目的是想尽可能地设计出颜色少且简洁的意象，所以上述方法对他来说并非最佳。于是，稻垣将目光转向了型染。但是，筒描从底稿到上色的步骤均为手绘，而型染与它最大的区别在于，型染技法是以型纸为媒介。用刀雕刻出来

图 7-14　牡丹图屏风　1943 年，稻垣稔次郎作，个人藏

---

① 细糊：防染糊的一种，糯米和米糠粉中加入食盐和少量石灰等煮制而成。如在友禅染中是利用细线构成花纹轮廓时的专用糊。

的意象，和木版画一样简约且明快，而且相比手绘的线条呈现出的意象，型染能使意象的形体以更强烈、更清晰的方式呈现出来（图 7-15）。在这一点上，型染可以说是最适合表现简化花纹和装饰纹样的染色技法。虽然在技术方面受到一定的制约，但稻垣反过来利用了这一点，制作出了手绘表达不出的直截了当且清朗的作品。

稻垣稔次郎首次公开使用型染技法完成的作品，是 1948 年 4 月在京都朝日大厦画廊举行的第一次个人展览会上。同年夏天，稻垣因浸润型肺结核卧病在床，但他从未停止对型染的研究，继完成《画卷村》之后，他在 1950 年第六次日本美术展览会中展出《青枫图屏风》，这部作品绘于二曲屏风之上，描绘的

图 7-15　型纸 2 幅　稻垣稔次郎作

是一幅嵌满了渐变蓝的枫叶景色。这是一幅富于澄净诗情的优秀作品，细腻的形体韵律和色调变化有一种难以言说的微妙感，是一幅高质量的画作。但稻垣所使用的，不过是边长 10cm 的两张方形型纸，他通过对型纸整体位置的把握，调整纹样设计的位置与布局，再剔除几种非必要的表现形式，从而创造了无限多样的变化。

关于他利用型纸进行反复使用、组合使用来完成作品的这一新方法，稻垣在后来的采访中说道："型染注定要重复同一模式，我们从很早以前就在使用型染这一技法了，但我们以前的做法，通常是使用同一种型去重复地染。但现在我们应该多刻几种型，再把它们组合起来用，这样才能达到既不枯燥又非常出彩的效果。就好比音乐中的奏鸣曲，我们将不同的型纸进行多种组合，就会产生完全不同的变化，这种变化就像管弦乐合奏一般震撼。"[1]

除了不同型的组合，稻垣稔次郎改良的型染技法还有一个值得关注的特色，就是他把型纸之间的"接线"也作为图案构成的重要部分，使型纸得到最大限度的活用。"接线"是雕刻型纸时，为避免出现"孤岛"，使独立的花纹脱落、移位，而用来加固型纸的相互连接的细线。在染色行业中也将其

---

[1] NHK《晨访》，1953 年 4 月 23 日，《染色工艺》第 14 号。

称为"吊线"。但这些接线在印制时会留在图案中，成为型染表现图形时的一大限制。不过，通常在型染步骤中，为了使这个细线部分不被印出来，大多数情况会在型纸上"贴纱"之后将接线部分切掉。但稻垣基本上不做"贴纱"，而是直接让"接线"的痕迹留在染出的图案上。他不是因为"接线"本身的作用才这么做，而是将"接线"也作为设计的要素进行活用。如果仔细观察他的作品，会发现"接线"的痕迹也巧妙地成为图案构成的一部分，它将花纹紧密地连在一起，又给图案带去了跳动的音符般的韵律。稻垣用积极的方式将"接线"这一制约因素活用，让其成为增加图形灵动性的重要因素。他以巧妙的方式，最大限度地发挥了型染技法的特质，并使主题内容和形式表现两者紧密地结合在了一起。

不过，稻垣使用型纸也只是为了更好地表现图形的塑造，着色步骤依旧坚持使用刷子，并全部通过手绘完成。其作品所表现出的鲜明的色彩对比、各种色调的渐变、整体上的细腻与协调感，无一不是源自稻垣自身优秀的着色技术和敏锐的感觉。他的作品与量产的型友禅、小纹、中形一样清爽漂亮，但在色彩与色调上更鲜艳、更鲜明。不过，稻垣使用的颜色种类并不多，主要是桃皮[①]、格莱普[②]、蓼蓝、苏枋。这种柔和的色调渐变和细腻的色彩转调配合得极为巧妙，是普通手描友禅所无法企及的。

1950 年，稻垣稔次郎担任京都市立美术大学讲师（后任教授）。率直的稻垣在教育方面也尤为热心，颇受同事和学生的好评和喜爱。这所大学的工艺专业，当时还有富本宪吉、近藤悠三、小合友之助等人担任教职，可以说是当时京都甚至整个日本师资最好的工艺教育中心。

《东寺的早市》（图 7-16）制作于 1951 年，是稻垣在日本美术展览会上展出的最后一幅作品。画面上是自由排列的、正面视角的东寺塔和讲经堂，此外还有早市上的人们。这简明的刻画，没有一丝拖泥带水，清爽利落地表现出市场热闹的场景。继这幅作品之后，稻垣有越来越多的作品开始描绘京都的景象。这些作品主要是染在地纸上的小品，尤其是《八坂塔》《盛夏活动》《酒仓风景》《西阵的正月》，无一不将稻垣的艺术特色显示得淋漓尽致。

稻垣生于京都，长于京都，他怀着对古都的深情观察着、体会着古

---

① 桃皮：山桃树皮煎汁做的染料。
② 格莱普：树皮煎汁做的天然染料，黄色、茶色。

图 7-16 《东寺的早市》 和纸型绘染，1951 年，稻垣稔次郎作

都的自然、风景和居住在此的人民，并将这些巧妙地呈现在作品中。描绘京都风景的作品中，六曲屏风《祇王寺之秋》是一幅表现秋意清爽、寂寥的作品。左边的角落描绘的是被红叶包围的祇王寺建筑，剩下的大片空间全部是竹林，蓝色、金茶色、红色之间的色彩搭配和谐，且竹林图案巧妙的排列方式，充分发挥了型染的特色。这一作品问世以后，竹子成为稻垣最喜欢的主题，继而又创作出《竹林鹿家图》《壁挂·竹取物语》（1952年）等作品。此外，他还常常将竹运用在服饰上，如《竹林纹样和服》（图 7-17），作品可以令人身临其境，好像真的能听到在风中摇曳的竹叶发出的声音一般，足见其意境之逼真。

除了喜欢画竹，稻垣还喜欢画的植物图案是野草，可在他的诸多画作中看到。其中《和服·风》（1953 年）是稻垣服饰创作的最高杰作，甚至可以说是现代日本染色中屈指可数的名作，这是由随风摇曳的野草和麦浪构成的悠然小袖风格的设计作品，细致的线条带动的韵律，与金茶色上点缀着的红红蓝蓝的配色，营造出一种清爽、富于情感的魅力。此外"红叶纹样和服"

（1961 年）也是非常优秀的作品，稻垣将他的着色技巧展现得淋漓尽致。

不过，直到他晚年《平家物语屏风》的问世，才称得上在文学主题的创作上取得了杰出成就。1959—1961 年，稻垣完成了《浮生》《荣华》等六部系列作品，并预计完成创作 30 部。这些系列作品均是以平家物语为主题，通过简洁的形式表现物语画面的真实性，是充满男性力量的大作。有人认为《平家物语屏风》正是稻垣达到最高境界的大作，是其艺术的集大成之作。

1961 年 7 月，在这个系列作品的制作过程中，稻垣因恶性肾肿瘤住进了京都府立医院，11 月做完手术，在病情有所好转后回家疗养。

1962 年 3 月，稻垣被指定为重要无形文化财"型绘染"的技术保持者

图 7-17　竹林纹样和服　1958 年，稻垣稔次郎作

（人间国宝），这更加激发了他的创作热情，但 1963 年 6 月 10 日，因再次发病，在富本宪吉去世的两天后，他也遗憾地离开了人世，享年 61 岁。

　　稻垣稔次郎的型绘染作品分为两个部分。在服饰创作方面，他的作品具有与桃山时代的小袖精品相匹敌的华美与高雅风格（图 7-18）；在鉴赏类作品的创作方面，他的大部分屏风、染色作品富有艺术性，被列为现代日本工艺品中最优秀的作品，尤其是他最后十几年间完成的型绘染，都是备受瞩目的作品。这位染色诗人在事业正兴之时遗憾离世，不得不说是染色艺术界的损失。不过，他所创作的作品虽然为数不多，但在日本染色艺术的历史中留下了一席之地。

图 7-18　型绘染和服　1956 年，稻垣稔次郎作

第八章
日本其他型染工艺

　　除了前面介绍的型染工艺，日本还有型友禅、和更纱、注染、蓝型等利用型版进行染色或印花的工艺，以及利用型版染纱线再进行织造的板缔絣工艺。这些工艺有的是历史传承下来的传统工艺，有的则是近代开发出来的创新工艺，而有的则是受外来影响后对某种传统工艺的拓展应用。这些工艺虽然没有前面介绍的型染工艺那样具有那么高的历史地位，或流传范围没有那么广、影响力没有那么大、艺术价值没有那么高，但这些工艺不同程度地满足了人们对美的追求，也是型染工艺生命力的体现。本章介绍的都是至今仍有人正在生产或创作的工艺。

　　型友禅、和更纱并不是指某种工艺，而是针对某种用途、具有某种风格、由某种工艺独立或多种工艺组合完成的印花布。这两种印花布使用木质或纸质型版，采用的工艺有摺込、摺绘等型染工艺，虽然两者的工艺相似，尤其是和更纱与型友禅中的"写友禅"，都是采用四方连续纹样结构，但两者的风格特征存在较大区别。

第一节　型友禅

　　型友禅是在日本最具代表性的染色工艺"友禅染"的基础上发展起来的。由于友禅染只能单件生产而导致价格昂贵，因此无法满足大众的需求，型友禅就是在这样的基础上孕育而生的。型友禅的主要特征是利用型纸可不断复制的优点，即用型版确定图形的造型与需要的位置，再用刷子在此基础上进行手绘染色；或利用色糊直接显色，从而使友禅染得以批量生产。

一、友禅染

　　目前对友禅染具体的诞生时间仍无法确定，元禄五年（1692年）刊的《余情雏形》中有"洛东知恩院门前扶桑扇工友禅"的记载，[1] 因此学术界一般都认为友禅染是17世纪后半期的天和年间由画师宫崎友禅斋[2]创始的染色技法。1953年，为纪念宫崎友禅斋的杰出贡献，千总、丸池、大嘉等友禅染相关企业与协会在其300周年诞辰之际，共同集资在京都市知恩院山门旁修建了日式园林"友禅苑"，并在其中树立了宫崎友禅斋的雕塑（图8-1）和纪念碑。

　　友禅染的诞生与江户时代前期多次颁布的奢侈禁令的影响是分不开的。天和三年

图8-1　知恩院山门旁宫崎友禅斋的雕塑

① 吉田光邦：《京友禅の歴史》，染织と生活社，1978年第21期，第11页。
② 部分著作写作宫崎友禅。

（1683 年）1 月，江户幕府将金纱（加金线的织物）、缝（刺绣）、惣鹿子（最精细的鹿子缬）列为"女子服饰禁品"，因而在禁止奢侈浪费现象的大环境下，人们想到的不使用刺绣、绞染技法，又能展现美丽纹样的方法，就是开发使用防染糊塑形的染色技法。于是继太夫染、伊达染、茶屋染、更纱染之后，出现了新的纹样染色方法——友禅染。

友禅染这一名称第一次在文献中出现，是贞享四年（1687 年）发行的服饰雏形本《源氏雏形》，其中有"扇子，小袖，皆为友禅染"。这一时期已经出现使用防染糊在面料上手绘图案的茶屋染等染色方式，而身为扇面绘师的宫崎友禅斋把绘画技法应用到了和服的设计上。在吸收了奈良时代的臈缬、摺绘，室町时代后期的型糊染，桃山时代的辻花染，以及江户初期的茶屋染等染色技术后，最终完成了综合性的产物——友禅染。另外，根据前述的天和禁令，与染紫、红染一样，惣匹田绞染也被禁止，因此推测友禅染在这一时期迅速流行起来。

友禅染的技法基本是用丝目糊和伏糊组合起来表现各种图案，是先通过使用防糊染解决因面料上绘制染液而导致洇色的难题，在确定花型的位置之后，再通过手绘上色的方法完成对花纹的染色塑造，其特点是造型自由、色彩丰富且图案精致。友禅染种类极多，主要有手描本友禅、豆描友禅、型友禅、写友禅、板场友禅、板缔友禅、无线友禅、一珍友禅等。这些技法各有其特征，并早已成为多彩华丽的日本染色的代名词（图 8-2）。其中型友禅、写友禅、板场友禅和板缔友禅都是使用型版进行辅助的友禅染。

手描本友禅是最正统的友禅染色法，所以才会有"本"字，但无论哪一种染色法，一开始都要加入豆汁。目的是将豆汁中所含的蛋白质附着在纤维表面，填充布的织纹，帮助色素固着。

到了染色阶段，首先是把布料裁成和服的形状并临时缝起来，这一步骤叫作"绘羽缝"。然后用青花液画出图案底稿，再拆掉临时缝合的线，把面料拉挺并用伸子撑开。按照图案底稿描丝目糊后进行擦色作业（色插）。

擦色工序是最重要且是最难的，要用毛刷把染液刷匀并渗入纤维内部，但是又不能让染液从图形中洇出来，因此需要动作干净利索。为了快速干燥，通常会在布料下面放置小火盆或电热器，一边加热一边进行擦色作业。因此，熟练掌握这种擦色技法是成功的关键，需要长年练习才能掌握。

待擦入的染料干透后，在上面涂伏糊加以保护。用引染法染好底色后，放入蒸箱内蒸，高温固色后水洗。这种蒸和水洗的工序被称为"水元"，以

图 8-2　染分缩缅地枝垂樱菊花短册模样振袖和服　18 世纪，东京国立博物馆藏

前用水洗去糊料的工序是在加茂川等河中进行的，因此被称为"友禅流"，成为街头的一道风景线。

之后再经过熨烫、修正、刺绣等工序才算完成。以画底稿的画师为首，每道工序的工匠都是独立经营并在各自的工房工作。所以从画底稿开始，至少需经过 10 户作坊的流转才能完成友禅染的制作。

另外，从昭和初期开始，橡胶糊也开始作为丝目糊使用，在这种情况下，在橡胶丝目糊之后首先放置伏糊，进行地染。经过水元工序去除伏糊后，再擦色进行蒸干、挥发洗、水洗，直至完成。另外，挥发洗是为了去除橡胶糊，以前使用挥发性油，但由于经常发生火灾，现在使用的是四氯乙烯或三氯乙烯。与前一道工序相比，擦色是在地染之后，所以前者被称为先友禅，后者被称为后友禅，制作高级物品时，多以前者作为正统的友禅染。

不同产地的友禅染风格也不同，有京友禅、加贺友禅、东京友禅，等等。除了手描友禅，还有一种是明治前期开始的型友禅，也称型付友禅、写友禅等。

二、型友禅

使用型纸制作的友禅染简称型友禅，或称型纸友禅（图 8-3）。型友禅的技法适用于重复染相同纹样的织物，在中振袖等绘羽织物中就可以看到型付友禅。

型友禅始于明治时代，在此之前的友禅染都是通过手描染制作而成，制作时间较

图 8-3　菊牡丹纹样（型友禅染裂） 1915 年，千总文化研究所藏

长、产量较低并且价格相当昂贵，导致友禅染成为少数人才能享有的服饰。与手描友禅相比，型友禅可以批量生产，因此价格也就相对便宜。随着型友禅的出现，平民也能穿上色彩鲜艳、绘画风花纹的友禅染服饰了。开拓这第一步的人，便是出生于大阪，在京都经营染色工厂的堀川新二郎（1851—1914年）。他经过多年的研究，于1881年设计出了合成染料与糊混合的写糊（色糊）。而将色糊应用于绉绸的人，则是京都的广濑治助（1822—1890年）。

其实广濑在堀川发明色糊之前就一直致力于型友禅的研究，1881年完成写染，并于次年上市。但是据说一开始由于技术还不够成熟，被人们视为"假友禅"。此后，随着技术的提高，到19世纪末，从业者人数也急剧增加，型友禅开始盛行。

图8-4　千总型友禅工场　1943年，千总文化研究所提供

型友禅技法的主要特点是使用多张型纸染出具有友禅风格的图案。大致分为摺込友禅与写友禅两类。一般的方法是把白色布料贴在木板上，放置型纸后用刮刀涂抹色糊，蒸后使颜色附着在布料上。图8-4所示为千总型友禅工场的制作场景。

型友禅的工艺步骤依次为：图案设计、型纸雕刻（图8-5）、地张（贴布）、型置（印丝目糊、摺込、涂伏糊、写糊）、地染、蒸、水元、汤通、印金、刺绣等。型友禅的工艺是与产品需求相关，并且每家工房的工艺也略有不同。

图8-5　刻版　千总文化研究所提供

在型纸上用圆刷直接涂染料的方法，称为"摺込友禅"（图8-6）。江户时期随着友禅染的流行而开发了摺込友禅，需要使用好几张型纸，每一种颜色都用毛刷分别刷染。在这种

图8-6　摺込友禅技法　千总文化研究所提供

情况下，既可以重叠颜色，也可以加入晕染，根据花纹微妙的颜色差异或使用的颜色数量增多，型纸的数量也会相应增加。如果是重复纹样，所需的型纸张数达到纹样颜色的数目即可。如果是绘羽织物，每部分均需要与颜色数量相同张数的型纸，多的甚至制作一件服饰就要求 200 张以上的型纸，据说最高的型纸数量达到了 500 张。刷染时，必须确保染料不从型纸里渗出，需要用豆汁预染布料，或在染料液中放入布海苔等办法以提高成品质量。

写友禅技法是明治初期开发的，简而言之就是捺染的一种。型友禅在型付时，移动型纸的同时要对准"星"标，确保与接缝完全对齐，需待前一种颜色干燥后再进行下一次的型付，直到完成一反的衣料。写友禅需将图案中的每个颜色制作成相应的型纸，每一种颜色都用染料和糯米糊混合成色糊，由于染料溶解在糊中，而在下一步"蒸"的过程中，只有染料会渗透进布料里，糊则只残留在布料表面，最后通过水洗将其冲掉即可。写友禅的图案结构没有其他友禅染复杂，基本是四方连续纹样，所以相较之下技法很单纯，因此成为型友禅的主流。

新的色糊和前代一样，以米粉和米糠作为主要原料，再加入化学染料而制成。然后通过型纸把色糊用竹篦刮印在布料上，再放入蒸箱，用蒸汽的热量将混在糊里的色素固定在布料上。这种方法表现的图案多彩复杂，需要用数十张型纸。用这种方法可以在较短的时间内批量生产出植物染料无法制作的各种花纹。千总文化研究所现在还收藏着很多当时的型友禅（图 8-7），这些都是千总的西村总左卫门让日本画家设计的型友禅作品，从中可以看出当时的流行色彩、

图 8-7　陶器纹赤绘裂取　1917 年，千总文化研究所藏

图案和技术。例如，在和服的设计中，由于前身和后身是连为一体的，所以图案在肩膀处会产生看似颠倒的情况；像织物图案一样规整的排列方式；装饰艺术和新艺术图案的流行；还有从画家的草稿里衍生出来的浮世绘人物图案；以及很多运用型纸和色糊的精巧作品。

如上所述，型友禅不只是手绘友禅因追求量产而进行的简化工艺，还根据型染的特点开发出色糊，从而突出了型染本来的美丽与独特性。

第二节 和更纱

和更纱是受外来影响的印花布的总称，它是受到印度、东南亚等外来印花工艺影响而发展起来的印花工艺。因为和更纱这个种类中包含了木质型版的直接印花和镂空版印花工艺，因此和更纱并不是指某种具体的工艺，而是指具有特定风格的印花。

一、和更纱的由来

日语中"更纱"是指印花布的意思，更纱是指室町末期到江户时代由东南亚诸国的船运来的多彩花纹印花棉布。最初，更纱作为东南亚诸国的舶来品被视为贵重物品，因此广受武将、茶人、豪商们的喜爱。友禅的制法是在丝绸上以淡色调染出如画般华丽的纹样，而更纱恰恰与此相反。更纱使用了胭脂、蓝、绿、黑、黄等独特的深色，染的皆是形态奇异的南方花草鸟兽纹样，具有浓郁的"异国风情"（图8-8~图8-10）。更纱的种类主要有印度更纱、爪哇更纱、暹罗更纱、波斯更纱、中国更纱、荷兰更纱、法国约依更纱等。江户中期以后，日本也模仿这些更纱制作了长崎更纱、锅岛更纱、天草更纱、堺更纱等。最初，为了与渡来更纱区分，故将本国制作的更纱统称"和更纱"。更纱这一名称在传入初期也被记作佐罗纱、皿纱、佐良纱等，到了江户后期才确定为"更纱"。正如舶来更纱那样，和更纱在最初也有一段时间只被用于一些小物件上，虽然也被扩展应用到风吕敷、被子、羽织内里等用品中，但当时还未被应用于女式和服的布料上。到了明治时代，更纱才被染在平纹细棉布上，用于男性的贴身衣服。到了大正末期，纯白仿绸质

图 8-8　白地立木纹样更纱掛布　印度，18 世纪，九州国立博物馆藏

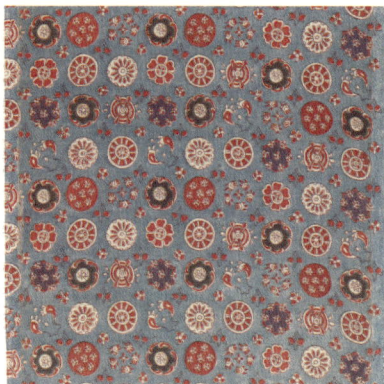

图 8-9　面向日本市场的印度更纱　18 世纪，纽约大都会博物馆藏

图 8-10　西洋更纱　18—19 世纪，九州国立博物馆藏

地的料子上也开始染更纱纹样，并用于和服腰带中。而现在，更纱被应用于和服、和服腰带、和服外褂等用品上，可见更纱的用途变得十分广泛。而且与原来的更纱大不相同，现在更纱的色彩带有和式风格。

日本初期的更纱是全面模仿舶来更纱，几乎原封不动地照搬异国的花草动物、鸟类、人物等素材。加之技术上的不成熟，和更纱远不及舶来更纱。随着时间的推移，在慢慢消化吸收舶来更纱的长处后，和更纱的工艺逐渐成熟，长崎更纱、天草更纱、锅岛更纱、堺更纱、京更纱、江户更纱等独特的更纱在各地诞生。并且随着时代的发展，这些更纱在花纹和颜色的选择上，都可见小纹染等本土花纹染的影子。最终成为主流的，是带有强烈南方风情的花纹，但色调不那么强烈了，相反更显柔和。

制作和更纱的技法多种多样，除手描染外，还有木版印染、使用伊势型纸的摺込染、利用色糊的捋染，或是以上几种技法的组合。现在的更纱多由型纸印染完成，次之则多用木版印染和手描染。纹样多采用有职纹样展现更纱风格，不过也有不少偏友禅风格或小纹风格的。

摺込染除用于型友禅以外，也用于和更纱的制作。更纱传入日本后，就开始用这种方法进行改良，并成为和更纱的主要工艺。一般来说，用摺込染的方法印制一反衣料需要用 30 种颜色的 30 张型纸。摺込完成后，用蒸的方式固色，接着进行水洗、干燥等步骤。这种方式也更便于施以晕染。

细摺是更纱染中的特色染色技法。"细"主要指图案的轮廓为细边，这一道工序是指将雕刻好轮廓的型纸放在白布料上，用圆刷蘸取黑色颜料染出轮廓的过程。通常，完成一整个花纹的细摺步骤需要使用 3 ~ 5 张型纸。细摺步骤完成后，再使用 30 张左右型纸进行色摺。

二、锅岛更纱

在众多的和更纱中，锅岛更纱具有较大影响力，特征是同时使用木型和型纸来表现图案（图 8-11）。锅岛更纱是江户时代盛行于锅岛藩（今佐贺县）的更纱。锅岛更纱是藩内制作的，不仅是单纯的模仿古渡更纱，而是以日本式的设计将其完美地消化掉了。据说是由庆长年间（1596—1615 年）的高丽人

图 8-11　铃田滋人刻制的型版

227

九山道清开创的。因此别名"道清更纱"。然而到了九山一族第五代，锅岛更纱技法便失传了。不过其友人江口半兵卫得以传承这一技法，并将自己制作的更纱命名为"半兵卫更纱"。锅岛更纱虽然在一开始只是一味模仿舶来更纱，不过此后不久就开发出了木版摺染与型纸摺込合用的独特技法，于是华丽且精致的锅岛更纱就此诞生了。具体的制作方法是，先将图案分解并雕刻成几块小木版，用木版蘸墨，并像印章一样将纹样印在布料上（图8-12），这样就构成了纹样的轮廓部分，叫作"地形压花"。纹样彩色部分的染色使用型纸，用小刷子或毛笔取染料染色。色调以黄、桦①、青、红为主，整体偏厚重感，染料均为草根树皮煎的汁液。锅岛更纱之所以能够得到发展，也是因为长期受到锅岛藩的保护，作为藩的御用品得到普及。然而到了明治时代，由于藩政被废除，锅岛更纱的需求大减，而开拓平民市场又不顺利，所以锅岛更纱的制作就此中断。直到20世纪60年代，染色艺术家铃田照次复兴了锅岛更纱。由于时间间隔太过久远，当时制作锅岛更纱的用具已无从找寻，为了解这一传统技法，他花了数年时间搜寻文献和遗物，终于成功地复原了锅岛更纱。虽然技法上还是一样，但是铃田对色调的明度做了调整，使得颜色更加清晰透亮。

图8-12　铃田照次在印制更纱

三、代表人物

铃田滋人是铃田照次的儿子，是和更纱摺绘工艺的代表性人物。铃田滋人1954年出生于鹿儿岛县，1979年毕业于武藏野美术大学日本画科。1980年跟随父亲铃田照次学习木版摺更纱，次年在父亲去世后继承家业。1982年，作品入选第29回日本传统工艺展。此后铃田滋人连年入展，1985年加入日本工艺会。1988年获第25回日本传统工艺染织展"文化厅长官赏"、第27回东京都教育委员会赏、第29回文化厅长官赏，1991年获第26回西部传统

---

① 桦：浅灰色。

工艺展正会员赏，1996 年获第 31 回西部传统工艺展正会员赏，1996 年获第
43 回日本传统工艺展日本工艺会奖励赏，1998 年获第 45 回日本传统工艺展
NHK 会长赏，2003 年获第 23 回传统文化 POLA 赏优秀赏等。2009 年担任日
本工艺会常任理事、染织部会长。2008 年被认定为"木版摺更纱"的重要无
形文化财保持者（人间国宝）。

　　铃田滋人的作品印制精细，图形多采用直线抽象形态，作品颜色清丽、
格调高雅（图 8-13），散发出像日本画的静谧感。

图 8-13　绿寿　第 69 回日本传统工艺展展出作品，铃田滋人作

第三节 注染

一、注染名称的由来

注染是在明治时代末期发展起来的一种更为简便的染色工艺，因使用细嘴壶注入染液染色而得名。由于注染产品的图案和类型与长板中形类似，所以也常被称为注染中形（图 8-14）。注染中形从手拭[1]染发展而来，是使用纸质型版的印花染色工艺。这种工艺还有折付中形、手拭中形的不同名称，折付中形这一名称的由来是因为这种中形是一边折叠布料一边印防染糊完成的；而手拭中形的名称则是从手拭染发展而来，因为手拭染所用型纸刚好是一块手拭巾的大小。此外，由于注染中形是在大阪开始的，所以也称"阪中"。

图 8-14 注染面料（一）

二、注染的工艺流程

注染工艺的具体流程是先将型纸加上木框并固定在操作台的横向边缘，把布料卷成一卷并将一头平铺在桌上，将型纸翻下压在布料上并刮涂防染糊（图 8-15），不等其干就把其余的布翻折过来铺在刚才印完的上面，

图 8-15 刮涂防染糊

---

[1] 手拭：手拭巾。

再重复刮印动作，直至将布料全部印制完成。型付完成后给布料撒上木屑，并折叠好放置在网状注染台上，然后将调制好的煮沸的染液用细嘴壶浇注入没有刮印防染糊的空白处（图8-16）。注染台下安装有抽真空的装置，这样可更好地吸附染料且染色到位。染多种颜色时，为防止染液外溢，需事先在防染糊的上方挤一定高度的防染糊形成封闭区域，染液就会顺着没有印上花纹的地方向下流淌并完成整匹布料的染色。浇注染液时可以根据需要同时注入不同的颜色，甚至可以形成晕染效果，洗去糊后显色完成。纹样的表现方式多种多样，有"地"全白的地白中形（图8-17）；与之相反，也有"地"为蓝，纹样为白的地染中形；还有使用两张型纸印染复杂纹样的"追掛型"；以及染有与小纹同样细小花纹的小纹中形等。

笼付中形是经两个联动的刻有纹样的圆筒形黄铜型，让布料通过两个型之间，同时灌入防染糊制作而成的，是一种可以使布料正反面同时进行型付的方法。型付完成后使布料干燥，再浸入染料槽中染色。

图 8-16　注染染色

图 8-17　注染面料（二）

三、注染的工艺特点

注染中形与长板本染中形的不同之处有三个方面：一是型版加了外框并将其位置规定，注染中形是固定型纸的位置再移动布料而完成印制，这样可以减少人的横向走动，从而节省时间与体力消耗；二是改浸染为注染，这种染色法非常高效，并且除可以进行单色染以外，还可以实现差分染[①]，或进行细川染[②]等；三是由于这种技法没有干燥的环节，所以减少了工序，大大缩短了工期，提高了生产效率。

由于该方法生产效率高且更适用于批量生产，因此在注染工艺出现以后，中形几乎都改用注染工艺染制，完成染色的布料通常用于浴衣。注染的主要产地为大阪和静冈县的浜松市。

第四节　蓝型

琉球除孕育出了艳丽而浓烈的红型以外，还有另一种被红型光芒遮盖的型染工艺——蓝型。虽然蓝型没有红型所具有的夺目色调，但蓝色所呈现出的淡雅之美也独具特色的。

在古琉球王朝时代，红型曾被称为"红差型付"，是以色彩丰富而著称的型染工艺。红型使用了生胭脂等价格昂贵的染料，因此是极其华丽的染物，从而成为身份地位的象征。

与红型不同，蓝型在色调上显得较为低调。蓝型主要是通过使用不同深浅的蓝色和墨的限取而制作成带有质朴色调的型染。与红型的热烈、日本本土的小纹染和中形的雅致不同，蓝型是普通民众所穿的使用蓝染方法制成的型染，具有单纯和质朴的美（图8-18）。

一、蓝型的定义与分类

蓝型是使用型纸，并选择不同深浅的蓝色与墨的限取进行染色的工艺。

---

① 差分染：只用一张型纸但是可以染出多种颜色。
② 细川染：使用两张型纸染不同深浅的颜色。

图 8-18　浅葱麻地牡丹凤凰纹样蓝型衣装　19 世纪，东京国立博物馆藏

蓝型的型付手法与红型完全一致，因此在广义上，蓝型也属于红型的一种。但与色彩丰富的红型相比，蓝型又相对特殊，它几乎只用到蓝这一种颜色（图 8-19），因此才特以"蓝型"命名。红型用于上流阶级的服饰，但蓝型从琉球王朝时期开始，就广泛用于平民的衣料上。

在第六章中已介绍过红型是"多色型染"的意思，因此也可将蓝型包含在这范畴里，但蓝型在色彩选择上是克制的，因此在色调上呈现出独特的个性。当然蓝型中也少量加了红色、黄色等彩色作为点缀的"红入蓝型"。将这种特殊蓝型归类于红型的范畴似乎更妥。但是"红入蓝型"所呈现的美，依旧是蓝型所独有的。

琉球王朝时期，蓝型所使用的通常是芭蕉布、麻布、棉布等普通布料。蓝型主要是为普通庶民服务的，有时也用于士族阶级正装以外的衣料中。庶民的衣料主要是使用蓝染方法制成的蓝型染，并深深地扎根于他们的生活中，成为生活的一部分。

图8-19　蓝型

二、蓝型的工艺流程

蓝型从原理上同样是型染加手绘的方式。蓝型（图8-20）的技法与红型相似，是将防染糊涂在置于布料上方的型纸上，然后将布料用竹伸子撑住，放入蓝染缸（图8-21）中浸染。此外，在"色插"步骤，也会以少许朱、胭脂、黄色等作为点缀。

1.型纸

蓝型的型纸与红型一样，过去使用的是奉书纸，后来则改用日本本土引进的是柿漆纸。雕刻采用"突雕"手法，与红型一样以"六寿"为垫板。蓝

图8-20　绘制蓝型　摄于城间工房

型所用的型纸也是基于与此完全相同的手法制作的，但在花纹的大小上有其自身的特色。

2. 布料

蓝型不使用绉绸、绫子、纱绫[1]、绸等红型用料，而是主要使用芭蕉布、麻布以及一些桐板布、棉布。与红型相

图 8-21　城间工房的蓝染缸

比，蓝型使用的布料更为俭朴。这些材料在制作蓝型时，其纤维材质采用蓼蓝染色的效果极好。在小麦色布料上染出淡蓝或深蓝的图形，展现出染物的独特之美。

3. 布料的预处理

为更好地染色，蓝型用的棉布、麻布需要事先进行预处理，通常是用石灰煮后再浸泡在海水中，使布料干燥 3 天以上，再用淡水充分漂洗，平整褶皱并调整布纹，再用"张手"将布撑开使其平整。"涂水"是为了调整布料，使其不发生纬斜，先将布的两端用"张手"撑开使其充分干燥，平整布料以调整布纹的歪斜。要注意在处理麻布、芭蕉布时将布料浸泡在热水中充分揉搓后再涂水。如果是需要双面染的布料，则可以涂抹布海苔[2]，避免布料的移位和伸缩，以便进行后期的型付步骤。

4. 型付

蓝型的型付工艺与红型相同。过去多为双面型付，通常是在型付后先涂抹豆汁，再将其浸在蓝染缸中完成染色。

5. 染色

染深蓝色时，将染过一次的布料干燥后再次浸染。有时还会在着色步骤添加少许红色、胭脂色、黄色。虽然将这种称为"红入蓝型"，但使用琉球蓝的蓝型才是最经典的样式。图 8-22 即为采用红入蓝型工艺制作而成的服饰。

---

[1] 纱绫：用斜纹织成的有光泽感的丝织物。
[2] 布海苔：即鹿角菜。

图 8-22　红入蓝型　第 69 回日本传统工艺展展出作品，城间荣市作

三、蓝型的种类

1. 白地蓝型

地为白色，使用不同深浅的蓝色染成的样式。类似于中形浴衣布料的单色调。由于通常是在芭蕉布上进行白地蓝型染，因此在这种淡黄色布料上使用这种染法，两种颜色对比后形成独特的效果。

2. 浅地花取

型付后，施以淡蓝染，根据事先设计，在各处涂上糊后再进行蓝染而得的样式，是以不同深浅蓝色表现花纹的一种浅地蓝型。过去经常在麻布、芭蕉布或桐板布上施以染色制成的样式，透着一种独特的雅致风格。

3. 生黑花

在白地蓝型去糊状态下再次浸泡于蓝瓮中，从而整体呈现出淡蓝色的样式。

4. 生白花

将白地蓝型局部盖上糊后染地色，再去糊形成的样式。是淡蓝地色中呈现深蓝色花纹与少量白色的样式（图8-23）。

图 8-23　生白花蓝型

5. 蓝胧

合用白地型和染地型，即双重染胧型，仅使用蓝染方法制成的样式。

四、蓝型的工艺特色

在琉球王朝时代，王族和上流士族的服饰图案以大为贵，因此红型都是采用大花纹，并以此来象征他们的身份。一般的士族阶级使用中花纹样式。由于蓝型是低于红型的工艺，因此其服饰图案通常都采用小花纹呈点状分布样式。其花纹主题以花瓣、华纹[①]、鸟类为主，采用排列相对自由的图案样式。

蓝型的主色调是蓝色，看似单调并不华丽，但通过蓝色的深浅变化，在统一中表现出细腻的对比。单色的蓝型染所具备的美，强调的是极致的单纯性和质朴性，因此蓝色所具有的单纯、质朴和淡泊的美，对人产生的影响更

---

① 华纹：把花抽象化为圆形的花纹，指总体给人一种花一样形状的花纹。

为持久。

在芭蕉布上染出的白地蓝型，和在桐板布上染出的浅地花取样式，是独具琉球特色的织物，是根据本地物产所作出的适应性对策，因而备受本土人民的珍视。

第五节　地方型染

在古代日本，普通庶民阶层的生活并不富裕，在服装方面的传世物非常有限，有图案装饰的服饰更是少之又少。只有在《石山寺缘起》《春日权现验记》等为数不多的画作中，才得以窥见当时庶民的生活，这些画卷生动地记录了庶民的服饰，其中有龟甲纹和花菱纹的类似型染的小袖，有在窗口挂着松纹的竹帘，还有在麻布上开始蓝染的建染染法，以及正在制作糊防染的染色方法。

在这些地方性的平民染织中，东北地区遗留下来的蒲团地型染具有较高的艺术性。由于与平民生活密切相关，大多是在麻布底上单面刮印防染糊之后浸染在蓝染缸里，型纸也是在当地雕刻的。图案多为唐草、牡丹、蝴蝶、樱花、桐叶（图 8-24）等典型的主题，图案排列较满，线条有力，但给人一种朴素的力量感。现存的手拭襦袢的型染线条都非常粗壮且有力。到了近代，使用型纸的型糊染变成了主流，此类蓝色型糊染在庶民的服装面料中继承了下来。图 8-25 所示为双色染。

宽永年间（1624—1643 年），盛冈藩主从京都招来蛭子屋三卫门（小野家）作为御用的染师，使用以南部藩家纹"向鹤"为首，以及

图 8-24　桐叶纹

小菊、牡丹、千羽千鸟等纹样的型纸，用蓝作为染料，染制出了很有特色的袴、小袖、裃等。但此后受现代工业的冲击而逐渐消亡。

岩手县盛冈市小野染彩所小野三郎根据当地古代型纸，对型糊染进行了复原。[①] 自此之后，再现了当时家传的型染，一脉相承地继承了用植物染料制作型染作品的技法，并在现代生活中再现，努力制作受人喜爱的实用化的作品。它以"南部古代型染"的名义生产，以表示现代和藩政时代的区别。

图 8-25　双色染

小野染彩所的型糊染生产工艺流程为：精练布料、水洗、干燥、雕刻型纸、刮糊、染色、擦色、水洗、缝制等步骤，与小纹、中形等型糊染的工艺基本相同。

第六节　板缔絣

因为板缔絣是制作絣线的技法，因此严格意义上来说它是为絣织[②]服务的一个步骤，并不能算印花工艺。板缔絣的防染技法是，把线夹在木版之间，以便在需要的地方染上颜色从而制作出絣线。因而板缔絣也指通过此技法完成的絣线所织成的絣织物。

由于使用板缔的方式染线可以节省时间，并且非常适合织造几何形图案，因此村山大岛绸的絣线主要以板缔方法制作而成。此外该技法还被用于米琉、白鹰御召、山形县县级无形文化财白鹰板缔小絣、能登上布和近江上

---

① 小岛茂：《日本染織地图》，朝日新聞社，1985 年，第 20 页。
② 絣织：一种先把线局部染色再织布的工艺。先将经线或纬线根据设计进行局部定位染色，再将这些线上机织造，未染色的地方组合在一起形成图案。我国此种工艺不多见，黎族、维吾尔族尚保存此种工艺。

布等都传统工艺中。

絣线的具体制作过程是，先在方格绘图纸上画出絣的图案设计稿，然后依此在板的正反两面都雕刻凹槽，完成整体型版的制作。这种型版被称为"絣版"，版的材料因地而异，通常有山樱、银杏、梓、枫、桧柏、山毛榉等。版的块数需求取决于设计图案的样式。一般来说，印染一反布料大概需要在45～60张型版。以能登上布的制作产地为例，如果是竖纹絣，则长75cm，宽30cm；如果是横絣，则长40cm，宽20cm。雕刻一组型版需要花费1～2个月的时间，即便是白絣，也需要花费2个星期，因此制作成本较高。虽然前期雕刻型版需要花费大量时间和金钱，但是由于可以重复利用，所以后期加工可节省大量时间。

把线整理好以后依次夹在刻有相同图案的两块型版之间（图8-26），并使两块型版的凸面和凸面、凹面和凹面完全吻合。待这些型版全部叠好后，上下两端用螺丝拧紧固定，然后自上而下注入加热后的染液，处于型版凸面部分的线由于被木版夹紧而保持未染色状态，凹面部分的染液得到流通而使这部分线染上颜色。打开型版后洗去浮色，这样絣线的制作就完成了。以此种方式染色的絣线适合织造规律性强的几何图案（图8-27）。

还有一种方法，是使用刻有浮雕花纹的型版。具体的制法与板缔相似，是在型版上开凿的孔中注入染液完成染色。这样，凸形部分的纹样就达到了留白的效果。使用板缔技法染出的纱线织成的布料，其轮廓有一种模糊的晕染效果，视觉上有一种独特的柔和感。

图8-26　把线依次夹入型版之间

图8-27　白鹰板缔小絣图案

第七节　实验性型染

除上述具有一定规模的型染工艺以外，还有一些工匠或艺术创作者利用型染的原理，采用一些天然的材质肌理或人为的偶然性效果作为型版进行染色尝试，作为个人化或地方性知识被少量人群使用。现选取两种个性化工艺并作简单介绍，以作为型染创新的参考。

一、喷雾染

喷雾染指将染液以雾状喷洒在布料表面进行染色的方法。也指使用该方法制作的染物，简称"喷染"。喷雾染的具体制作过程是，在印花板上贴布，用圆刷蘸取加入豆汁或糊料的混合染液后，再经过筛眼喷出。这样，染液变成细小雾状落到布面上，就达到了上色的目的。通过这种方式完成大片面积晕染的，称为"落晕"。如果在布面上放置型纸、树叶、花朵等，这些形状就会被印染出来而形成纹样。不过，现在一般将染液装入喷枪或喷雾器直接喷染。通过这种方式可以完成同一种颜色的不同深浅程度的染色。此外，还会使用喷雾染色机，配备有多个喷枪，可以同时喷出多种颜色的染料液体。染色后将其热蒸即完成制作。

二、龟裂染

利用糊变干后的收缩性染出龟裂花纹的方法。首先在印花板上贴好布，然后在型纸上用刮刀取特制的糊，用"挦"的手法进行刮涂。然后将其放置在阴凉处晾干，由于这类糊的配方特殊，干燥后就会发生龟裂。达到预期龟裂状态后，用喷枪喷涂或用刷子上色，裂缝中就会染上颜色，变干后用水冲洗使糊脱落，形成自然的肌理效果。另一种方法，是将糯米粉和米糠混合制成的糊刮涂在布上，待其干燥后用手揉搓使其产生龟裂，产生类似中国蜡染的冰裂纹效果。

第九章
中日型染的关联性

　　日本学术界对于早期木质型版染色工艺的起源并没有什么争议，但对型糊染的起源，却有不同的看法。著名染织史家吉冈常雄认为型纸源于中国。[1] 三重大学教授木村光雄认为防染糊在镰仓时代从中国传到了日本，并且刚开始也是使用黄豆粉和石灰。[2] 但遗憾的是上述两位学者并没有给出明确的证据。此外，日本学术界多数专家认为型糊染是日本独立发展起来的工艺，因此鲜有关于中日间型糊染关联性的讨论。

　　传世实物方面，随着中国考古研究的深入，古代各类纺织品不断被发现，各染织类型的工艺发展演变过程已逐步清晰。对模版印花、镂版印花、夹缬、蓝印花布等型版印花工艺的起源及其发展的基本脉络已经有了较清晰的认知，从而可以串联起较为完整的发展链条。与中国的实物大多来源于墓葬不同，由于日本有着向寺院或神社捐赠宝物的传统，因此其实物的来源大多是来自寺院或神社的藏品。正仓院、法

---

[1] 吉冈常雄：《日本の型紙文様》，京都書院，1977年，第1页。

[2] 木村光雄：染色の歴史と伝統技法，《繊維学会誌》，2004年第11期，第52页。

隆寺、春日大社、日光东照宫、久能东照宫等处均有收藏。

由于受重道轻器思想的影响，中日两国记录传统工艺的文献资料十分稀缺，有关型染工艺的文字记录更是少之又少。连《考工记》《天工开物》《梦溪笔谈》《多能鄙事》等专门记录传统工艺的著作中也只有片言只语。可喜的是，随着学术研究的深入挖掘，散落在知识海洋中的各类信息被整理出来，可以拼接出更大的图景。

在科技进步与时代发展迅猛的今天，中日两国的传统手工技艺虽然都受到较大冲击，许多手工技艺已发生改变，但通过对两国型版印花工艺的实地考察，可以得到更直接、更感性的认知。因此可以在实物遗存、文献记载和工艺考察中寻找到两国型染在工艺类型上的对应关系，并从中找到两者的关联性。

第一节　中日型染的工艺类型比较

在第一章的第二节中介绍了型染的概念与分类，并对中日代表性型染工艺作了简要概括。本节将中日两国的型染工艺一一罗列出来，从显花原理、型版特征等方面进行对比，试图发现两国型染工艺的对应关系。琉球在红型工艺发展与成熟之时是一个独立的国家，因此在进行中日型染关联性的研究中暂不将红型纳入其中。

一、中日型染工艺的类型统计

（一）分类

中国传统型染工艺主要有：夹缬、模版印花、木戳印花、刷印花、蓝夹缬、镂版印花、蓝印花布、印金等工艺；日本则主要有摺绘、蛮绘、板缔、摺込、小纹、长板中形、摺箔、注染、型友禅、型绘染等工艺。

根据第二章中所归纳的型版类型，中日型染工艺主要有凸版类：模版印花、木戳印花、刷印花、摺绘、蛮绘等；凹凸版类：夹缬、蓝夹缬、板缔等；镂空版类：镂版印花、蓝印花布、印金、摺込、小纹、中形、注染、摺箔、型友禅、型绘染等。

从型版材质分类，金属型版：模版印花；木质型版：夹缬、蓝夹缬、模版印花、木戳印花、刷印花、摺绘、蛮绘；纸质型版：镂版印花、蓝印花布、印金、摺込、小纹、中形、摺箔、注染、型友禅、型绘染等工艺。

从显花原理分类，型染工艺可分为直接印花和防染印花，直接印花又可细分为直接印、刷印和贴金；防染印花还可细分为压力防染和糊防染。直接印花有：模版印花、木戳印花、刷印花、镂版印花、印金、摺込、摺箔、摺绘、蛮绘、型友禅等工艺，可再细分为直接印：模版印花、木戳印花、摺绘、蛮绘；刷印：刷印花、镂版印花、摺込、型友禅；贴金：印金、摺箔等。防染印花有：夹缬、蓝夹缬、蓝印花布、小纹、中形、注染、型绘染等工艺；又可再细分为压力防染：夹缬、蓝夹缬、板缔；糊防染：蓝印花布、小纹、中形、注染、型绘染等。

（二）中日型染工艺的对应关系

从上述分类来看，无论何种视角，除日本没有金属型版以外，其余类型中日双方都有代表性工艺，并且在显花原理、型版材质与工艺流程等方面基本一致，因此从表9-1中可以看到中日型染工艺的对应关系。

表9-1　中日型染工艺的对应关系

工艺类型		中国	日本	备注
直接印花	直接印	模版印花、木戳印花	摺绘、蛮绘	※ 标注的工艺或产品类型为江户时代或之后成熟的型绘染为糊防染加手绘的方式
	刷印	刷印花、镂版印花	摺込、型友禅 ※	
	贴金	印金	摺箔	
防染印花	压力防染	夹缬、蓝夹缬	夹缬、板缔 ※	
	糊防染	蓝印花布	小纹 ※、中形 ※、注染 ※、型绘染 ※	

二、中日型染工艺的类型比较

从发展的先后顺序来看，中日两国的型染都经历了从木质型版发展到纸质型版、从直接印花发展到防染印花、从压力防染发展到糊防染的发展过程。从型染工艺的数量上看，日本型染数量较多。

然而如果从型染工艺的形成与成熟时间的角度进行分析，并且由于中国的清朝与日本的江户时代建立的时间大致相当,即以17世纪初这个节点画一条线以区分前后的话,那么可以发现,在江户时代(1603—1868年)以前,日本的型染在种类上与中国都能一一对应。从三缬到型糊染,日本江户时代之前所有的印染工艺种类都没能超出中国已有工艺的范围。如日本的三缬与中国相同,摺染、蛮绘对应中国的模版印花,摺箔对应中国的印金,摺込对应中国的镂版印花,小纹、中形则对应中国的蓝印花布[1]。而日本的板缔、小纹、长板中形、注染、型友禅、型绘染等工艺都是在江户时代及之后成熟的。

第二节　中日型染工艺的关联性

通过对比可明显看到,中日两国型染工艺的类型在江户时代之前具有极强的相似性。因此本节试图从梳理两国的交往历史与分析存世实物入手,探讨中日两国型染工艺的关联性。

一、中国对日本纺织技术的影响

日本的纺织印染技术是在学习了中国相关工艺的基础上发展起来的,"正仓院保存的织物种类,有布、绮、绢、绝、罗、绫、锦、紬、氍等,其染色法,有䌷缬、绞缬、夹缬三种,无一不是从中国传来。"[2]并且在此后的宋、元、明各代,中国染织工艺对日本产生了持续性影响。如1235年,满田弥三右卫门曾随东福寺僧圆尔入宋朝,学习广东织法、缎子织法,于1241年归国后回到博多并传授给当地人,并且在250年后,其后人彦三郎再次前往明朝学习织造技术,回国后与竹若伊右卫门一同将技术发扬光大,这种织物被称为"霸家台织",即"博多织"。"天正年间(1573—1591年)明织匠至堺市,传入织造纹纱、绉纱类的技术,一时产品大受欢迎。不久,其法传至京都,便奠立了西阵织业隆盛的基础。"[3]

---

① 小纹与中形是在江户时代从型糊染中分化并独立出来的。
② 朱云影:《中国文化对中日韩越的影响》,广西师范大学出版社,2007年,第332页。
③ 朱云影:《中国文化对中日韩越的影响》,广西师范大学出版社,2007年,第334页。

二、对日本染织史研究的疑问

日本许多学者认为型糊染是从"染革"发展起来，即染革工艺使用了纸质型版，而后将型版推广并应用于染布而发展出型糊染。著名染织研究专家中江克己在其编写的《染织事典》中认为奈良时代出现了染革技法，并在此后的平安时代（794—1192 年）运用型纸在皮革上印染出花纹。因此很多人认为，这就是最古老的染色用型纸。理由是这种型纸称为"踏込型"，即在皮革上放置型纸，用脚后跟踩踏的方式，从而使皮革在镂空处被挤压出一个个凸起的图形，然后用刷子在其凸面上涂染料制作而成。然而同样还是《染织事典》，在"绘革"这一词条中称绘革发源于奈良时代，盛行于平安时代，主要由木版印染制作而成。在这一时期，制作出了华丽的绘革，花纹以狮子、花鸟、格纹为主。绘革一般应用于武器防具，如铠甲的封缄和盔甲的装饰等。到了后世，还出现了使用型纸染完成的绘革，是染有花纹的皮革，也写作"画革"。这种方法发展起来不久，就被应用到了布料印染中。对比两者可以发现，在同一本专业辞典中对奈良时代至平安时代的染革工艺进行介绍时，在采用何种材质型版的问题上有不同的解释，可见其原始依据是不足的。因为没有实物遗存，也没有充足的文献记载，因此染革工艺所使用的型版到底是纸质还是木质或其他材质，都只是猜测。

针对这两种说法展开分析，发现其基本观点是认为型糊染起源于染革，即采用镂空版在皮革上印出花纹，然后刷染上色而形成图案。所不同的是型版的材质，前说认为在奈良与平安时代染革所采用的是纸质型版，后者则认为这一时期型版是木质材料，到了后世才开始采用型纸。如果按照前者所说解释是采用踩踏的方式使皮革压出凹凸纹样，而要使皮革上的纹样清晰且持久，则必须在皮革较为潮湿的状态下进行，但纸质型版因接触皮革而受潮以后会变软，即便是不使皮革受潮，纸质材料的硬度是否足以使用来制作盔甲的厚皮革产生凹凸纹理是令人质疑的。而如果采用后者所述的木质型版，则会更令人信服些。并且由于夹缬于奈良时代已传入日本，因此使用与夹缬版相似的木质型版，将它压印在皮革上使其产生花纹并刷上颜色倒是有可能的。

此外，日本和服上常用贴金进行装饰，一般认为室町中期开始在服饰上使用摺箔工艺，同时服饰也从广袖开始转为小袖、纹样从规则的织物图案转为绘画图案。在这个过程中，染织史学者水上嘉代子认为，利用型纸加工的摺箔技法受到了来自中国印金袈裟的影响。^①因此可以认为型纸在室町中期以前已传入日本。

三、中日两国的贸易交往与文化交流

自从日本停止派遣遣唐使以后，中日之间的官方往来近乎停滞，但商人自发的民间贸易却非常频繁。北宋时，"日宋间商船的往来，分外频繁，几乎年年不绝。"^②史册明确记载的赴日商船近 70 次。南宋时期，日本镰仓幕府采取较为开放的对外政策，文献记载："每岁往来不下四五十舟。"《宋史·日本传》中也有淳熙十年（1183 年）及绍熙四年（1193 年）日本商船来到华亭县的记载。南宋的政治经济中心在杭州，管辖海外贸易是两浙市舶司，在华亭县（今上海松江区）设市舶司，统辖杭州（临安）、明州（庆元）、温州、秀州和江阴军五个市舶务。这一时代日本输入的货物和前代一样，仍以香药、书籍、织物、文具、茶碗等类商品为主。^③到了元朝，由于忽必烈曾于 1274 年和 1281 年两度举兵攻打日本，因此中日贸易受到较大影响，但到元末时期，日本前往中国贸易的商船又繁盛起来。明朝时期，室町幕府将军足利义满向明朝称臣并纳入朝贡体系，明政府与日本实行堪合贸易，早期官方贸易往来频繁。但由于中国东南沿海长期苦于倭寇袭扰，所以明朝实行了海禁政策。然而在海外贸易巨大利润的诱使下，出现了民间从事对外贸易的江浙皖、闽广、郑氏等富可敌国的海商集团，其中对日贸易是这些海商集团的主要业务，甚至与倭寇有着深度勾连。郑若曾于明朝嘉靖四十一年（1561 年）编撰的《筹海图编》卷二中列举了倭人喜爱的纺织品有丝、丝绵、布、绵绸、锦绣等。^④徐光启曾说："彼中百货，取资于我，最多者无若丝，次者瓷。"^⑤在日商人童华也说："大抵日本所须，皆产自中国，如室必布席，杭之长安织也；妇女须脂粉，扇漆诸工须金银箔，悉武林造也。他如饶之瓷器，湖之丝棉，漳之纱绢、松之绵布，尤为彼国所重。"^⑥

这一时期的中日贸易情况，也可在日本的文献中得到印证。《长崎荷兰商

---

① 水上嘉代子：日本の型染小史 //《江戸小紋と型紙》，涉谷区立松涛美术馆，1999 年，第 14 页。

② 木宫泰彦：《日中文化交流史》，胡锡年译，商务印书馆，1980 年，第 243 页。

③ 木宫泰彦：《日中文化交流史》，胡锡年译，商务印书馆，1980 年，第 296-300 页。

④ 郑若增：《筹海图编》，李志忠点校，中华书局，2007 年，第 198 页。

⑤ 林仁川：《明末清初私人海上贸易》，华东师范大学出版社，1987 年，第 217 页。

⑥ 林仁川：《明末清初私人海上贸易》，华东师范大学出版社，1987 年，第 218 页。

馆日记》曾记载海商郑芝龙的贸易记录：在 1641 年 6 月 26 日到达长崎的一艘商船所装载的货物中有白生丝 5700 斤、黄生丝 1050 斤、撚丝 50 斤、白纱绫 15000 匹、红纱绫 400 匹、白绉绸 7000 匹、花绸子 80 匹、麻布 7700 匹。7 月 1 日到达的第二艘船运来了白生丝 6000 斤、黄生丝 1000 斤、白绸 16700 匹、纱绫 800 匹、纶子 4500 匹、麻布 3300 匹、天鹅绒 625 匹。7 月 4 日到达的第三艘船运来白生丝 14000 斤、黄生丝 13500 斤、红绸 10000 匹，白麻布 2000 匹、白绸 4300 匹、缎子 2700 匹、生麻布 1500 匹、天鹅绒 475 匹、白纱绫 21300 匹、绢丝 250 斤、素绸 40 匹。仅 1641 年 6、7 两个月内，郑芝龙运往日本长崎的货物中有白生丝 25700 斤、黄生丝 15550 斤、各种纺织品 140760 匹，可见中国的生丝及各类纺织品对日本出口量之大。[1] 西川如见于 1695 年出版的《华夷通商考》中详细记载了从南京、浙江、福建、广东四地的进口货物，其中生丝、绫、绉绸、罗、纱、缎子、棉布都是四地主要的商品。[2] 而同一时期日本向中国输出的是硫黄、金、银、铜等原材料；刀剑、漆器等工艺品；海参、鱼翅、干鲍鱼、海带等海产品。[3] 日本国立历史民俗博物馆对这一时期的海外贸易做了介绍与相关进出口商品的展示（图 9-1）。

结合上述文献分析，说明日本即便是到了江户时代中期，其生丝、棉布等原材料及纺织制成品的产能不足以满足国内需求，纺织产品仍然匮乏。并且宋元时期与日本贸易往来的主要发生地是长三角区域，恰好这里又是中国纺织印染的中心区，且正处于纺织技术的大变革

图 9-1　从中国进口的生丝及各类纺织品展示　日本国立历史民俗博物馆藏

期，比如棉花在这一时期大面积推广种植、黄道婆改良棉纺织工艺、药斑布在嘉定和松江发展成熟。因此虽然日本方面采购的多是丝绸类贵重的纺织品，但同时多种文献中也记载了有"布"这一品类的商品，并且商人童华也提及松江产的棉布，虽没特指是"印花布"，但敏感的商人将药斑布这一新型的

---

[1] 林仁川：《明末清初私人海上贸易》，华东师范大学出版社，1987 年，第 218-129 页。
[2] 西川如见：《日本水土考　水土解弁　增补华夷通商考》，岩波书店，1997 年，第 73-97 页。
[3] 林仁川：《明末清初私人海上贸易》，华东师范大学出版社，1987 年，第 246-247 页。

印染产品及工艺引进日本是顺理成章的。

此外，频繁的商贸往来促进了两国的文化交流，荣西、道元、雪舟等僧侣、画家、学者、工匠搭乘这些商船来到杭州、宁波等地求法，引进大量佛经，聘请工匠到日本建造寺院、印制书籍、改良织造工艺等，如前述满田弥三右卫门曾随东福寺僧圆尔于1235年入宋学习织造技术。因此中华文明通过贸易往来持续影响着日本的方方面面。

四、实物分析

目前已知的日本最早的型糊染实物，是现藏于奈良春日大社的国宝"笼手"上的印花底布（图9-2）。"笼手"是镰仓时代武士用来保护手臂的甲胄，其正面是装饰精美的金属保护层，其基底是蓝底散点式藤巴纹白花麻布。无独有偶的是，大阪金刚寺所藏的南北朝时期（1333—1392年）楠木正成及部将捐赠给寺院的铠甲中有一件"黄薰韦威膝铠"（图9-3），其底布也是采用类似的蓝底白花麻布，枫叶图案同样采取散点式排列。此外纪州东照宫藏传为德川家康使用过的"绀地宝尽小纹小袖"（图9-4），图案造型简洁，以小块面和小点组成，采用均匀满铺的排列方式，从印制效果来看存在防染不到位的瑕疵，这与蓝印花布的特点非常相似。从以上实物来看，无论从色彩、图案所采用小块面的造型方式还是由瑕疵透露出的工艺特征，完全符合

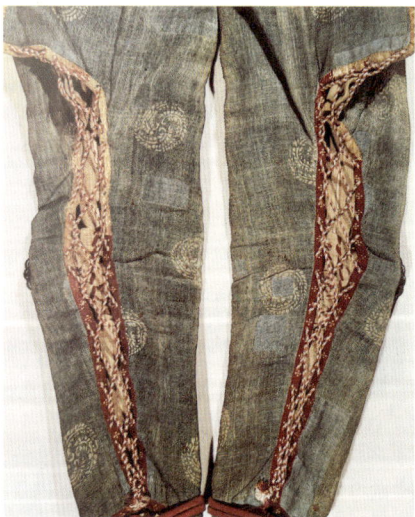

图9-2　笼手背面的印花布　麻，镰仓时代，春日大社藏

图9-3　黄薰韦威膝铠的印花布　麻，南北朝时代，天野山金刚寺藏

型糊防染工艺的特点，且均与中国蓝印花布特征一致（图9-5）。

日本江户时代以前的印染工艺，无论在种类还是技术特点等各方面，与中国都极为相似，并且都没有超出当时中国印染工艺的范畴。因此将日本的印染工艺的演变过程，结合两个国家在政治、经济、文化、技术等各方面的交往，就可以发现日本染织与中国染织之间极强的关联性。

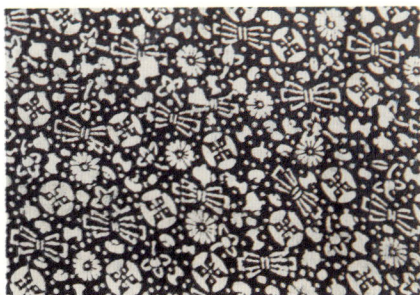

图9-4　绀地宝尽小纹小袖（局部）　16—17世纪，纪州东照宫藏

图9-5　小车被（局部）　安徽，20世纪，南通蓝印花布博物馆藏

综上所述，得出中日两国的型糊染工艺同源的结论完全是合乎逻辑的。

第三节　型染工艺在各自国家中的认知度

从上述对中日两国型染工艺的类型统计与关联度分析可知，中日型染是同源的，并且中国一直处于输出的地位，到了江户时代以后，日本型糊染得到了迅速发展。本节就型染与各自国家其他染织工艺的比较，分析型染在各自国家中的认知度。

一、型染工艺与其他染织工艺

在中国，型染工艺在近现代整个传统染织工艺中处于相对弱势的地位，其品质与社会认知度低于织造与刺绣；日本染织则以友禅为首、以型糊染为基础的糊防染工艺在江户时代以后一直处于主流地位。

为弘扬与保护传统工艺，中日两国均建立了各自的扶持政策，其中日本的"人间国宝"制度与中国的"工艺美术大师"制度是分别对各自国家传统工艺从业者的最高认定。

1979—2018年，中国已进行了7届国家级工艺美术大师的评选，总共评选出532名中国工艺美术大师。[①] 其中染织类工艺美术大师共计73人，包括：刺绣52人，占比71%；织造18人，占比25%；染色3人（蓝印花布1人、扎染1人、蜡染1人），占比4%。表9-2为各届工艺美术大师的统计与分析。

表9-2 各届中国工艺美术大师统计表

分类	第一届	第二届	第三届	第四届	第五届	第六届	第七届	合计（人）	比例（%）
刺绣	4	6	12	4	9	8	7	52	71
织造	2	4	3	2	3	2	2	18	25
染色	0	0	0	0	1	1	1	3	4
合计	6	10	15	6	13	11	10	73	100

截至2023年3月，日本先后共认定了49人为染织类重要无形文化财保持者（人间国宝），其中：染色类28人（红型1人、型绘染3人、小纹3人、长板中形2人、型雕6人、友禅10人、友禅杨子糊1人、木版摺更纱1人、正蓝染1人），占比57%；织造20人，占比41%；刺绣1人，占比2%。表9-3为日本染织类人间国宝的统计与分析。

表9-3 日本染织类人间国宝统计

品类		人数	分类比例（%）	大类人数	大类比例（%）	备注
染色	型染	9	18	28	57	型染9人，其中红型1人、型绘染3人、小纹3人、长板中形2人 型雕是为型染配套的工艺，日本官方是将其归入染织类
	型雕	6	12			
	友禅	10	20			
	友禅杨子糊	1	2			
	木版摺更纱	1	2			
	正蓝染	1	2			
织造		20	41	20	41	织造包括罗、精好仙台平、唐组、絣、紬、锦、首里织、花织、芭蕉布、上布
刺绣		1	2	1	2	
合计		49	100	49	100	

根据统计数据可以发现，在中国，刺绣在染织工艺中占71%，染色占

---

① 2022年12月评选出第八届中国工艺美术大师108名，由于没有详细的专业分类资料，故无法精准统计。

4%；日本的染色类工艺占 57%。

二、中日两国对型染的社会认知度

中国的印花染色类工艺与刺绣、织造类工艺相比较弱。由于此类评比很大程度是看作者的代表作品，其中织造工艺的作品显得雍容华贵并需要拥有最高的机械技术水平，而刺绣工艺的作品精致细腻且善于个性表达，高质量作品层出不穷，并且丝线的色彩丰富，从而能吸引注意力。相较而言，印花染色类工艺的产品精细度不如上述两种工艺，色调单一朴素，导致社会对印花染色类工艺的认知度低于其他两种工艺。

在中国古代，通经断纬的缂丝工艺自宋元以来一直是皇家御用织物之一，并常被用摹缂名人书画供人欣赏。涌现出朱克柔、沈子蕃、吴圻、朱良栋等缂丝名家。刺绣在宋代之前都是实用品，到了宋代开始致力于绣画，书画风格直接影响到刺绣之作风，并一直延续到现在。涌现出明代韩希孟、清代丁佩、沈寿等名家，并发展出"四大名绣"。时至今日，刺绣依然还是最具群众基础的染织工艺。

由于刺绣、织造工艺的快速成熟，导致中国型染工艺的发展不快，产品质量也没有大的升级，工艺品种也没有变得更丰富。

在日本，从传世的众多战国时代武士所使用过的型糊染服饰来看，似乎武士阶层特别钟爱型糊染，在江户时代以后其制作工艺得到迅猛发展，不仅纵向发展获得工艺突破，横向还发展出小纹、中形等不同类型的工艺类别，并且由于防染糊的成熟导致友禅染的出现，从而在友禅染的带领下形成不同梯队、服务各个阶层的"糊染系"工艺。

由于糊染系工艺具有较强的表现力，因此到了近现代常被艺术家用来创作艺术作品。在日本各类全国性展览中，工艺类染织作品中采用糊染工艺创作的作品占有较大比重。

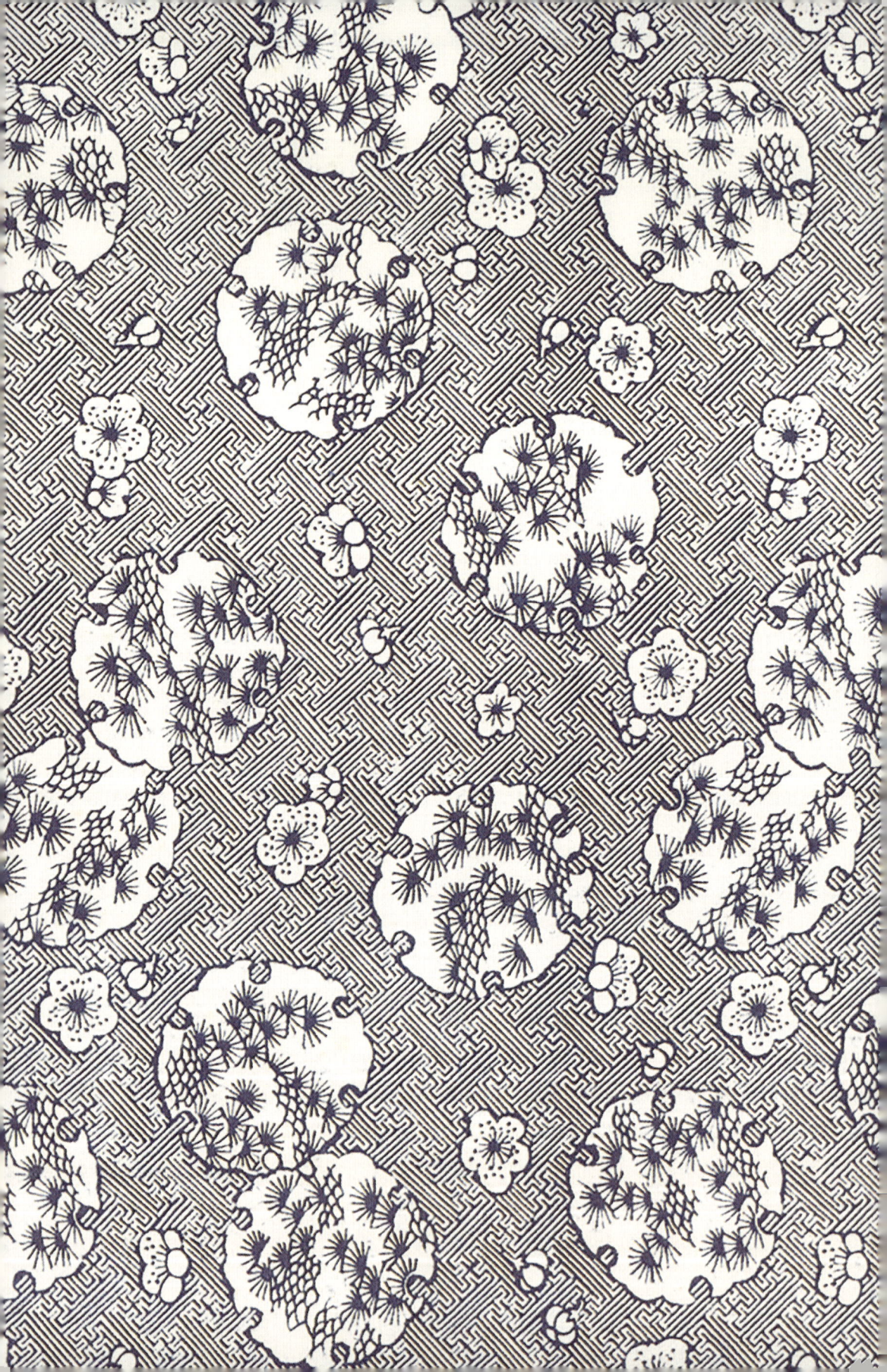

第十章
中日型染的工艺比较

　　在第一章中已经对中日两国的型染工艺做了较宏观的叙述，在第二至第八章中对日本各型染工艺做了较为充分的介绍，第九章对两国型染工艺的关联作了探讨，本章将分别从使用者、产品类型、工艺特点、图案造型和艺术风格等方面对两国的型染工艺进行对比，讨论在技术与审美上存在的差异。

　　中日两国的型染产品，除夹缬这类比较早期的染织品比较相似外，其余各工艺产品在外观上存在显而易见的区别。然而中日两国的型染工艺比较庞杂，而型糊染工艺在两国型染的类别中都是主流，因此本章的对比主要聚焦在此类工艺。以蓝印花布为代表的中国型糊染外观粗犷、图案造型不拘小节，产品类型多样；而以小纹为代表的日本型糊染细腻柔和，产品主要为服装。中国的蓝印花布与日本的小纹染各具代表性，并且两者的工艺同源，原理基本一致，技术均成熟，但呈现出风格迥异的艺术特色。由于产品是为人服务的，因此两者的本质差别是使用人群的区别，是由消费者对产品需求的不同而造成的。因为使用人群的不同会导致其在产品类型与使用场景、生产工艺与艺术形式、经营模式与创新动力等诸多方面存在区别，并最终导致产品面貌的巨大差异。

第一节 服务人群与使用场景

对传统工艺的研究就是对人的研究，因此要想对中日型染进行比较，首先需要了解该工艺所服务人群的特点，掌握使用者的需求和应用场景，才能理解人、产品和工艺之间的关系。

一、中国型染

如果以宋朝建立的时间划线，将中国型染的发展分为早期和后期的话，那早期的型染都是从贵族墓出土，因而无疑是为上流社会服务的，而宋朝以后出土的印花实物并没有随着时间的接近而变多，因此很有可能型染只流行于民间。

（一）早期流行于贵族阶层

中国型染在早期被发明利用之初都是作为高级纺织品而被上流社会所使用的。如南越王墓出土的金属模版印花工具；甘肃武威磨咀子汉墓出土的3件采用镂版印花工艺的簏面彩绢；南北朝时期出现的采用镂空花版与蜡缬结合的防染印花工艺；新疆于田屋于来克古城的北朝遗址出土的4块印花织物残片。这些型染织物都是贵族墓出土的，必定都是为上流社会使用的。并且，从出土的大量隋唐时期的印花实物可以看出，型染在当时已经非常多样化，传统的颜料印花不仅有创新型版的多套色印花，还有在染色织物上印花。[①] 如甘肃敦煌出土的唐代采用凸版拓印的团窠对禽纹绢、1968年与1972年新疆阿斯塔纳地区两次出土了采用镂版印花工艺的纺织品，其中"天青色敷金彩轻容"和"褐地绿白印花绢"都是具有代表性的唐代型版印花制品；新疆吐鲁番阿斯塔纳北区108号墓出土的唐代"黄色朵花印花纱""绛地朵花印花纱"（图10-1）、"茶黄色套色印花绢""绛地花鸟纹花绢"等；镂版印花工艺也用于蜡缬的复制，也就是用面积较大的镂空型版进行注蜡防染，以此

---

① 陈维稷：《中国纺织科技史》，科学出版社，1984年，第273页。

来提高蜡缬的生产效率。[①]唐朝时包括夹缬、蜡缬、绞缬的服饰已达最盛时期，制版工艺和印制技术逐步创新，制品花形复杂，套色繁多。

"从新疆出土的唐代印花丝绸纹样花纹线条的精细程度来推测，唐代很可能已经采

图 10-1 绛地朵花印花纱 唐代，原刊于《丝绸之路——汉唐织物》

用镂空纸版，即已经发明了型纸印花的工艺技术。"[②]

但是在刺绣、织造工艺成熟之后，这些印花实物的出土反而变得少见。宋辽时期，山西辽墓出土的"黄棕地小牡丹团花罗"[③]、福州南宋黄昇墓[④]、苏州虎丘塔出土的北宋印花包袱、武进村前的南宋墓中出土的印金罗和印花绢[⑤]等小部分贵族墓葬出土了少量以型染工艺制作的实物。

明清时期的实物也不多见。无锡曾出土过明代镂版印花丝织物两种，一种是满印四方连续的缠枝莲，花纹的构成与风格同当时的织锦颇为相似；另一种是在布幅的两端印云鸟花边。两种印染品都是丝织物，地色或黄或褐。[⑥]北京历史博物馆陈列有蓝地白缠枝莲花及白地紫绛色缠枝花布各一件。花纹的刻画处理与组织结构，为了适合印染条件，线条都比较粗犷有力。同时色与色之间有一定的间隔，这也符合镂版印花的工艺特点。[⑦]故宫博物院藏有一件清代白地五彩凤戏牡丹印花桌布（或是方袱），长 154cm，宽 148cm，由 4 幅棉布缝合而成，其印花版纵 50cm，横 38cm。每印一版后需移动一次花版，以使整个花纹相连，桌布四周为白地蓝花，中间主体花纹如牡丹、凤凰及瓜果等套印绛红色、香黄色和浅驼色等，造型质朴，色彩对比鲜明，接版处有重叠或间隔不均匀现象，背面有从正面渗透的蓝色斑痕。[⑧]

在唐代之后长达千年的时间里，虽然时间上距今更近，然而出土的印花

[①] 郑巨欣：《中国传统纺织品印花研究》，中国美术学院出版社，2008 年，第 141 页。

[②] 黄能馥，陈娟娟：《中国丝绸科技艺术七千年》，中国纺织出版社，2002 年，第 89 页。

[③] 黄能馥，陈娟娟：《中国丝绸科技艺术七千年》，中国纺织出版社，2002 年，第 195 页。

[④] 福建省博物馆：《福州南宋黄昇墓》，文物出版社，1982 年。

[⑤] 张道一，徐艺乙：《民间印花布》，江苏美术出版社，1987 年，第 10 页。

[⑥] 同上。

[⑦] 田自秉，吴淑生：《中国染织史》，上海人民出版社，1986 年，第 260 页。

[⑧] 高霭贞：古代织物的印染加工，《故宫博物院院刊》，1985 年，第 2 期，第 85 页。

实物反而比前代更少了，与同时间出土的采用刺绣或织造工艺的织物相比是不成比例的。因此型染工艺极有可能在刺绣与织造工艺成熟以后逐渐在上流社会失宠，转而向民间转移，并从此扎根于民间。

（二）后期扎根于民间

《古今图书集成》中引旧记载："药斑布出嘉定及安亭镇。宋嘉定中归姓者创为之。以布抹灰药而染青，候干，去灰药，则青白相间，有人物、花鸟、诗词各色，充衾幔之用。"明代弘治《上海县志》、嘉靖《吴邑志》中都有药斑布工艺的记录。据《古今图书集成》物产考："药斑布俗名浇花布，今所在皆有之。"所述分析，至晚于此书编写的 1701—1728 年间，蓝印花布技艺已在全国范围流传。

明清时的型版制作更为精巧。《木棉谱》记载，清代型版印花工艺已分为刷印花和刮印花两种。《长州府志》载："以灰粉掺矾涂作花样，然后随作者意图加染颜色，晒干后刮去灰粉，则白色花样灿然出现，称为刮印花。或用木板刻花卉人物鸟兽等形，蒙于布上，用各种染色搓抹处理后，华彩如绘，称为刷印法。"灰印作坊用灰浆防染法生产蓝底白印花布产品，彩印作坊用水印法生产多彩色产品。

明清时流行于江南地区的"弹墨印花"，是在镂版印花基础上的一种创新。就是用棕刷蘸染液后用竹刀轻刮，使细细的色点落在覆盖有镂空纸版的织物上形成花纹的工艺。《红楼梦》中有多处提到使用弹墨工艺的服饰。

经调研发现，除少量镂版印花被上流官宦阶层使用以外，蓝印花布、蓝夹缬都流行于农村地区。其中以蓝印花布流行的区域更广，遍布大江南北，深受百姓喜爱，即便是新疆、贵州的少数民族地区，都可以看到具有当地民族特色的蓝印花布，成为型染的主流。

镂版印花和蓝印花布在民间扎根，在 20 世纪中叶之前的江南集市，从事染色、印花的作坊仍随处可见，浙江省桐乡市石门镇上的丰同裕染坊就是著名漫画家丰子恺先生家的祖业。由于北方农村传统的嫁妆中需要"花包袱"，因此山东、陕西等地依然还有镂版印花工艺，这就是这些传统工艺得以流传到今天的原因。

然而在药斑布工艺成熟的宋代及之后的元、明两代中，只有在上海闵行区马桥镇三友村出土了 4 幅明代（1368—1644 年）蓝印花布被面，这被学界认定为是中国最早的蓝印花布实物。清代（1636—1912 年）蓝印花布传世实物虽然较多，但大多是清晚期所产。可见，蓝印花布存世实物之稀少。但与同时期的丝织物相比，即便是在浙江、江苏、福建、江西等潮湿的南方地区蓝印花布均有出土。根据上述文献记载，并结合近代蓝印花布在民间流行的广泛性与深入程度分析，此种工艺极有可能从用于士人阶层的被褥、帷幔等家用纺织品，到后期逐步演变为多在乡村应用，因当时不富裕的乡村物质生活，故不具备较好的埋葬条件而存世较少。

（三）产品类型与使用场景

从墓葬出土的早期型染实物来看，虽然无法准确还原，但从已知的文物进行统计，服饰是型染工艺最大的产品类型，此外还有宗教用途以及枕头、包袱等家用类纺织品。

根据各地民俗调研，蓝印花布、镂版印花、蓝夹缬等型染工艺的产品强调主题性表达，常应用于婚丧嫁娶或生儿育女等人生礼俗之中，除蓝印花布用于服装以外，其余大多是被面、包袱等实用性品种。被面、包袱是浙江、山东、江苏、山西、河北、陕西等省乡村嫁妆的重要组成。

从中可以看出，型染工艺产品早期以服饰为主，后期以家用纺织产品为主，使用场景早期为贵族服饰，后期为农村的婚嫁和日常生活服务。材质方面，早期型染以丝绸为主，同时也有毛织物出土。后期型染除浙江北部的镂版印花使用丝绸以外，大部分地区的绝大多数型染产品都采用棉质材料，只有少量产品采用麻质材料。从早期丝织物为主，向后期以棉织物为主的转变中，也可间接印证型染的使用人群从贵族向平民转向的视点。下面就后期型染的主要类型作产品介绍。

1. 蓝印花布

蓝印花布的产品类型多样，除用于女性及孩童服装外（图10-2），还有被面、包袱、门帘、帐檐、蚊帐等家用纺织品类，头巾、围裙、裰

图10-2　蓝印花布服饰　南通蓝印花布博物馆藏

裈、围涎等服装服饰类两大产品类别，广泛应用于家居生活各方面。其中被面（图10-3）、包袱（图10-4）是大江南北最常见的类型，这些大幅的产品规格都以手织布的幅宽（约46cm）为基础，如被面宽度有2幅、3幅或4幅，包袱有2幅或3幅不等。

图10-3 蓝印花布被面 棉，3幅拼合而成，江苏南通，南通蓝印花布博物馆藏

图 10-4　蓝印花布包袱　棉，2 幅拼合而成，上海，南通蓝印花布博物馆藏

材质方面，被面、包袱、服饰等绝大多数产品都采用棉质材料，只有蚊帐等少量产品采用麻质材料。

2. 镂版印花

经调研发现，浙江、山东、河北、陕西等地的镂版印花产品大多以嫁妆为主，类型有被面、包袱、门帘、枕顶和帐檐等生活类产品，没有发现服饰类产品。同时，这些产品类型存在南北差异，比如浙江以被面为主，其余北方诸省则以包袱为主。

材质方面，因为浙江的桐乡、海宁等地盛产丝绸，因此其镂版印花产品使用丝绸材料，其余北方省份的镂版印花产品则大都采用棉质材料。

3. 刷印花

刷印花工艺已经消亡，只遗留下少量实物。好在林汉杰先生于 20 世纪 50 年代在浙江嘉兴和杭州地区收集了大量优秀的实物资料并编辑成册出版，留下了许多宝贵的资料。从这些实物及资料来看，包袱是最主要的产品类型（图10-5），在江苏南通地区发现了被面、小车被[①]等实物。

材质方面，从目前发现的产品来看，刷印花工艺所使用的都为棉质材料。

4. 蓝夹缬

温州地区的蓝夹缬同样常用于嫁妆，产品类型主要是被面。因此祈求夫妻和睦、多子多福的凤穿牡丹、蝶恋花、百子图、婴戏图、戏曲人物是常见主题（图10-6）。

材质方面，从目前发现的产品来看，蓝夹缬都采用棉质材料。

5. 模版印花

模版印花在中国目前只有新疆的喀什、和田等少数地区仍有保留。由于新疆维吾尔族的生活习惯是席地而坐，因此为美化环境，使用木模印花的墙围子对墙面进行装饰（图10-7），该工艺的产品类型极具民族特色。

材质方面，模版印花工艺都采用的是棉质材料。

二、日本型染

日本型染的发展稍复杂一些，分别以镰仓幕府建立和江户时代中期划线，将型染的发展分为早、中、后三个时期。

图 10-5　刷印花包袱（局部）　棉，山东，个人藏

图 10-6　蓝夹缬被面图案（局部）棉，浙江温州，个人藏

图 10-7　木模印花墙围子（局部）棉，新疆喀什，个人藏

① 小车被：铺在独轮车上的小被子。

（一）早期与中期是为上流社会服务

与中国一样，早期夹缬、摺绘、臈缬等型染工艺服务于宗教、宗室、贵族及神职人员的服饰及宗教用品。

中期的型染服务于武家社会。日本有使用家纹的传统，随着日本进入武家社会，武士阶级成为统治者并逐渐使用家纹，由于型染工艺适合印制家纹图案，因此最晚于室町时代（1336—1573 年）便采用印染的方式把家纹图案印到胴服、帷子等服装上。从而型糊染迎来了机遇，并迅速发展成熟。

春日大社、上杉神社、纪州东照宫、日光东照宫、久能东照宫、观心寺、金刚寺等寺院或神社藏有室町时代、战国时代和江户时代的大量甲胄和服饰，而型染工艺制作的服饰（图 10-8）占比较大。如战国时代上杉谦

图 10-8　鼠平绢地小樱纹样小袖　17 世纪，东京国立博物馆藏

信（1530—1578 年）用过的带有家纹的"黄麻地小花纹样小纹帷子"、德川家康使用过的"纳户地葵纹付勾玉霰小纹肩衣""薄浅葱麻地雪持桐纹浴衣"等。

到了江户时代（1603—1868 年），随着裃成为武士的公服，开始使用小纹染进行装饰（图 10-9），并在江户中期盛行，常见的颜色有黑、蓝、茶等色系。江户时代逐渐完成了武士的官僚化转变，加上德川幕府实行参勤交代

图 10-9　浅葱麻地割付柄小纹长裃　19 世纪，东京国立博物馆藏

制，集聚在江户的武家人口（包含家人及家臣）达到了 50 万左右。[①] 因此在江户时代庞大的上层阶级带动下，型糊染工艺得到快速发展。

（二）后期是町人的时尚装扮

为满足极速扩张的城市需求，幕府"采取强制性移民及优遇工商业的政策，从而促进了城下町的建设与工商业的发展，在城下町下聚集起数量可观的手工业者与商人，他们统称为'町人'。"[②] 据幸田成有等学者推算，18 世纪中叶江户人口为 100 万 ~ 110 万，成为当时世界上较大的城市，从而迎来了日本的"都市时代"。随着江户时代日本社会的逐步稳定与发展，幕府重实物而轻货币的政策使新兴的商人群体登上历史舞台，其经济实力逐渐强大，甚至成为都市文化的主体，町人所创造的文化成为江户时代的主流，诞生了三弦琴音乐、浮世绘、木偶戏、歌舞伎、俳句等艺术样式。富裕的商人开始注重对衣服品质的追求，因此，最初由武士独享的小纹，自江户中期以后也慢慢进入这一新兴阶层（图 10-10）。

随着小纹逐渐走入市民阶层，其服装样式从裃这类严谨的公服变成时尚的流行服饰，纹样也不再只是裃上规规矩矩的图案，而是变得更自由洒脱，反映了当时人们的生活情趣。

随着町人的崛起，小纹伴随其不同的审美趣味而兴起了新的纹样主题。尤其到了明治时代（1868—1912 年），随着裃的废除，小纹的使用者由江户时代的男女皆可，变为女性专属。小纹服饰以其不断创新与变化的高

图 10-10　浮世绘中的小纹　《针仕事》喜多川歌麿（1753—1806 年）作

---

① 幸田成友：《幸田成友著作集（第二卷）》，中央公論社，1973 年，第 24 页。
② 刘凤云：江户时代的町人与明清商人之比较——兼论中日都市文化的差异，《中国人民大学学报》，1996 年第 6 期，第 60-61 页。

雅色彩与细腻纹样，成为都市人群争相购买的时尚单品。

（三）产品类型与使用场景

1. 早期型染

早期型染工艺是为宗教、皇室服务的，正仓院、法隆寺都有很多实物传世。主要产品类型有服饰、幡、褥、袋、屏风、帐等。

2. 中期型染

传世的中期型染主要是服饰，有直垂（图10-11）、素袄、肩衣、袴、铠下着、胴服、小袖、帷子等样式。直垂是武士的正装，其简化形式是素袄；肩衣和袴是次等礼服并逐渐演变成裃；铠下着或铠直垂是穿着于铠甲之下的服饰，而胴服则是羽织的前身，是穿在铠甲之外的。这一时期的型染工艺与服饰制度一样，像是成熟前的过渡期，同时在工艺与样式方面尝试各种可能性，并伴随服制的定型而变化。

随着肩衣和袴发展定型为裃，裃就成了江户时代武士的公服，裃分为长裃和半裃，长裃是上层武士专属的高级礼服，在重大场合下穿着，而半裃的长短比例较协调，是日常使用频率最高的公服。裃的纹样大都是细小的几何图形，采用型糊染工艺加工而成。

型染也常用于艺能演员的服饰。和能剧雍容华贵的服装相比起来，狂言

图 10-11　花色地切金鹤龟纹直垂　19 世纪，德川美术馆藏

的服装大多是日常服饰，比较贴近日常穿着。比较有代表性的就是直垂、肩衣、裤、襦袢和素袄等。

在材质方面，从传世实物统计来看，无论是镰仓时代、室町时代还是江户时代早期，型染的材质都是麻，这可能与武士的生活习惯、丝绸原料缺乏和棉花尚未大面积种植有关。

3. 后期型染

除裤沿袭以前的样式外，这一时期小纹的服制样式主要有小袖、裕等较为正式的礼服，以及女性外出时为不让人看见其面容而披在头上的型糊染被衣（图10-12）。

中形在江户时代中期独立出来，其主要形式为浴衣，材质以棉、麻为主。

图 10-12　被衣　19 世纪，东京国立博物馆藏

后来中形逐渐为人们所普遍接受，成为夏季穿着的最常见的服装样式。

到了友禅染出现的江户中期，摺箔不再被使用，改为使用金线的刺绣，不过摺箔仍在传统能乐服装的装饰技法中继续存在。这是因为摺箔作为能剧舞台服装会随着动作而发光，对于表现幽玄世界很有效果。

由于江户小纹是世道和平安定之时兴盛的，武士及富商追求极致的细腻，小纹的图案变得越来越精细，材质也从麻逐渐变为丝绸，因此被认为是比缟、绯更昂贵的高档服装材料。[①]宫廷女性的被衣多以丝绸材质，而町人阶层则多用染成蓝色系的麻布。

板缔的再度流行极有可能是由于禁奢令把鹿子缬列为禁止使用的工艺而采用的替代物，从传世的实物来看，主要以穿在里面的衬衣和浴衣为主，红板缔的材质是丝绸，蓝板缔的材质为棉。

此外，江户时代中后期出现了庶民使用的型糊染，其产品类型比较多样，主要有被子、服装、风吕敷、暖帘、布偶等。所使用的材质主要是棉。

第二节　生产工艺比较

彩色夹缬工艺在中日两国均早已失传，虽然浙江尚存有蓝夹缬工艺，但板缔也早已退出历史舞台，虽有工具与实物遗存，且有团队成功复原，但终究无法准确还原全貌，因而在此不对夹缬工艺进行比较。而中国的蓝印花布和日本的小纹目前仍在生产，且型糊染无论在中日两国都是型染的主流，因此本节主要对各自最具代表性的蓝印花布和江户小纹进行对比。

一、生产工艺基本流程

（一）中国

浙江桐乡、江苏南通、湖南凤凰等地目前仍有以古法生产的作坊，近些年随着旅游业的发展，带动了蓝印花布的产品开发与生产销售，甚至在山东、贵州、河北多地恢复起蓝印花布的加工。虽然中国型糊染工艺在总体上呈现

---

① 浦野理一：小纹 // 浦野理一：《日本染織総華》，文化出版局，1974 年，第 202 页。

品种收缩的趋势，但全国的蓝印花布作坊仍能基本保持传统的工艺流程。

蓝印花布工艺是先在布料上覆盖镂空版并刮印防染糊，防染糊透过镂空处被印在面料上，揭掉型版并待其干燥后染色，最后用刀刮除或水洗去糊，从而形成色地白花图案。主要有以下工序：

（1）纹样设计。

（2）刻版。

（3）印花。把型版一端固定在桌子并覆盖在布上，将石灰和黄豆粉按6∶4加水调制成防染糊，把糊刮印在织物上后挂在室内阴凉处干燥（图10–13）。

（4）染色。在蓝靛制成的染液中浸染，反复进行染色和氧化。

（5）刮灰。用菜刀将干燥的防染糊刮掉显露出白色布纹。

（6）水洗。

（二）日本

小纹的生产地主要在东京和京都，据1985年传统工艺品产业振兴会发行的"全国传统工艺总览"统计，当时东京都有小纹企业54家，从业人员367人，年产值13.25亿日元。[①]

江户小纹的工艺主要有：

（1）图案设计。

（2）刻型纸。

图10–13　**刮糊**　摄于浙江省桐乡蓝茂丰蓝印花布厂

① 小島茂：《日本染織地図》，朝日新聞社，1985年，第97页。

（3）制糊。糊分为生糊、目糊和色糊三种。生糊用于贴布，由细糯米粉、石灰、盐熬制而成；目糊是防染糊，由糯米粉和米糠制作而成；色糊用来染色，其制法与目糊类似，只是加入了染料。

（4）涂生糊。在冷杉制成的木版上涂糊后晒干。

（5）贴地。

（6）刮目糊。即用刮刀取糊在型纸上刮印。

（7）地染。将印有防染糊的衣料置于木板上，用捋篦或刮刀沿纵向刮色糊。在布料未干时撒上锯屑以防止色糊受损或受污。

（8）固色。由于在明治时代（1868—1912年）改用合成染料，所以需要高温固色。

（9）水洗。

日本的型糊染除小纹染外，还有中形染，就工艺流程来说，因为小纹改用化学染料，所以需要高温固色，而中形保留原来浸染的传统技法，因此与中国的蓝印花布工艺更为接近。

二、工艺比较

从以上蓝印花布与小纹的工艺流程来看，两者原理基本一致，相比小纹的工艺步骤更多更复杂些。两者的主要差别是印制方式、染料与染色方式、防染糊的配置、工具的造型与材质等方面。此外，由于蓝印花布是印在厚实的棉布上，而江户小纹则是印在滑爽的绉纹丝绸上，因此两者的工艺差别很大程度上是由于承印物的不同导致的。

印制方式方面，蓝印花布采用花版固定而移动面料的方式，优点是印制效率高，缺点是印制精度会受影响；小纹和中形采用的是把布固定在木板上，以移动型版的方式印制，优点是印制精度高，缺点是程序复杂工作效率低；注染则是两者的结合，即花版固定而不用来回走动，以折叠布料的方式来完成一次次印花，优点是效率高，并可以通过浇注不同颜色染上彩色花纹，缺点是没有本染中形精致。

防染糊配置方面，蓝印花布采用黄豆粉加石灰粉，优点是与布料的结合坚固，不会被水泡化；小纹、中形和注染则采用糯米加米糠的配方，优点是细腻，可以印刷更小的图形，缺点是容易被水泡化。

颜色和染色方式方面，蓝印花布采用靛蓝浸染的方式，以单色为主，现代开发出深浅双色；小纹采用色糊染，颜色以单色为主，现代开发出双面染小纹；中形采用浸染，单色；注染采用合成染料，颜色最丰富，用壶盛染料浇注的方式染色。

表10-1将中形与注染一同加入比较，可更清晰地看出各种型糊染的工艺区别。

表10-1　中日型糊染的工艺比较

品类	承印物	印制方式	防染糊	染料	染色方式	颜色
蓝印花布	棉布	花版固定，面料移动	石灰、黄豆粉	天然蓝靛	浸染	单色为主
小纹	丝绸	面料固定，花版移动	糯米粉、米糠	合成染料	糊染	单色为主
中形	棉布	面料固定，花版移动	糯米粉、米糠	天然蓝靛	浸染	单色
注染	棉布	花版固定，面料折叠	糯米粉、米糠	合成染料	浇注染	多色

从上面的对比可以看出，蓝印花布工艺相对简单，江户小纹工艺在防染糊、染色方式等方面作了升级，注染工艺的生产简便性是这些工艺中最突出的，因此在使用合成染料后解决了颜色的色牢度，并且颜色丰富，从而取代长板中形成为生产浴衣的新型工艺。

第三节　图案比较

中国的各种型染图案大多为吉祥主题，因此具有较大的共性，而日本的各种型染图案间差别较大，不同工艺有不同的图案风格。特别是在江户时代后期，日本型染随着改用化学染料与使用人群的扩大，其工艺与图案造型都得到更新与发展，并且因武士、町人、演员或庶民的不同身份，其图案也有较大区别。总之，中日型染在色彩、图案、组织结构方面均存在较大差异。

一、图案主题

（一）中国型糊染

从南通蓝印花布博物馆、桐乡蓝茂丰蓝印花布厂等机构的收藏品及张道

一、林汉杰、徐艺乙、久保麻沙等学者收集整理的文献资料，结合近代实物分析，自清代以来，蓝印花布图案都是程式化的"吉祥图案"，题材主要以花卉、昆虫、鸟兽、人物等自然形象为基础，加上吉祥文字、几何纹样等图案，组合成喜闻乐见的主题，达到了"图必有意、意必吉祥"（图10-14～图10-16）的地步。

无论蓝印花布、镂版印花还是刷印花，这些图案题材大多来自传统的民间文化，因此它的主题多以贴近群众生活的民间吉祥图案为主。并且根据需要，采用以上各类题材，通过选择与搭配，组合成不同的主题。常见的有：凤穿牡丹、龙凤呈祥、连年有余、喜鹊登梅、鸳鸯荷花、榴开百子、富贵三多、金玉满堂、五子登科、事事如意、四季平安、麒麟送子、五福捧寿、牛郎织女、丹凤朝阳、福贵满堂、鹤鹿同春、鲤鱼跳龙门、狮子滚绣球、金鱼闹莲、耄耋富贵、瓜瓞绵绵、蝶恋花、凤求凰等。

型染常被用来制作被面、包袱、衣料等不同产品，并且有婚庆、日常、祝寿等不同的用途，因此图案题材与表现主题也会根据产品与用途的不同而有所变化，比如用于婚嫁的多以瑞兽、花卉、

图10-14 八仙帐檐（局部） 棉，江苏，南通蓝印花布博物馆藏

图10-15 被面（局部） 棉，江苏，个人藏

图10-16 包袱（局部） 棉，浙江，个人藏

童子为主，以求富贵和美、多子多福；日常产品以花鸟为多；衣料则以花卉为主。

　　吉祥图案巧妙地运用人物、花卉、瑞兽、虫鸟、文字等题材，以吉祥词语、神话故事、民间传说为主题，运用指物会意、谐音寓意、感景悟意等手法组成具有吉祥含义的意向图景，创造出图形与吉祥寓意完美结合的艺术形式。这些图形组合通过借喻、比拟、双关、谐音、象征等手法，表现人们趋吉避凶、向往美好生活的愿望，并一直沿用至今。

（二）日本型糊染

　　在纹样方面，小纹作为武士公服的面料，而各大名为标识身份地位，显示公服的严肃性，因此裃的纹样造型以几何排列的小花纹为主（图10-17），同时为了与其他各藩的服装加以区别，各藩都创制了自家的专属纹样。这些

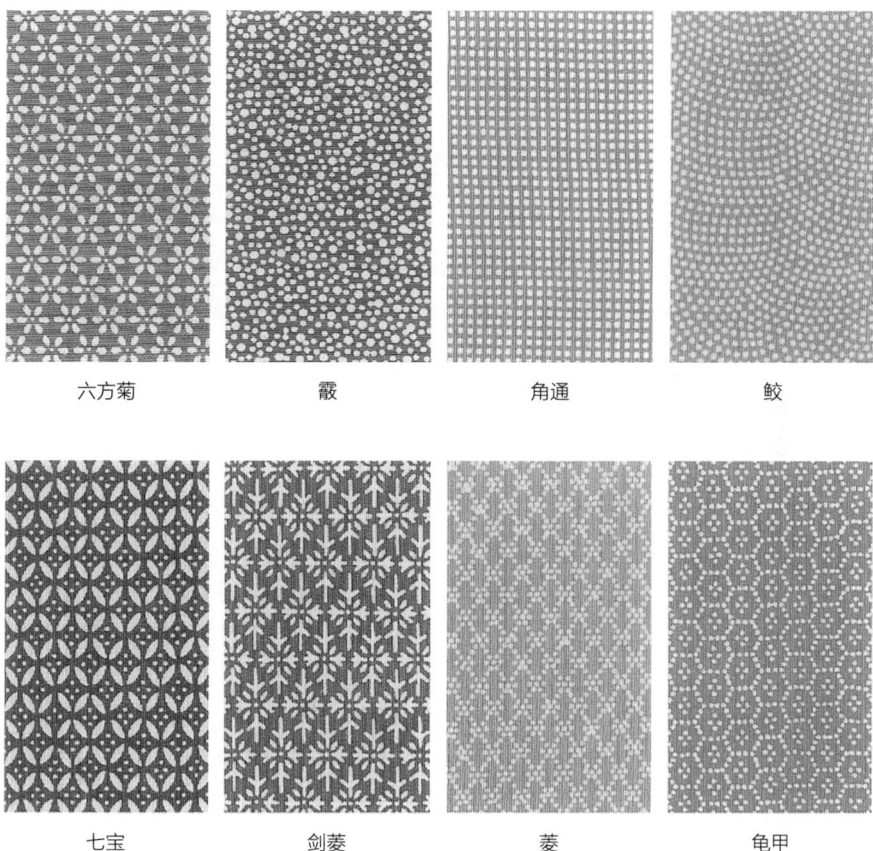

| 六方菊 | 霰 | 角通 | 鲛 |

| 七宝 | 剑菱 | 菱 | 龟甲 |

图 10-17　几何纹样

特意定制的纹样被称为"留柄"或定制小纹，如德川家的松叶、纪州家的极鲛、岛津家的大小霰、锅岛家的胡麻、武田家的武田菱、前田家的菊菱等。[①]裃小纹的图案单纯且排列规整，其中以鲛、角通、行仪小纹等级最高，被称为"江户小纹三役"，鲛是德川御三家之一的纪州家采用的纹样，扇形的花纹看上去像鲨鱼皮的纹理；角通呈横竖整齐排列，意味着纵横自如；行仪与角通相似，只是小点为斜向排列。

江户中期以后，小纹受町人文化影响，服装样式的主导权由武家转向了町人。因此江户小纹的图案来源更加广泛，植物、动物、自然景观、器具、文字等皆可成为小纹题材。而中形从型糊染中独立出来以后，其客户群体与小纹类似，只是用途不同，因此图案的主题有着较为相似之处。

立命馆大学加茂瑞穗教授分别对株式会社 KYOTECH 公司收藏的 17802张型纸和吉冈幸雄收藏的 2203 张型纸[②]进行了统计。[③]植物类题材以 28.7%高居首位（表 10-2），这完全符合日本人崇尚自然的特点，樱花、菊花、梅花、竹子、桐叶、松树、茄子都是常见的题材。此外，龟、鹤、鸟、虾、蜻蜓等动物图案；流水、雪轮、海浪、云霞等景观图案都是受人喜爱的主题（图 10-18）。

与中国型糊染图案中几何图形只是作为边缘的装饰作用不同，日本型糊染尤其是小纹中纯几何图案占有较高的比例，在加茂瑞穗的调查中，几何图案占比分别达到了 27.6% 和 21.2%，在所有类别中排第二位。

与中国型糊染相比，日本型糊染在题材的来源上也比较丰富，比如萝卜、茄子、松针、渔网、针线、削皮刀等这类生活中的平常物也都拿来使用。其次日本人看待这些题材的视角也比较微小，比如会把鲛、松针这类动植物的表皮纹路或微小的元素作为题材加以表现。

此外，虽然日本型染也有追求祥瑞的图案主题，但相较于中国型染的直白和强烈，日本型染则较含蓄，并且比例也小得多。

地方型染为庶民使用，其图案题材与小纹和中形有较大区别，缠枝、唐草、菊花等题材较为常见。

---

① 丸山伸彦：《日本の美術——武家の服飾》，志文堂，1994 年，第 64 页。

② 由于型纸图案常由多种题材组成，作者在统计时分别计入相应类别，因此合计数大于资料数。

③ 加茂瑞穗：型紙コレクションにみる紋様の傾向と比較—吉岡コレクションを例として，立命館大学アート・リサーチセンター，《アート・リサーチ》第 15 号，2015 年，第51-59 页。

表 10-2　KYOTECH 公司和吉冈幸雄收藏型纸的纹样题材及比例统计

分类	KYOTECH 公司收藏型纸		吉冈幸雄收藏型纸		小计	总比例（%）
	型纸数	比例（%）	型纸数	比例（%）		
植物	7216	28.3	1106	31.8	8322	28.7
几何图形	7031	27.6	738	21.2	7769	26.8
小纹	3101	12.2	358	10.3	3459	11.9
动物	2392	9.4	429	12.3	2821	9.7
器物	1571	6.2	322	9.2	1893	6.5
自然景观	857	3.4	146	4.2	1003	3.5
人物	16	0.1	10	0.3	26	0.1
其他	3289	12.9	374	10.7	3663	12.7
合计	25473	100.0	3483	100.0	28956	100
资料数	17802		2203		20005	

植物类

动物类

图 10-18

几何类

景观类

器物类

图 10-18　各主题型糊染图案

二、图案的造型元素与组织结构

（一）中国型染

镂版印花、蓝印花布都采用镂空型版，受工艺所限，图案的造型元素以点、短线和小块面为主，通过点与面的大小变换、线的聚散相连、图与地的虚实分布等组合形式，形成富有节奏的层次关系。刷印花由于采用木版，因此刻版时不受上述条件限制，点线面造型元素丰富、刻画细腻。

由于各类型染的产品类型基本相同，所以图案的组织结构有许多相似之处。被面、包袱的尺幅普遍较大，因此在图案造型与组织布局上有较大的发挥空间，常采用由花边、角隅和团花组成的框式结构与中心纹样组合构图，多为四周托中央的结构形式。图 10-19 所示的蓝印花布包袱图案，以蓝底白花的花边图案衬托白地蓝花的中心图案，中央的团鹤纹样是重点，内外两层角隅纹样朝向中心进行烘托，花边圆形图案采用二方连续结构以弱化对比，整幅画面造型饱满、结构清晰并形象鲜明。此外，多层次构图有利于工匠把型版拆分成中心花版、边版和角版，以便印制被面等大尺幅产品时可根据需

图 10-19　**包袱**　棉，安徽，南通蓝印花布博物馆藏

要进行自由组合，这种方式加大了型纸的适应性，有效解决了纸张的尺幅问题，但同时增加了接版难度，导致常出现接版错位的问题。

尽管中国幅员辽阔，但各地蓝印花布造型风格的地域性差异并不十分显著（图 10-20），在组织结构方式和主题性表达方面也是统一的，这与图案易于复制和花版的跨区域流通交易有关，只是在造型方式和主题类型上略有差异或偏爱。如山东多用猫蹄花和冰盘菊图案、湖南喜爱珍珠地造型、江苏的纹样造型小巧、四川的花型较大；而麒麟送子、和合二仙、鲤鱼跳龙门等图案在江苏、浙江、山东、上海等地都能找到几乎同样的造型。

蓝印花布与镂版印花通过简化形态、平面处理、抽象表达等造型方式塑

山东　　　　　　江苏　　　　　　浙江　　　　　　江苏

图 10-20　**各地蓝印花布图案**　南通蓝印花布博物馆藏

造出生动的形象；图形组合自由多变，多层结构层次分明，强调中央与四周的主次关系。因而人们似乎更注重蓝印花布的主题意蕴，以谐音、寓意和象征的方式表达吉祥内涵，抒发直白而浓烈的情感。

镂版印花中的满地花形式，它最大的特点就是"满"，即一幅图中尽可能加入各种造型元素，甚至几乎不留空隙，将可想到的吉祥纹样尽纳其中，所产生的效果就是使画面处处充满吉祥的寓意，也就处处圆满了。

（二）日本型染

江户小纹方面，其最常用的造型单位是最简单、最朴素与最细小的元素——点（图 10-21），点单向排列成为线，密集排列形成面；除了直接将点进行排列以塑造形象外，还常用点作地，空出形状，间接地塑造出图形。

由于江户小纹图案细小，因此花围面积也比较小，常采用四方连续结构，主要有几何排列与散点排列方式（图 10-21）。几何排列有方格、菱形、海波

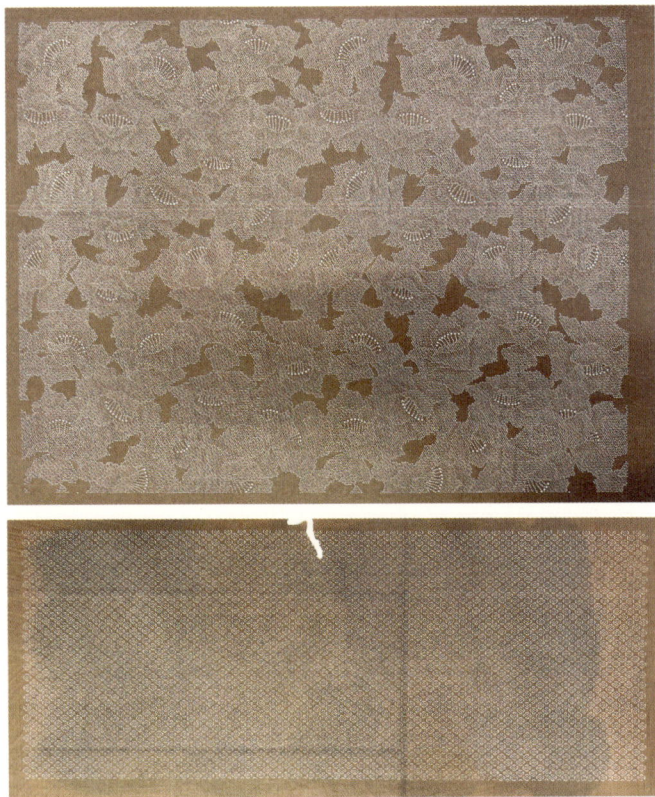

图 10-21　散点排列（上）与几何排列（下）

等，散点排列较为自由，大多追求无中心化的均匀排列。小纹的图案绝大多数排列较满且均匀，并不追求图与地的层次变化；部分图案有一定聚散，常以流水、藤蔓、卷草、花枝等线形作穿插连贯，追求细小的节奏变化。

中形的花围面积相对较大，因此有充分的空间对形象进行塑造，点线面造型元素丰富多样，可自如运用（图10-22），从而形象刻画深入细致（图10-23）。从以上两幅型纸可以看出，图案造型写实，细节刻画深入，造型元素组织自由，线条流畅有活力。长板中形的基本结构多为二方连续，造型多采用写实风格，且喜用线条，追求图与地的层次感，对比较为强烈。相比小纹的弱对比，中形的图案显得活泼与生动。

地方型染的造型元素相比而言更追求块面，排列较满，风格更粗犷一些。风吕敷、手拭巾等方形或长方形类产品，也并不像中国的包袱或被面一样追求边框和中心的层次感，只是一个简单的线条作为边框，甚至是无边框的。

三、色彩

（一）中国型染

色彩方面，蓝印花布顾名思

图 10-22　**中形型纸**　19 世纪，纽约大都会博物馆藏

图 10-23　**中形型纸**　20 世纪，小林满作，铃鹿市传统产业会馆藏

义是靛蓝色，而镂版印花和刷印花则是彩色。镂版印花属典型的民间工艺，其艳丽的色彩深受农村百姓喜爱，喜欢用大红大绿的纯色（图 10-24），彰显了老百姓单纯与热烈的情感。镂版印花的色彩纯度高而对比强，因此具有喜庆、健康、热情、活泼的视觉效果。据《临沂市志》记载，当地镂版印花主要用大红、绿、桃红、紫、黄等五色多版套印，又称为五色花布。[1]

镂版印花喜用红绿对比色，山东配色有"七红八绿十二蓝"之说，层次丰富。镂版印花色彩饱和、对比强烈，微妙变化中又蕴含着丰富的层次。镂版印花图案经常会采用纯度极高的红与绿这两个对比色作为画面的基调，红绿两色各占一半的面积，但民间艺人会巧妙地用黄色等中间色去调和，同时在花布色彩的搭配中，巧妙加入紫色和深蓝色，这些冷色在视觉上呈现出收缩感，红色等暖色具有膨胀感。因此在冷暖色的交错碰撞中创造出既活泼又平衡的色彩关系，在对比中寻和谐。

在色彩的选择上南北差距明显，呈现出南艳北稳的艺术特点。南方色彩凸显靓丽清新而充满活力，北方色彩艳中求稳，追求泰然自若的气质。南方

图 10-24　镂版印花包袱　棉，20 世纪，山东省美术馆藏

---

[1] 临沂市兰山区地方史志编纂委员会：《临沂市志》，齐鲁书社，1999 年，第 734 页。

的色彩在明度上较北方高一些，而北方的色彩因冷色纯度偏低而整体色调偏暖。南方的色彩明度、纯度偏高因而显得比较明快，北方色彩的特点是种类更丰富，暖色鲜艳而冷色纯度低，甚至还出现了灰色、黑色等无彩色，这都使得北方的镂版印花布显得更加沉稳。

（二）日本型染

相比中国镂版印花艳丽的色彩，日本型染的颜色纯度则低很多。尤其是小纹的色彩，以含灰的绿、蓝、茶、赭等色，显得低调、内敛。而明治时代开始出现的注染工艺由于采用合成染料，加上逐渐变化的社会环境，用色则变得鲜艳许多。

长板中形与蓝印花布一样是蓝白色图案，而江户小纹的颜色较为丰富，除上述武家常用的颜色外，茶色与鼠色是江户时代最流行的色彩。江户中期，幕府规定平民只能使用茶色、鼠色和蓝色系服装。为显示町人的时尚追求，团十郎茶、梅幸茶、璃宽茶、利休茶等茶色和梅鼠、茶鼠、紫鼠、深川鼠等鼠色一个接一个地被工匠们创造出来，统称为"四十八茶百鼠"。图 10-25 所示的色彩是小柿孝德根据《日本色彩辞典》等资料重新确定的标准色。

戚光茶	光悦茶	市红茶	雀茶	利休茶	焦茶
深川鼠	银鼠	小町鼠	凑鼠	蓝鼠	绀鼠
梅鼠	胭脂鼠	嵯峨鼠	鼠色	白鼠	浪花鼠

图 10-25　四十八茶百鼠的代表性色彩　第一排为茶色；第二、三排为鼠色

第四节　艺术特色比较

一、中国型染

型染作为中国的民间艺术，以浪漫的想象和吉祥的寓意而独树一帜，在造型、构图、色彩、内容等方面都形成了特有的语言，其表现方式具有无拘无束的自由想象与畅快淋漓的自由表达等特点。

（一）造型方式

型染图案的造型方式具有明显的民间艺术特征，民间手艺人以原始意象作为心理基因，在形象的创作过程中，常常是"烂熟于心"，不假思索，信手拈来，因此具有程式化的特征，与其他民间工艺的图案造型有很多相似之处。这些图案的造型虽然略显笨拙，但这些被赋予吉祥内涵的意象造型具有极强的生命力。

吉祥图案作为我国民间传统文化的一种形式，其思维方式是具象—抽象—具象的过程。吉祥图案的造型是将事物的意义抽离出来，并附着于可感形象之上，因此形象离不开表达的语言符号，主题离不开抽象的意义。这样，造型—语言—含义三者构成具象、抽象与意象的内在结构。

与文人士大夫的艺术创作方式或官办的工艺美术相比，民间手艺人在创作时较少受理念的束缚，他们注重本己体验、强调心性感觉、遵从自我意愿的认知态度，使得作为创造主体的他们毫无顾忌地把外部客观世界纳入个体的主观意念的秩序中，以高度的主观随意性来处理物象原型，让客观物象依照自我的意念观照去重新构造。他们的这种创作方法倾注着浓厚的意念成分，人们习惯将这种造型方式称为"意象造型"。"以象寓意，以意构象"是对意念化造型的高度概括。"意象，是意念过程与视觉创造的共同体，是观念和感情的表述形态。其象，是意的载体；其意，有象的内涵，二者是一个天衣无缝的契合物。"[①] 民间艺人大胆地采用取舍、强调、夸张、提炼、转移等

---

① 何灿群：中国民间美术中的意象造型，《江苏理工大学学报（社会科学版）》，2000年第2期，第90页。

艺术手法进行创新，形成天真烂漫、充满想象、造型夸张的艺术样式。

（二）程式化表现

中国民间的价值观念从关照自身的现实利益出发，并利用视觉形象的组合去表现这种情感的诉求关系，从而形成了鲜明的民间艺术特色。在对这种功利性较强的价值观念进行视觉化表达时，民间手艺人往往不用抽象化的概念，而是用一种寓意性的物象来表现，因此带有程式化的特点。

程式化的表现手法是人们从长期的实践中总结得来，是群体性价值观、审美观的综合体现，因此是一种高度概括、高度成熟，具有相当的稳定性与较高的辨识度，同时又符合民间的审美认识和审美规律的一种特定的艺术语言。这种艺术语言是历史文化的积淀，超越个人体验而存在，是集体创造所传承下来的丰富多彩的形象组合。这些形象来源于自然与生活，是对生活的总结与提升，同时寄托了对未来生活的期待，因此这种认知更能深入人心，从而达到家喻户晓甚至妇孺皆知的程度，并固定形成模式化的形象，使老百姓无须苦思冥想就可以轻而易举地领会这其中深刻的内涵和美好的寓意。

（三）民间色彩文化

色彩作为视觉艺术的一个重要构成要素，对中国的民间工艺与民间美术的发展影响十分巨大。国内的理论研究者一直以来都比较重视对中国民间美术色彩观念的研究，中国民间美术色彩是创作者与观众进行对话的一种文化语言，有装饰、象征等多重功能，民间美术色彩选择既不是纯客观视觉的，也不是随心所欲的，而是以伦理化和宗教化的色彩选择习俗为依据的。[1]民间色彩也是体现中国不同民族、不同地域的文化个性、审美观念和反映不同民族文化的崇尚与禁忌等各个方面。

因此有专家认为："中国民间美术的色彩观念是一个平衡的两面体：它一方面遵循了传统色彩的象征、比附意义及内涵，具有深厚的文化底蕴；另一方面又十分重视色彩的视觉审美效果，呈现出斑斓多彩的热闹景象。因此可以这样认为：色彩在中国民间美术中既是观念的、历史的，又是现实的、审美的。"[2]镂版印花工艺在用色上具有明显的中国民间色彩的共同特点，从

---

① 陈晓敏：中国民间美术的色彩观念，《艺术百家》，2008 年第 5 期，第 244 页。
② 同上。

而体现出中华民族的民间色彩文化心理。

二、日本型染

（一）造型

袴的小纹图案造型简洁，注重身份标识，追求秩序美感；町人小纹虽然图案主题常含清雅祥瑞之意，但无论在造型和排列上，同样采用弱中心甚至无中心化的方式，表现雾状的朦胧感。江户小纹图案细密雅致，远看像素色，近看才能观赏到极致纹样，显得纤弱而枯淡，呈现若有若无的暧昧感，似乎更在意工艺之美。

如果说小纹在江户时代前期是为武士阶级标识身份服务的话，那在江户时代中后期的转型则是在某种程度上体现出民主化的一面，即注重小纹自身的工艺特色和使用者通过服饰表达真实的情感，体现出时代的审美意识。

与中国型染注重意象造型不同，日本型糊染的题材更关注身边的寻常物，且并不重视相互间组成的意义，更在意造型本身的形式美感，因此图案显得更加纯粹（图10-26），旨在反映个体生命对自然的体验。

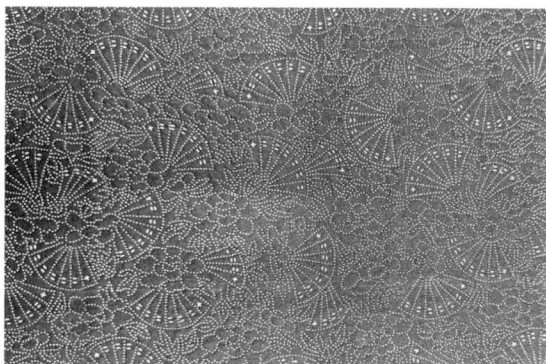

图 10-26　小纹型纸（局部）　鸟取县前田染物店提供

小纹的美是极易被忽视的，而中形虽然纹样更大，有充分的发挥空间，但它同样也是以追求极致为目标的，它们呈现的都是含蓄、克制、理性和严谨的美（图10-27），可以用"精致"来概括。

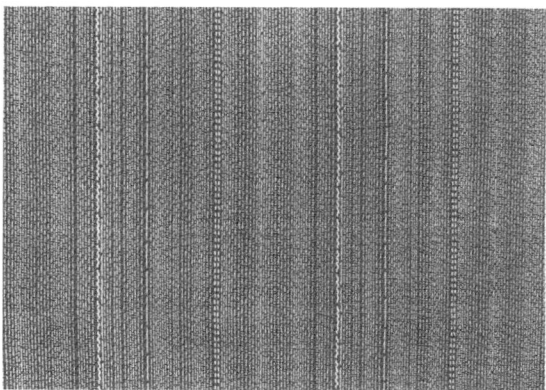

图 10-27　小纹着尺（局部）　第69回日本传统工艺展参展作品，蓝田爱郎作

在传统印花领域，无论刻版的精细度还是印制的精准度与精良度，小纹都堪称典范。由于江户时代小纹型版尺幅较小，多在 12～22cm 之间，所以 1 反和服面料需要重复印制 50~95 次之多，且必须保证图案清晰无瑕疵，对版精准不错位，这对型置师是巨大的考验。此外，中形的双面染和追掛型都是工匠对工艺极限的挑战。

（二）色彩

日本的染色工艺是受到大陆文明的影响而逐渐发展起来的，其色彩的名称与早期运用色彩的观念也是如此。随着民族意识的觉醒，以及地理因素对日本人民心理的塑造，逐渐形成了专属的色彩文化。虽与中国传统色中的诸多色彩有着相似之处，却在诞生时代、名称由来、用途及注解方面有着较大的差别。比如季节的更替对日本色彩观念的形成产生了强烈的影响，从山吹、长春、秋樱、雪柳、葵绿、东云色、瓶窥、海老茶、青朽叶、银煤竹、藤纳户等色彩的命名上即可窥见一斑。日本传统色大都取自于自然，可以从日本传统色彩的呈现中看出日本四季轮回的缤纷色彩，同时感受到日本人对于色彩感知的领悟力。

与中国民间的色彩不同，日本型糊染色彩的主要特征是"素雅"。江户小纹的颜色都是低饱和的单色，配合弱对比的图案，保持着温和而雅致的调性。

表面上看，型糊染的色彩受到幕府的限制而不得不在狭小的范围内追求变化，实质上这些低纯度的颜色被称为"寂色"，体现出日本人的民族审美特征。"寂色"就是一种古色，类似水墨色、烟熏色、复古色。从色彩感觉上说，"寂色"给人以磨损感、陈旧感、黯淡感、朴素感、单调感、清廋感，同时也给人低调、含蕴、朴素、简洁、洒脱的感觉，所以富有相当的审美价值。"寂色"是日本茶道、日本俳谐所追求的总体色调。[1] 这种对微弱变化的痴迷与造型上追求极致的态度是一致的，始终在有限的空间中积极地拓展。

这些典雅的颜色所塑造的世界，透露出人与自然的相互关照，人对四季变换的细腻感知，更生动描绘出古往今来人们的生活情趣以及审美价值。日本的型糊染以精致的图形和素雅的色彩展现出内敛平和的特点，呈现的是一种含蓄、克制、理性、严谨的都市气质。

---

[1] 王向远：《日本之文与日本之美》，新星出版社，2013 年，第 153 页。

第十一章
同源而异流的思考

　　中国型染起源早，但到宋元时期"药斑布"成熟以后，其余型染工艺就逐渐萎缩。蓝印花布广泛流行于中国民间，有着深厚的群众基础，但终究没有得到质的提升。而日本型染起源晚，由于受到武士阶层的喜爱而发展迅速，并发展出众多新的型染工艺。以小纹为例，先后经历了由武士公服转向町人服饰、由身份标识转向现实审美的发展过程。此后在近现代都市化进程中，型染艺人不断创新以适应时代发展，在拓宽了工艺边界的同时，也提升了艺术表现力，从而使其成为多元的染色艺术。

　　中日两国的型染工艺虽然同源，但最终却呈现出迥异的艺术特色，呈现出粗犷和细腻两种完全不同的风格特点。表面上是两国手艺人在技术上的不同创造，但更是两国不同的消费人群及其背后不同的需求标准与深藏其中的民族审美意识的体现。同时也是传统染缬在中日两国发展的一个缩影。

第一节 技术层面

一、中国型染

在江南地区，由于镂版印花与蓝印花布生产的繁荣，出现了专业化分工，刻版、印花与染色分别由专业作坊完成，其中苏州"李灿记"刻版店享有盛誉，所刻的花版行销全国。[①]但由于时代变迁，蓝印花布市场严重萎缩导致工坊纷纷倒闭，只有浙江桐乡、湖南凤凰、江苏南通等地仍有小规模生产。可喜的是，随着旅游业的发展，蓝印花布工艺在全国多地恢复经营。

（一）扎根乡土

中国的型染工艺虽然出现很早，并且早期各类型染都服务于上流贵族社会或宗教场所，但由于夹缬费工费力，在宋朝时被禁。其他工艺存在色牢度差、精细度不高等技术缺陷，随着织造与刺绣工艺成熟且备受上流社会喜爱，蓝印花布、蓝夹缬、刷印花、镂版印花、木戳印花等型染工艺逐渐失去上流社会的青睐，而流行于乡村。

蓝印花布古称"灰缬"，据文物考古人员的研究发现，唐代除使用蜡作为防染剂进行镂空版防染加工外，还利用灰浆碱剂等材料。[②]宋代在延续前朝工艺的基础上开始用草木灰或石灰等碱性物质进行防染，并出现"药斑布"之名。此后经过不断改良，直到南宋时期改用石灰和大豆粉调制成的防染糊，这种技术最终成熟定型，并在民间一直流传至今。

由于中国传统染织中刺绣、织锦、缂丝等技艺成熟时间较早，其图案精细，色彩鲜艳，表现力强，从而深受统治阶级和上流社会的喜爱。而镂空版防染工艺虽然早已出现，但成熟时间较晚，相比之下其精致度与豪华感始终无法与上述三种工艺相提并论。并且由于型糊染工艺一直采用碱性材料作为防染剂，而丝绸是蛋白质纤维，由18种氨基酸组成，因而碱性条件下会被分

---

① 张道一，徐艺乙：《民间印花布》，江苏美术出版社，1987年，第11页。
② 郑巨欣：《中国传统纺织品印花研究》，中国美术学院出版社，2008年，第141页。

解断键，造成脆损甚至溶解，导致不能在丝绸这种高档材料上使用，从而一直不受上流社会关注，并因此失去了进一步挖掘技术潜力的机会。

直到宋末元初，随着棉花的引入与大面积种植，棉的耐碱特性正好与型糊染工艺完美结合，并最终诞生了蓝印花布，从而使得这种数百年前即已存在的工艺在遇到棉这一载体之后终于得以发扬，其批量化的生产方式大大降低了成本，从而使其在广大农村地区流行开来，满足了民间百姓对美好生活的向往，并传承至今。

新疆地区的木戳印花从图案造型、型版样式并结合其地理位置来看，可能受印度印花的影响较大，与中原的模版印花关系不大。而刷印花以其产品的特点来看，也是流行于乡村的民间工艺。

（二）缺少革新动力

中国农村的农耕文明稳定而绵延，其自给自足的经济模式一直延续到20世纪中叶，妇女闲暇时间纺纱织布，为家人置办衣物和各类日常家用的纺织品。妇女们通常都会不定期地将织好的土布让走乡串村的"花担匠"刮印上防染糊后拿去染坊加工成蓝印花布。

然而中国民间百姓的消费能力相对较弱，加上图案由多版拼合而成，且移动印花担条件简陋，被面、包袱都是先印后拼，导致印花产品无法做到标准化与规范化，产品质量参差不齐，拼接错位、对版不准、图案不清晰等瑕疵较为普遍。

总之，在技术层面，来料加工的经营模式与不高的客户要求，在供需两端都缺少主动寻求技术革新的驱动力，导致蓝印花布自其工艺成熟之后的数百年间，除局地出现漆花、弹墨等蓝印花布的变种以外，在技术上并没有得到较大幅度的改良与提升。

二、日本型染

（一）武家社会垂青

1. 现实需求

德川家康建立的江户幕府开启了日本和平发展的稳定阶段，为加强政权稳定，需要建立相应的服饰制度，然而当时织造技术落后，不能满足统治阶级的需要，只好另辟蹊径将目光投向型染工艺。武家大量的需求为型糊染提供了大量订单，因此型糊染因得到为武士阶层提供服饰的机会而逐渐发展成熟。此后又由于得到富裕的町人阶层喜爱从而获得进一步的发展机遇。

2. 技术不断改良

武家较高的品质要求与消费力促使历代工匠对技术不断改良：如改用更细腻的糯米粉和米糠为防染糊。因大米是酸性的，解决了强碱的防染糊不适用于丝绸的问题；同时在某些容易变形的型版上加入固定用的丝线、改浸染为刷染、把布贴在木板上固定使对版更为精准。这些举措都大大提升了型染的印制精度，使型糊染变得更为精细，从而提高了品质。19 世纪末小纹改天然染料为合成染料，又提高了色彩的丰富性与色牢度。江户时代社会稳定，商品经济取得较大发展，但由于德川幕府落后的税收制度与管理模式，导致财政经常出现危机，难以支撑庞大的支出。[1]面对下级武士大量破产，而位列四民之末的富商阶层则过着奢靡的生活，幕府多次下达"禁奢令"，严禁武士、平民穿着华美的服饰及制作、买卖奢侈品，"天和三年（1683）禁止町方女子穿着金纱、惣鹿子、缝"。[2]为了符合政策要求，富有的商人用各种方式让服装看起来朴素。比如外衣采用茶色、鼠色的格子、条纹及小纹面料，为使服装远看呈现单色，花纹变得越来越精细，因而极大地推动了江户小纹这项工艺的技术提升，并且在不违背禁令的前提下，巧妙地创造出町人的时尚潮流。

此外，江户小纹的经营模式较为稳定，制版、设计、刻版、印制和染色等工序分属不同的工种与工坊（使用合成染料后印制与染色可以在同一工坊完成），分工明确且精益求精。[3]专业化的分工与合作使工艺更加精湛：从四国的土佐（高知县）采购楮纤维原料，然后由美浓制作成和纸，江户的绘师设计纹样，之后由伊势的型雕师雕刻图案成型纸，最后由江户的型置师和染色师印染完成。

3. 工艺提升

武家的需求促进了型糊染工艺的长足发展，并根据图案大小分化成小纹和中形。裃小纹的几何图案虽然看似简单，但由于其规则排列且追求细小的特点，使小纹在刻版与印制方面都对工艺师提出了巨大的挑战，稍有差错就

---

① 端木迅远：德川幕府财政崩溃研究，《浙江社会科学》，2019 年第 2 期，第 141 页。
② 森末義彰：《体系日本史叢書 /16/ 生活史 / Ⅱ》，山川出版社，1981 年，第 245 页。
③ 安田丈一：江户小纹と長板中形の形付师 // 岡田譲：《人間国宝シリーズ –16》，講談社，1980 年，第 36 页。

会出现大小不一、对版不准、孔眼被堵，从而导致图形不清晰等瑕疵。

伊势的白子、寺家在纪州藩的庇护下发展起了型纸业，刻版工艺也根据图案特点发展出锥雕、道具雕、引雕和突雕工艺。此外为保证使用刻有细条纹的型纸进行刮糊时不出现条纹断裂或变形而无法完成印制，就发明了用丝线对型纸进行加固的"入线"工艺，即把刻好的型纸分成两张，把其中一张置于下方拉上网格状的线，再将另一面的型纸准确地贴合于上方，这样就形成一种三明治结构，里面的网状丝线能把条纹很好地固定住。

为了解决困扰型纸工艺的"孤岛"难题，工匠们发明了"追掛型"（图11-1），把地色分割为两部分，有的甚至拆分为8张型纸。而小纹改用合成染料并采用糊染的方式为解决大面积白地的防染效果，采取了双面印的工艺（图11-2），以后又发明了"双面染"，即正反两面分别印制不同的图案。这些举措都大大提升了印制的精度，改良了型糊染的工艺，使型糊染变得更为精细，从而提高了品质，并最终成就了小纹和中形。

为表彰小纹工匠的杰出贡献，1955年日本文化遗产保护委员会将型雕师南部芳松、六谷纪久男、中岛秀吉、中村勇二郎、儿玉博、城之口美江与染色师小宫康助，以及1978年的小宫康孝和2018年的小宫康正共9人，先后认定为"人间国宝"，因此小纹至今仍是日本单一品种中被认定"人间国宝"

主型　　　　　　　　　　　　消型

图 11-1　追掛型型纸　鸟取县前田染物店提供

人数最多的工艺种类，再加上长板中形 2 人、红型 1 人和型绘染 3 人，日本型染类"人间国宝"人数达到 15 人，占染织类"人间国宝"总数的 30%，甚至是友禅染这一日本最具代表性染织工艺所认定的"人间国宝"人数的 1.5 倍，这足以反映出以小纹为代表的型染工艺的难度与日本官方对其的认可

图 11-2　双面印网纹帷子　19世纪，文化学园大学博物馆藏

度。"小纹是型雕师以超人的技术刻画出人眼所能看到的极限世界，而染色师也会因此被激发出无限的毅力，他们为型雕师的高超技术所驱使，并发挥出最高的技艺。"①小宫康孝由衷地感慨，更加证明：正是染色师与型雕师的竞相努力，才创造出了现在的小纹。

（二）新模式助推

1. 经营模式：专业分工强强联合

　　型染的经营模式最大的特点是分工合作，吴服屋、太物屋②或商人负责销售、绘师负责纹样设计、美浓地区生产和纸、雕刻师负责雕刻型纸、型付师负责印制、绀屋负责染色制作等。江户时代有名的吴服店有雁金屋、千总、三越、白木屋、大丸等。千总成立于 1555 年，至今已有近 500 年历史；雁金屋是尾形光琳的祖父和父亲经营的一家在京都屈指可数的衣料商家，是后水尾天皇后妃东福门院御用的高级和服商，专门为宫廷贵族服务，生意十分兴旺；三越的前身为创立于 1673 年的越后屋，大丸的前身为创立于 1717 年的大文字屋，现在都已经发展成为日本著名的大型百货公司。虽然雁金屋、千总这样的吴服屋主要针对皇家与公家的达官贵人，经营的都是高级服饰，并且没有证据表明同时兼营型染服饰，但三越是经营红板缔这类庶民服饰的③，

---

① 小宫康孝：型紙について思うこと // 岡田譲：《人間国宝シリーズ -19》，講談社，1980 年，第 7 页。
② 吴服是丝绸服饰，太物是指棉、麻织物。
③ 国立歴史民俗博物館：《紅板締め 江戸から明治のランジェリー》国立歴史民俗博物館，2011 年，第 22 页。

而白木屋常为歌舞伎演员提供型染服饰（图11-3）。

　　纹样是型染的灵魂，因此大都由专业的绘师完成。根据仲间秀雄的分析，白子型是经江户的绘师之手完成的，之后再通过型商被贩卖至白子地区，才得以被雕刻而成。大正时代，东京地区有四五家型商的店都有好几名绘制底稿的绘师，三林氏就是在其中的一家水谷店学习技术。有时小纹的底稿也经日本画家之手完成，如著名画家镝木清方年轻时在寺尾店画过底稿，包括其代表作《樋口一叶》在内，画家的作品中常可以见到女性和服上饰有精致的江户小纹。美人画家伊东深水也会画一些底稿，时常有工匠将其花纹化。①

图 11-3　名所江户百景：日本桥通一丁目略图（背景是老字号吴服店白木屋）　歌川广重（1797—1858 年）作

　　在定做型染吴服的时候，在决定布料种类的同时，使用前面提到的颜色样本册决定底色，使用收录了小纹和中形花纹样本的型染样本册选择花纹后，告知穿着者符合的尺寸并确定规格。如果顾客有自己的想法，还可以将要求告诉商家，商家将这些记录下来之后再给顾客具体的方案。

2. 商业模式创新：原型书与广告宣传

　　随着都市化进程，江户产生了资本主义的萌芽并出现了新的商业与传播模式，不仅形成了从设计、生产、销售和传播的服饰产业链，吴服店还利用成熟的印刷出版业，推出介绍友禅染、型染的雏形本（原型书）小册子。这些原型书像现代的时尚杂志一样，可以借阅也可以购买，方便客人更直观地选择花纹图案，以吸引更多的顾客前来订购。已知最早的出版物是在宽文七

---

① 冈田讓：《人间国宝シリーズ-19》，讲谈社，1980 年，第 38 页。

年（1668）年，之后连续地推出流行新样式，文政三年（1820年）的《万岁雏形》是最后一本原型书，在前后约150年间共出版了近180本之多。

早期原型书多为黑白单色，一般里面会插入几张彩色的图，后期也有整本都是彩色的，从而吸引更多的顾客并促进其购买的欲望。

原型书一般都会画出正面和背面的小袖形状轮廓，里面勾勒出图案造型，少数采用穿着的效果图形式表现（图11-4）。原型书中对襟、袖、裾的形状描绘有很多不同之处，每本原型书都有各自不同的特征，在各图的空白部分会写有图案花纹的颜色、加饰技法等。

自从友禅染流行以后，一直成为江户时代的主流，因此小袖原型书大多是这种采用丰富多彩的绘画一样自由表现为特征的友禅染，但另外也同时表现出商家对与之相反的用细小单色花纹来表示的朴素的型染的兴趣（图11-5）。

元禄十三年（1700年）刊行的小袖原型书《当流七宝常盘雏形》中，与运用友禅染等比较绘画性地表现通常大图案的小袖样式一起，收录有小纹、中小纹、朦胧小纹三种型纸染的图案花纹335幅。此外还有专门的小纹图案原型书，如天明四年（1784年）的《京传工夫小纹形》，就是浮世绘画师山东京传绘制，由白凤堂刊印的。

江户时代中后期以后，町人引领了时尚的潮流，创造出所谓"潇洒俊俏"的美的意识，从而使更多的人认识到型染的魅力。特别是品质上乘的小

图11-4 御伊达羽织御半着雏形 纪州家御召方编，日本国会图书馆藏

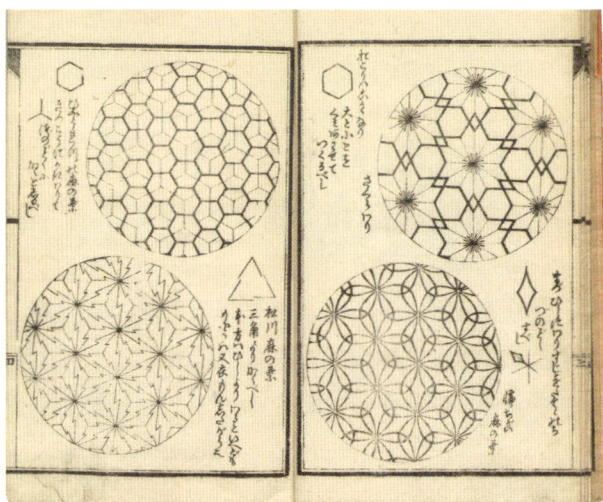

图 11-5　北斋纹样画谱　葛饰北斋作，日本国会图书馆藏

纹染，毫无疑问是与"潇洒俊俏"的美的意识最相吻合的染品。从 18 世纪以后的浮世绘版画里，可以看到众多描绘身着鼠色、黑色、茶色等朴素底色上印有细致花纹的小袖的男女市民。

除原型样本书外，还有的将图稿加入流行剧目的绘本里，像封面采用特别装饰的吴服样式，如《雁金绀屋作早染》《世谚口绀屋雏形》《光琳模样梅略画》等，都是在绘本里加入了吴服元素。此外，江户、大阪、京都等地还有《江户买物独案内》《万买物调方记》《京·大阪·江户买物调方记》《浪华名所独案内》《浪花商工名家集》《商工技艺浪华之魁》《摄津名所图绘》《商人买物独案内》等购物指南一类图书的出版，书中介绍了各类商店的名称、地址、主要商品等信息，在一定程度上促进了商品流通的信息传播效率。

3. 优秀画师参与

江户时代涌现出一大批优秀的画师，其中一部分同时从事染织艺术创作。被称为"浮世绘之祖"的菱川师宣（1618—1694 年）、"琳派"创始人尾形光琳（1658—1716 年）以及西川裕信（1671—1751 年）、鸟居清长（1752—1815 年）和歌川国芳（1798—1861 年）等许多优秀的浮世绘画师同时也是原型书的创作者，[①]特别是尾形光琳绘制的和服图案，被后人称为"光琳纹

---

① 藤澤紫：江戸文化と装い——人気絵師が描いた各種雛形，《杉野服飾大学短期大学部紀要第 7 号》，2008 年，第 3 页。

样"。虽然这些画师创作的原型书大多以友禅纹样为主，但也吸引了葛饰北斋（1760—1849年）、山东京传（1761—1816年）等许多优秀的浮世绘画师投身小纹的创作。山东京传同时有作家、画工、歌人、商人、通人（精通某项事物）五种身份。他对小纹兴趣颇丰，天明四年（1784年）出版了《京传工夫小纹形》（图11-6）、天明六年出版了《小纹新法》、宽政二年（1790年）出版了《小纹雅话》。在《小纹雅话》的叙述中，有这样一句："听闻于印度见刨屑造字，于荷兰见牛涎造字，唐苍颉见鸟之足迹造字，吾见犬之足迹错当梅花，不知该作字亦或是作画，不觉间已作无数，故说小纹雅话。"[1]这些图案诙谐有趣，有花魁小纹、章鱼腿、牛涎、蝌蚪等图案。在这些画师的广泛参与下，诞生了层出不穷的小纹图案，并保证了艺术水准。

4. 都市明星引领

此外，明星起到了潮流的引领作用。歌舞伎在宽文（1661—1673年）、延宝（1673—1681年）年间逐渐发展成熟，到元禄时期（1688—1704年）获得了跨越式的发展，并涌现出市川团十郎、尾上菊五郎、岚吉三郎等名角，这些演员以着装前卫而引领了时尚潮流。由于小纹受到这些歌舞伎演员的喜爱，甚至出现了以演员名字命名的图案或色彩，比如"2020东京奥运会"标

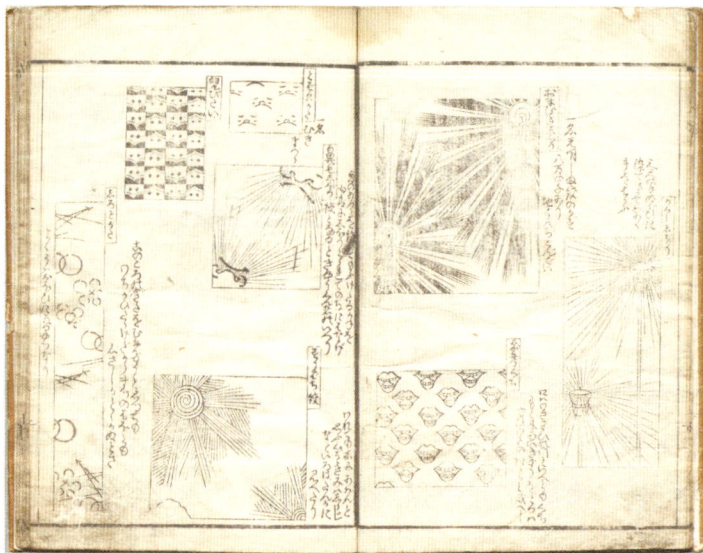

图11-6 京传工夫小纹形 山东京传作，日本国会图书馆藏

---

[1] 安田丈一：江戸小紋と長板中形の形付師 // 岡田譲：《人間国宝シリーズ -16》，講談社，1980年，第35页。

志的底纹是蓝白相间的"市松纹样"，这个纹样就是以演员佐野川市松命名的型染图案，此外团十郎茶、梅幸茶、璃宽茶等颜色都是以演员命名的。这些一直以来遭到嫌弃的颜色，经过创新和使用借代字或略字以重新命名的方式，在歌舞伎演员的引领下，成为新的潮流并影响至今。

著名的歌舞伎演员花柳章太郎演绎了许多新派女性角色，他选择服装非常讲究，尤其执着于江户小纹，他甚至会自己去搜寻江户小纹的服饰。当第六代的菊五郎曾对他说在神户有一家不错的古着店时，花柳章太郎马上就去寻找了。"江户艺伎的角色与小纹着实相配，他们身穿带有淡蓝色或藤紫色的小纹、黑绉绸纹理的羽织外套的婀娜姿态，至今令我难以忘怀。"[1] 在这些新模式的助推下，扩大了型糊染流行的速度与广度，并初具时尚业特征。

第二节 审美层面

审美意识即广义的美感，是人在审美活动中对审美对象的能动反映，它包括人的审美感觉、情趣、经验、观点和理想等。人的审美意识首先源于人与自然相互作用的过程中，自然物的色彩、造型等形象特征作用于人的大脑，而使其得到美的感受。审美是社会性的东西（观念、理想、意义、状态）向诸心理功能特别是情感和感知的积淀。[2] 审美意识与社会实践发展的水平有关，具有较强的群体性特征。因此，中日型染图案的题材、造型、色彩等特点是两国人民审美意识的各自体现。

一、中国审美意识对型染的影响

（一）中国审美意识的形成及其特点

中华民族在亚洲东部广大且自成单元的地理框架内形成，以黄河流域为中心的广阔平原为中华民族提供了优越的生存条件。东亚大陆的地理生态和气候条件决定了以农业为主的生产方式，不仅为中国人的生存提供了最初的

---

① 谷崎松子：江户小纹と長板中形の形付师 // 岡田譲：《人间国宝シリーズ–16》，講談社，1980 年。
② 李泽厚：《美学三书》，安徽文艺出版社，1999年，第223页。

物质保障，还促进了中华文明的诞生与发展。考古发现表明，中国文化从史前时代到文明时代的自发形成和自然延续都非常顺畅，在它的形成和发展过程中没有外来因素的强行阻断或破坏。同时，中国人的审美心理是在这一过程中自然而然地形成。

1. 中国审美意识的形成与发展

中华先民的思维方式受自然环境主导，受儒家文化影响，天人合一的宇宙观和儒学指导下的礼乐传统影响着中国人的行事方式。天人合一和礼乐传统既是中华文化的核心，也是中华艺术审美的核心。儒家教化在中国形成了制度，进而成为中国最广大群体的主流意识形态。[①] 中华文化发端于中原，以"礼乐"文化为主干的汉民族文化，讲求等级礼制、顺应天地，强调人与自然的平衡和谐。同时道、禅等思想对中国的文化形态形成补充，这些都是中华文化与审美的核心。并且在历史演进的过程中不断融合吸纳少数民族文化，呈现出动态多样的变化和审美特色。

在中国，儒家思想系统的审美意识与社会政治生活和伦理道德密切关联，对美的社会性高度关注，体现出积极入世、乐观进取的现实精神。周公旦是"礼乐"的制定者，"礼"在当时是一套包括祭祀、战争等政治生活，以及起居、娱乐等日常生活的规范、制度和仪式的总称，通过对个体行为的约束与限制，以维护和保证群体组织的秩序和稳定。"礼"除了维护统治秩序，同时也体现在服饰、仪容、动作等感性形式方面，因此与"美"的关系密切。此后，从孔子起的儒家一直是这一历史传统的继承者、维护者和解释者。孔子的主要美学观是"尽善尽美"的审美理想、"兴观群怨"的审美作用、"兴于诗，立于礼，成于乐"的审美教育。其中"诗"与"乐"需要合乎"礼"的社会准则，符合政治教化的需求。这些观念树起了儒家审美理论的主干。[②] 在孔子美学观基础上发展完备的儒家美学，是充满社会理性和人生进取精神的美学，以建构的方式来装点逻辑化、秩序化、符号化的美学世界。

道家美学以对形而上的哲理思索为先导，追求人格精神与天地自然的同一，认为"道"是自然本体，更是理想人格的体现。道家追求精神的自由和人性的复归，它超越社会礼法制度的天道，冲破一定的社会束缚，使人有

---

① 长北：《中国人眼中的审美——中国审美意识十讲》，湖南人民出版社，2022年，第1页。
② 姜文清：《东方古典美——中日传统审美意识比较》，中国社会科学出版社，2002年，第7页。

了真正与审美情韵相一致的超然物外的"逍遥游"。因此道家这种自然之美与真性情之美的统一，是对儒家礼乐教化美学观的超越和补充。道家以解构的方式寻求一个非逻辑、非秩序、非符号的审美天地。由老子"大音希声""大象无形"、庄子的"以神遇而不以目视""勿听之以耳听之以心""勿听之以心而听之以气"等观念，同样形成了中国美学的基础。

佛教传入中国时，美学观已经形成，传统的社会美意识、人格美意识，是理性精神的美意识，是执着于现世人生的美学。佛教对中国的美意识的影响，是通过中国化了的禅宗来产生的，佛家从人生觉悟的高度出发，以重构的方式创造一种具有深度模式的审美意象。中唐以后，中国的艺术审美观念中，出现了"韵味""神韵""意境""冲淡""妙悟"等来自禅宗的美意识。这些讲求韵味与余情、表现空灵冲淡与闲寂清幽、展示直觉顿悟之妙的思想，正是禅趣所赋予这些美意识的特色。[①]

2. 中国审美的特点

中国美学是带着中国宇宙观特点的美学，并且由于中国世界观的特点和审美现象的复杂性，导致中国美学始终以一物与他物和世界关联起来进行思考，因此呈现为一种非学科的美学。[②]

受儒家思想的影响，美善同义是中国审美的一大特点。美、善二字皆从"羊"，在一定历史时期内，二者的同义很有可能从文字的同源发展而来。《说文》将二者解释为同义词，即"美，善也""善，美也"。在儒家典籍中，孔子明确区分了美与善，主张既要"尽美"又要"尽善"，使美与善完满地统一起来，而孔子仁学的最高境界是一种审美的境界。此外，孔子的音乐思想中包含审美与政治的统一、形式与内容的统一、艺术与道德的统一等，并认为在这种统一关系之上，存在着一种基于艺术而具有超越意义的审美境界与自由境界。

受此影响，儒家在"物"中寄寓道德理想，进行道德教化。经过一代代儒家宣扬，它固化成为民俗，成为中国人的思维习惯，成为中国人审美关照中物我一体、情物交融的思想基础。"情"是基于主体的社会理性化的"志"的基础上的情感，与人的社会、道德观念、志向、抱负等理性化心态密切相关，形成情志合一、情理合一的感情机制。"物"不仅是外在的景物事象，

---

① 姜文清：《东方古典美——中日传统审美意识比较》，中国社会科学出版社，2002年，第11页。
② 张法：《中国美学史》，四川人民出版社，2020年，第6页。

更是"收视反听"中的心象内境。这是由于中国深厚的历史积淀（特别是思想意识积淀），深化了审美主体的理性感悟度、扩张了其情思空间。[①] 也即是说审美具有道德化要求，儒家常在"物"的自然品质与人的伦理道德之间寻找相似性，以"物"之美比附道德要求，借"物"进行道德说教。儒家主张文以载道、文质彬彬、微言大义、诗以言志，形成尽善尽美、美善相兼的审美观。

中国传统思维方式是以形象中心主义为特征的。这与西方盛行的科学思维、逻辑思维有着极大的不同，它是以形象的方式进行概括，并用形象的材料来进行思维的过程，它凭借表象、想象、构象来反映事物的运动规律，达到对事物的本质特征和内在联系的认识。[②] 如中国的汉字就是以形象符号为基础创造出来的。这种注重直觉判断的思维方式具有整体性、意会性和模糊性的特点。

中国文化的最高境界是"和"，包括人与人之和、人与社会之和、人与宇宙之和的多样统一。中国艺术之美自觉追求表现天地之心，拟太虚之体，因而也把"和"作为最高境界。中国各门艺术都是通过自己所依媒介的多样性组合，按"和实生物"的原则而产生出来的。[③]

对于审美的价值判断，各家有着不同的标准。儒家美学以"神"为第一，道家美学以"逸"为第一，市民趣味则以"妙"为第一。"神"是对艺术作品精神内涵的高度评价，是一种广大无边、莫可名状的诗性智慧。"逸"有超众脱俗之意，宋初黄休复在《益州名画录》中把"逸格"提到"神""妙""能"诸格之上，认为画中"逸格"最高。"妙"有神奇、巧妙、精妙之意，明代陶宗仪有"笔墨超绝，传染得宜，意趣有馀者，谓之妙品"。

（二）民间艺术的审美特点

中国由于独特的生存环境，逐渐发展出在地理上以中原为核心、在文化上以华夏为核心的天下一体的观念。同时出现了华夏、四夷、八荒、朝廷、民间等概念，以及中央与四方、华夏与四夷、朝廷与民间、在朝与在野等区

---

① 姜文清：《东方古典美——中日传统审美意识比较》，中国社会科学出版社，2002年，第139-140页。
② 梁一儒，户晓辉，宫承波：《中国人审美心理研究》，山东人民出版社，2002年，第64页。
③ 张法：《中国美学史》，四川人民出版社，2020年，第14页。

别，并且以中心—四方、华夏—四夷、朝廷—民间等互动与互嵌的动态方式构成"礼"的秩序，是具有天下观的美学。

根据社会结构，中国美学可分为朝廷美学、士人美学、民间—地域美学、城市—市民美学。[①]并且根据服务对象不同，逐渐形成了宫廷绘画、文人绘画、民间绘画；宫廷艺术、民间艺术；官办工艺、民间工艺等不同的分野。其中士人美学是其中最重要的因素，它以相对独立性、趣味高雅性、广泛关联性，把朝廷美学与民间美学以及后来的市民美学关联起来。民间—地域美学是中国古代美学整体的广大基础，具有地域性、俚俗性、多样性。士人进退往返于朝廷（国）和民间（家）之间，又是文字和思想的掌握者，传统美学、民间美学、市民美学都是经士人加工以理论形态表现出来，因此士人是大一统中国的整合力量，也是大一统美学的整合力量。民间艺术的受众与创作主体都是普通百姓，并且儒家有"礼不下庶人"的说法，但民间艺术核心的审美意识还是深受士人阶层的影响。受儒家礼乐传统影响，自东汉以后，中国古人开始在"物"中寄寓吉祥祝愿，并在明清市民美学的影响下逐渐成为中国人最普遍的审美意识。尤其在清代以后，无论处在朝廷、士人、市民还是民间，吉祥意识成为最广泛人群的潜意识。

区别于宫廷艺术和官办工艺奢华极致的美，包括民间工艺在内的民间艺术有着自身发展的逻辑，其审美意识是由民间艺术的观念所决定的，而民间艺术观念又是由哲学观念所决定的，从而构成一个完整的民间艺术体系。"中国原始哲学从复杂的自然现象和社会现象中领悟出阴阳和阴阳相交化生万物的基本观念，形成中国哲学的宇宙本体论。用类比的思维方式，认识和解释天地万物和自然社会的一切现象。"[②]人类在和自然的斗争中，一要生存，二要繁衍，因此生命意识和繁衍意识贯穿人类发展始终，实际上繁衍意识也是生命意识，是生命的无限延续，形成了人类的基本文化意识，从而构成中国民间艺术的哲学基础和主体内涵。从型染工艺的主题来看，像凤穿牡丹、龙凤呈祥、牛郎织女、金鱼闹莲、鸳鸯荷花等爱情主题，榴开百子、金玉满堂、五子登科、麒麟送子等繁衍主题，五福捧寿、耄耋富贵、瓜瓞绵绵等延寿主题，都以极富吉祥寓意的方式反映了这种生命意识。

---

① 张法：《中国美学史》，四川人民出版社，2020年，第535页。
② 靳之林：中国民间艺术的哲学基础，《美术研究》，1988年第4期，第62页。

（三）型染图案追求寓意以抚慰人心

型染产品大多是由农民自家的土织布加工而成，即便是在不富裕的农村地区也大都是可以负担的，并且印花的加工也较为便捷，因此成为农民为数不多的可以表达情绪、寄托希望的载体，从而被中国百姓广泛应用于重要的人生礼俗之中。

从型染产品的图案主题来看，大多采用吉祥色彩浓郁的主题。蓝印花布、镂版印花和刷印花图案因物喻义，物吉图祥，将情与景融为一体，因而主题鲜明突出、构思巧妙，形成了独特风貌和鲜明个性的地域性民间艺术。这些型染产品在图案造型上不求形似，以质朴的程式化形象变换组合，形成极具识别度的吉祥主题；在色彩方面，选择浓烈的颜色组合来为生活增加亮色；在图案结构方面，往往采用四周衬中心，突出中央图形的方式，暗合中央与四方的礼制传统。

这些型染产品常被用于婚庆与婴儿出生等场合，其图案造型与主题风格都是以追求生命繁衍、婚姻美满和富贵长寿为基本诉求。由于农民识字率低，容易接受图形化的表达方式，因此民间艺人将百姓的朴素愿景结合耳熟能详的故事，以喜闻乐见的视觉图像将其表现出来。这些图案主题鲜明、造型明快而直抒胸臆，除装饰美化作用外，还反映出普通百姓质朴的生命欲望、审美情趣与价值观念，体现了人们对幸福生活的渴望和追求，具有浓郁的乡土气息与地域性的民俗意味，并且成为人生礼俗仪式过程中的重要组成部分。

民间文化的价值在于其自发性，这种自发的民间文化具有文化的初始性特征，与原始文化有较大的接近之处。相比而言，民间艺术直接和自发地表现了生命的本质，象征和表现着生命的力量。在与生活的联系上，民间艺术表现得最真切，这就是它为什么能被更广泛的农村百姓喜爱的原因。民间审美语言是一种情感坦白，它自然流露、自由抒怀、随情而生、借情而发。民间艺术在中国所有的传统艺术中表现得最鲜活、质朴、淳厚，最富有生命力。虽然民间艺人的个体很难有系统的人生观与世界观，但民间工匠的作品反映的是集体价值观，体现的是更多人共同的人生观，具有广泛的群众基础。民间审美的最大特点是不从个人立场出发，不以个性表达为宗旨。

这些创作型染图案的民间艺人遵循传统、表现集体意志，在礼乐传统、社会秩序和时代观念的影响下，构建起超越物理世界的意象世界，表达着具有地域特点的集体审美观念，融入百姓的日常生活，在审美想象中得到现实或意念性的满足，在某种程度上起到了抚慰的作用。"让审美的阳光温暖、振奋那些身处磨难或困苦境遇的庶民百姓，审美形式在中国人的生活世界中，体现了它对人生终极价值的关照。"[①]

二、日本审美意识对型染的影响

日本型糊染曾是武士、城市富商等才能享有的高档织物，具有都市文化的特点。富商阶层虽然社会地位不高，但以其强大的经济实力引领了江户时期的文化潮流，创造了都市文化。

（一）日本审美意识的核心

1. 崇尚自然

日本的地理环境塑造了大和民族的审美意识，"自然美是日本全部文化形态之美的原型，自然美观念是日本美学的基石，其美学范畴序列也是以自然美为逻辑起点的。"[②]日本气候温和，雨量充沛，四季分明，适合植物生长，然而狭长的岛国没有险峻的高山与奔流的大河、辽阔的草原与荒凉的大漠等宏大的自然景观。

由于日本台风、地震、海啸和火山等自然灾害频发，因此这些巨大的自然灾害以其不可征服的力量使日本人感到个体的渺小、生命的无常与生存的压力，并使日本人对自然产生敬畏之心。并且，多灾的环境导致容易使人产生宿命感，从而形成了日本人的人生观与世界观中的"刹那感"，即追求现实生活的愉悦。日本人带着这样的敬畏心去崇拜自然，激发了人们思考如何在精神上把握自然万物与现实中实现自我发展的问题，并逐渐形成崇尚"万物有灵"的神道教。

"日本人最初的美意识，不是来自宗教式的伦理道德和哲学，而是来自人与自然的共生，来自人与自然密不可分的民俗式的思想。"[③]他们对四季怀着极大的关心，产生一种对自然极其敏锐的感知力与反应力。所以日本人对自然、特别是四季的变迁、植物世界的变化有着极其纤细而多彩的感受性，

---

① 吕品田：《民间美术观念》，湖南美术出版社，2007年，第230页。
② 邱紫华，王文戈：日本美学的文化阐释，《华中师范大学学报（人文社会科学版）》，2001年第1期，第60页。
③ 叶渭渠，唐月梅：《日本人的美意识》，开明出版社，1993年，第25页。

这就是日本人自然观最重要的特征。日本人民从日月轮转中体会生命的成长与消逝，对四季更迭与自然生命有着独到的理解与欣赏，并最终被抽象为物哀、幽玄、空寂和闲寂等美学范畴，以及雪、月、花为代表的审美意象。

2. 审美观念

大西克礼将日本古代文论中的一系列概念进行了美学上的提炼，最后提炼并确立了三个最基本的审美观念或称审美范畴：幽玄、哀和寂。是基于欧洲古典美学所划分的三种审美形态：美、崇高和幽默，认为哀对应美，幽玄对应崇高，寂对应幽默。[1]

在佛教传入的时候，日本还处于古坟时代，其经济和政治形态都比较落后，社会思想体系正处于形成期，刚从神话传说和万物有灵的原始社会意识起步前行。因此佛教对日本审美意识的影响较大，最显著的是人生虚幻感和追求极乐世界之情。[2] 此后禅宗在镰仓时代传入日本，它逐渐将美的感性认知深化为精神内在，并产生了"幽玄"的审美意识。"幽玄就是对变化的世界中永恒事务的瞥视，就是对实在秘密的洞察。"[3] 因此，日本的美含蓄而暧昧，不会一览无余。

大西克礼将"幽玄"总结为：收敛、隐蔽审美对象、微暗且朦胧、寂寥、深远而深刻、超自然性、飘忽不定、不可言说的情趣。而在"幽玄"的世界，以上关键词往往不独立显现，是相互融合的。进入江户时代后，"幽玄"一词便鲜少使用了，谷琦润一郎创造了"阴翳"一词，他将日本人对幽暗、暧昧、朦胧的审美取向归纳于此。

从词源学的角度来考察，"哀"本来是感叹词，是人面对自然和现实的感知过程而发出的感叹，由于"あわれ"这个感叹词与日语汉字"哀"字同音，并赋予它悲哀感情的特定内容，所以这个"哀"字具有比感叹更广泛的内容。具有哀伤、悲悯、赞颂、爱怜、共鸣等含义。"物哀美"是一种感觉的美，它不是凭理智、理性来判断，而是靠直觉去感受。

在本居宣长看来，日本文学中的"物哀"是对万事万物敏锐的包容、体察、体会、感觉、感动与感受，也是一种美的情绪、美的感觉、感动与感

---

① 王向远：《日本之文与日本之美》，新星出版社，2013年，第179页。
② 姜文清：《东方古典美——中日传统审美意识比较》，中国社会科学出版社，2002年，第5—6页。
③ 铃木大拙：《禅与日本文化》，陶刚译，三联书店出版社，1989年，第149页。

受，①因此日本人更注重当下的真实感受，更关注眼前的事物。

空寂（わび，日语汉字写作侘）主要体现在作为生活艺术的中世千利休的茶道精神上，是幽闲、孤寂、贫困的含义；闲寂（さび，日语汉字写作寂）主要体现在作为表现艺术的近世松尾芭蕉的俳谐趣味上，是恬静、寂寥、古雅的意味。空寂以幽玄作为基调，充满苦恼之情，更具情绪性；闲寂是以风雅作为基调，充满寂寥之情，更具情调性，而作为艺术美的理念，两者很大程度上是共通的②。

综上各家对日本审美特点的观点不难发现，无论是物哀、幽玄和侘寂，都体现出日本人以自然为审美的出发点、以感性为认知的基本特征。"关于日本的民族性，对感性的敏锐远远高于对知性和理性的追求，与对真理和善的追求相比，日本人对美表现出更大的关心。"③

（二）江户文化的特点

如果说"物哀"是鲜花，它绚烂华美，开放于平安王朝文化的灿烂春天；"幽玄"是果，它成熟于日本武士贵族与僧侣文化的鼎盛时代的夏末秋初，那么"寂"就是飘落中的叶子，它是日本古典文化由盛及衰、新的平民文化兴起的象征，是秋末初冬的景象，也是古典文化终结、近代文化萌动的预告。④

江户时代早期，城市迅速形成并繁荣起来。经过一段时间的发展，武士阶层与町人间出现了财富与地位不相匹配的问题：一方面由于江户时代严格的等级划分，町人虽然掌握大量财富，但身份低微；另一方面，由于长期的和平，武士无法在战争中获得功绩，出现了大量落魄的中下级武士，甚至染上了町人的风气。于是在这样的社会环境中，加上江户严重失调的男女比例，形成了追求现世享乐的社会风气，注重个人、感官的感受，它的最终目的是"浮世"，即时尚和大众化娱乐的世界。

江户时代出现了叙说时髦人故事的"洒落本"，以戏谑、讽刺和滑稽为特点的"黄表纸"和偏重男女情事的"人情本"等文学形式，诞生了浮世绘、木偶戏、歌舞伎、净琉璃等绘画和舞台艺术样式。但"侘寂"和"幽

---

① 王向远：日本之文与日本之美，新星出版社，2013年，第127–128页。
② 叶渭渠，唐月梅：《日本人的美意识》，开明出版社，1993年，第71页。
③ 徐金凤：江户时代"粹"的审美意识形成的社会背景，《日本问题研究》，2016年第5期，第38页。
④ 王向远：论"寂"之美——日本古典文艺美学关键词"寂"的内涵与构造，《清华大学学报》，2012第2期，第67页。

玄"是属于上层社会的高尚的审美意识，真正由民众创造出来"俗"的美意识则是形成于江户时代的"粹"（いき）的美意识。[①]

"粹"[②]是日本著名哲学家九鬼周造对江户时代的流行文化总结出的概念，"媚态""傲气"和"达观"是粹的三要素。[③]九鬼周造认为，粹的原意就是活着，是在命运的安排下获得洒脱的媚态，能够清高地自由生存。[④]

（三）型糊染是审美意识的视觉呈现

日本的型糊染工艺在这样的环境下生发与成长，其图案的特点自然深受这些美学观念的影响，因此型糊染图案的题材、造型、组织结构和色彩等各方面无疑都是审美意识的视觉呈现。

型糊染的图案取材更贴近现实，表现出对自然的关注与细微的观察。从第十章中对型纸题材的统计分析可以看到，植物图案占 28.7%，是所有题材中最大的一类，如果加上动物题材 9.7% 和景观题材 3.5%，以自然为题材的图案占到 41.9%。细微的观察与表现是日本型糊染图案的重要特点，往往以自然界中的某个动人的细节入手，总结归纳并演绎出微妙的节奏。如鲛小纹是以鲛皮上的细小颗粒为题材发展出来的图形（图 11-7），元素简单而纯粹，追求排列细致匀称和弱小的节奏变化。再如，日本遍植松树，松针是掉落在地上毫不起眼的两根连在一起的细细的针状物，而就是这样的微小元素，却是德川家的留柄图案。

表面上看，小纹造型朴素、结构简单，

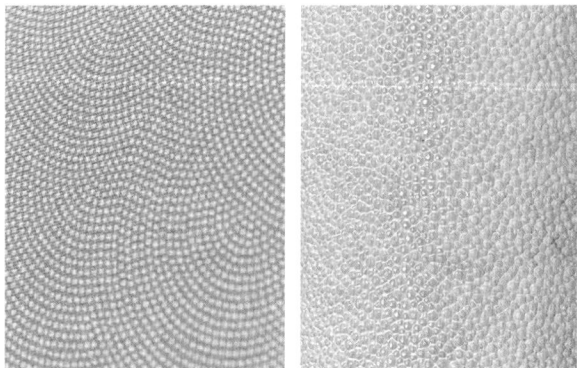

图 11-7　鲛小纹与鲛皮

---

① 徐金凤：江户时代"粹"的审美意识形成的社会背景，《日本问题研究》，2016年第5期，第39页。

② 王向远教授则认为把"いき"翻译为"粹"是不准确的，应该用"意气"。

③ 冈仓天心，九鬼周造：《茶之书·"粹"的构造》，江川澜，杨光译，上海人民出版社，2011年，第110页。

④ 冈仓天心，九鬼周造：《茶之书·"粹"的构造》，江川澜，杨光译，上海人民出版社，2011年，第193页。

整体呈现出低调含蓄的气质；中形图案造型刻画深入，一副自由灵动的姿态，两者呈现出静与动的强烈反差。但实际上两者的核心都是追求事物本身极致而纯粹的美感，即致力于表现对象本身的美感，而不在乎背后蕴含的意义。加藤周一认为，"部分主义"是日本文化的重要特点，"对离开整体的部分的强烈关心，是贯穿日本造型美术历史始终的特征之一。"① 具体来说，中国的型染图案致力于协调中央与边缘、主与次的关系，以吉祥寓意的方式构建符合伦理道德的意念图景；日本型染则完全不关心附加其中的价值，只在意事物对人的真实感受。小纹以精炼造型元素、减弱形象对比和简化组织结构为手段，以弱化个性、强调集群效应来达到视觉上的纯粹感；中形则着重表现对象的个性特征，深挖每个细节，同样也是专注于表现对象本身的特点。

　　色彩同样是审美意识的外在表现。中形的颜色为蓝白两色，江户小纹的颜色较为丰富而细腻，含灰的蓝色系、茶色系与鼠色系是江户时代最流行的色彩。九鬼周造认为，粹的色彩往往是一种伴有华丽体验的消极的余韵，略显暗淡且饱和度较低的冷色调以表现粹的形式——"非现实的理想性"。② 因此小纹这些低饱和度的色彩极好地表现了粹的精神，表现出"洒脱的媚态"和"清爽的妩媚"，并完全符合九鬼周造所提出的色彩必须以低调的状态来表现图形与色彩间二元关系的观点。③ 而江户时代中后期最流行的茶色系与鼠色系是町人在禁令之下发展起来的"潇洒的颜色"，也是匠人在限定的色彩中追求无限变化的努力开拓。

　　小纹与中形以内敛的造型和含灰的色彩，给人以朴素的印象。九鬼周造认为，朴素从根本上说是一种消极的对外关系，因此不可能包含粹的媚态，但朴素中含有的闲寂情调和粹中的达观有相同的可能性。在强调品质的情形下，朴素经常被列为上品，这是因为其中包含着闲寂的心境。因此型糊染素雅的特点正是粹这种审美意识的外在表现。小纹的造型与颜色在狭小的空间里不断变化，虽然微小，但也象征着町人在现实生活中被压制后表达出的抗争力量与不妥协的态度。

---

① 加藤周一：《日本艺术的心与形》，许秋寒译，外语教学与研究出版社，2013年，第170页。
② 冈仓天心，九鬼周造：《茶之书·"粹"的构造》，江川澜，杨光译，上海人民出版社，2011年，第166页。
③ 冈仓天心，九鬼周造：《茶之书·"粹"的构造》，江川澜，杨光译，上海人民出版社，2011年，第162页。

三、小结

中日型染工艺同源而异流，原因是使用对象在两国不同文化背景与审美意识的作用下，形成了不同的心理需求所导致的。前者以吉祥主题营造理想世界，后者从细微处把握整体，两者最终呈现出完全不同的艺术风格。以蓝印花布为代表的中国型糊染以巧拙相生、粗犷简明的造型风格和朴实无华、情感外露的特点表现出工艺的自然气息；而以江户小纹为代表的日本型糊染则呈现出细密精致、若隐若现但条理清晰的外观特征，在图案中传达出江户时代的审美追求。

中国的型染图案是由人民大众所创造，这些民间工艺者所表现的对象常常是心里所想的，而并不完全是眼睛所看到的，因此从图案的造型来看，中国的民间艺人在创作艺术形象时，并未把描绘对象的姿态、色彩和质地等外观特征作为表现的首要任务，他们的创作方法更多倾向于浓厚的主观意念成分，善于以己度物，以自身的生活体验去感悟世界。同时在符合礼乐制度的道德规范下，完成自我认知与自我心性的表达，使得民间艺人在创作实践中把主观的意念想象通过客观对象融入作品中，让物象按照自我的意念重新造型与组合，进而而构筑出完美的理念世界。

日本因地形狭窄、物资缺少，日本人民构建起了关注现实与当下的生活态度、注重感受与细节的审美意识，工匠们敬物、惜物，并将其内化为物尽其用的工艺准则。江户小纹细若微尘的纹样是多工种匠人联手的结晶，耗费如此精力却不为凸显只为隐藏，看似是受压制下的被动选择，实则是这种理念的完美诠释。小纹的手艺人以最平凡的元素去塑造生活中的景象，单凭人的肉眼与双手之力挑战工艺局限，在制约中创造了神奇。甚至有人说"手艺人的气质实际上就是日本人的审美意识。"①

第三节　经验与参考

日本型染除板缔以外，其余工艺都在有序传承。日本重染色工艺，通过

---

① 安田武，多田道太郎：《日本古典美学》，曹允迪译，中国人民大学出版社，1993年，第7页。

总结可以发现日本的一些经验，从而可以通过不同的视角拓宽创新思路。

一、各种制度保障

在面对经济高速成长和高度工业化所引起的日益严重的公害问题、环境问题、资源问题以及其他方面的诸多问题，日本的有识之士开始反思现代消费观念带来的弊端，对制作精美、结实耐用的传统工艺品有了更加科学的认识，并先后出台了一系列政策对传统工艺美术进行扶持与保护。

（一）法律保障

日本是世界上较早提出"无形文化财"① 即"无形文化遗产"概念的国家，同时也是最早以法律形式对无形文化遗产实行保护措施的国家。1950 年《文化财保护法》正式提出"无形文化财"的概念，确保日本文化内核基因的发展，保护传承工作逐渐展开。日本对无形文化遗产的界定和采取的保护与传承的系列措施，无疑推动了人类对文化遗产的认知进程。

1973 年 9 月，日本第 71 届国会一致通过"关于设立《保护传统工艺品产业振兴法》的法案"，并于 1974 年 5 月 25 日颁布了《传统工艺品产业振兴法》，2001 年的《文化艺术振兴基本法》继续拓展了这一目标。这些法律促进了传统手工艺等门类文化财的发展，从此使日本传统工艺的传承保护与产业振兴事业走上了有法可依的规范化道路。

（二）政策扶持

日本政府非常重视具有本土特色的传统产业，并将其纳入名为"酷日本"（Cool Japan）的海外推广策略。因此政府每年会划拨一定的经费，用于传统工艺品产业的振兴。日本产业振兴会作为法人机构，组织实施展览、交流和评奖等各种活动。日本产业振兴会负责主持每年 2 次的全国传统工艺品展，一些地方性的工艺品因展览而走向全国。全国性的展览设有各种名目的奖励，如经济产业大臣奖、农林大臣奖、《读卖新闻》奖，等等。这不仅反映了社会的一种关注，也凸显了政府和相关部门的指导作用。在传统工艺品

---

① 无形文化财：指在日本历史上或者在艺术上有着很高价值的戏剧、音乐、工艺技术以及其他的无形文化。

开拓方面，每年 12 月在全国工艺品中心进行工艺品的创新设计和传统工艺新作展的审查和展览工作，每年 3 月，进行内阁总理大臣奖和经济产业大臣奖的颁奖工作；对于传统工艺品的开拓予以各种支持。

此外还致力于在传统工艺品的促进和普及方面的宣传，包括利用报纸、杂志、广告进行宣传、在全国传统工艺品中心开设常年展示、并开展咨询，提供交流场所。还在各地开设传统工艺品中心，除展示传统工艺品外，还设有来自全国各地各种工艺品的常设展销，以保证人们日常在传统工艺品中心能够欣赏和购买来自日本各地的传统工艺品。

为了保证传统工艺品产业的健康发展，《保护传统工艺品产业振兴法》所确定的传统工艺品必须具备相应的条件，对符合条件的传统工艺品企业可以通过全国或地方的传统工艺产业协会等组织提出申请，通过一定的程序审查合格的，由经济产业大臣指定为"传统工艺品"。到 2022 年 11 月，日本全国被指定的传统工艺品已达 240 种，其中染织类 51 种，是所有品类中最多的。根据规定，被指定的传统工艺品企业还要制订传承人培养、技术及技法的提高、事业的共同化、原材料对策、开拓市场需求、质量表示等 9 个项目的振兴计划，如果获得批准，可以从各级政府或传统工艺品产业振兴协会获得 5 亿日元以内的资助，用来促进地方的传统工艺品事业计划的发展与振兴。

（三）资金支持

日本政府每年拨付约 10.6 亿日元支持传统工艺品产业的振兴和发展。其中 7 亿日元交由传统工艺品产业振兴会安排，用于对传统工艺品产业振兴的各项支出，包括收集传统工艺品的申请，各种振兴发展计划的制定和落实，由地方将各类申请和计划提交至经济产业大臣，振兴计划主要包括：振兴计划、共同振兴计划、发展计划、相关发展计划、支持计划几部分；3.6 亿日元补助地方中小企业，用于原材料采购和培养年轻传承人。

二、建立发展通道

传统染色工艺在日本大行其道的原因有很多，除外部政策的扶持外，为创作者构建良好的发展通道，使从业者有展示的机会与自我提升的可能，这才是其中最重要的因素。从而形成了一个从人才培养、创作到展示（售卖）的生态链条。

（一）建立供需通道

日本在接受西方文明、大力发展科学技术的同时，也非常重视传统文化的传承与发展。因此经常能在日本街头看到高楼与神社、西服与和服这种现代与传统并行不悖的场景。并且在日本普通老百姓的社会生活中，仍普遍使用大量采用传统工艺制成的产品，这些散发着工艺文化精神的传统工艺品依然在多个方面默默地发挥着作用。

日本社会活动较注重仪式感，对传统工艺的接受度较高，并且多数社区都有教人们如何穿着传统服饰的培训班，因此传统服饰在现代生活中的穿用场景依然较多，如夏日的花火大会、祇园祭、神田祭、天神祭等节日活动；观展、赏樱、茶道等社交场合；婚礼、成人礼、毕业式等人生礼俗，在现代生活中的各种场合都可看到许多身着传统服饰的人们。甚至某些旅游城市为营造气氛，会给穿着传统服饰的人们一些免除景区门票、免费乘坐公交车之类的优惠。

而传统工艺创作者的展示机会同样较多。从1983年开始，每年11月被定为传统工艺品月，并设立传统工艺品制作参与的广场和地区的工艺品节，鼓励青少年参与体验和交流。各地设立乡土资料馆、传统产业振兴会、传统工艺馆等机构，邀请工艺家现场展示等，向外界推广传统工艺。此外，三越、伊势丹等很多大型商城卖场的顶部设有传统工艺品专区，为传统工艺搭建销售平台。

（二）个人发展通道

由于友禅染的发明者宫崎友禅斋是一名画师，创作出了许多绘画风格的服饰作品，因此日本的染色工艺不仅是实用品的加工方法，还吸引了一批艺术家加入创作队伍。这或许与和服摊平后呈现一个大的平面有关，特别适合创作者发挥。在众多绘师的参与下，染色工艺不再只是停留在技术层面，优秀的作品则有可能跨越到艺术层面，留下了众多以友禅染为代表的优秀作品，这些服饰成为民族艺术品，是东京国立博物馆、京都国立博物馆等各级博物馆藏品的重要组成部分。染色工艺不仅只是生产日用品的手段，还可以是艺术创作的方式；工匠不再只是实用物的生产者，也可能发展为艺术品的创作者，优秀的工艺家有可能成为艺术家而受世人瞩目。例如，芹泽銈介从传统工艺传承的角度被评为型绘染"人间国宝"的同时，还因其高超的艺术造诣而受邀在法国举办盛大的艺术作品展，甚至被法国政府授予"法国艺术文化勋章"，去世后还被日本政府追赠"正四位勋二等瑞宝章"。

为保证创作队伍的良性发展，日本建立了良好的分类、评审、认定与展示的管理机制，为创作者提供了不同的成长空间。在日本，各种工艺分类展示，实用性创作以服饰参加展览；而艺术性创作则多以平面作品展示，每一位创作者都有对应的各级展览。如传统工艺创作者以原汁原味地传承并以成为"人间国宝"为目标，作品以和服为载体，参加"日本传统工艺染织展""日本传统工艺展"，追求工艺的纯粹性；而艺术创作者则以"日本美术展览会""现代工艺美术展""新工艺展"等展览为平台，强调创新并以艺术表现为目的。这些全国性专业展览不仅在东京展出，还到各府县巡回展出，最大限度地扩大了影响力。此外还有多种多样的展示形式，如全国展、个人展、联展等，展示空间有美术馆、商城、画廊、餐饮店等不一而足，为创作者提供了个人发展的通道。

（三）人才培养通道

日本政府在近现代一直重视对传统工艺传承人的培养，建立了完善的人才培育体系，并通过相应的制度提升手艺人的地位。1890年10月，日本政府根据皇室的授意，模仿法国的艺术院制度，制定了以保护美术工艺家和奖励艺术品创作为目的的"帝室技艺员"的制度。1955年，日本政府为保护传统工艺的传承，设立了"人间国宝"制度。1973年，日本国会通过了《保护传统工艺品产业振兴法》，其中包含了对技艺高超的传统工艺从业者认定为"传统工艺士"制度。这些一脉相承的制度在很大程度上提高了从业者的地位，从而吸引更多的人投入传统工艺的学习与传承中来。

对于不具备《保护传统工艺品产业振兴法》所规定条件的传统工艺品及其从业人员，日本政府则采用另外的激励机制。经济产业省对年龄60岁以上，长期在未经指定的规模较小的传统工艺品企业中工作的，并在提高传统工艺技术、培养后学人员、对地方传统工艺品产业振兴等方面做出贡献的人员进行表彰。每年奖励80人，每人发放10万日元的奖金。同时，为了鼓励青年人研习继承传统工艺，对年龄在40岁以下、在传统工艺品产地从事某项传统工艺品制作不足5年、但又期望通过进修提高技术的人，由经济产业省通过发给提高技术奖励金的方式进行资助，每年资助120人，每人发给30万日元。另外，活跃在日本社会上的各类与传统工艺有关的机构和团体，通过举办传统工艺的专题展览和研讨会、出版与传统工艺有关的书报杂志以及工具书和教科书、拍摄传统工艺品的纪录片和教学片、组织到传统工艺品产地进行考察研习等活动，为日本传统工艺的保护与振兴做出了应有的贡献。

此外，传统工艺人才的培养也纳入了国家教育体系中。学校的传统工艺教育分为高中教育和大学教育两个层次，部分艺术大学的附属中学和独立的艺术高中会开设传统工艺的职业教育，从而持续向大学和社会输送专业人才。东京艺术大学、金泽美术工艺大学、京都市立艺术大学、冲绳县立艺术大学等公立大学和多摩美术大学、武藏野美术大学等私立大学都开设了染织专业，这些学校以传统染织技法为根，以创新为魂，培养了一批批创作型艺术人才。这些学生大部分成为自由创作的艺术家或设计师，不断尝试传统工艺的创新应用和新时代的表现语言，努力拓宽传统工艺的边界。同时也有部分学生会在其大学毕业后选择合适的工房进行2～3年的学习，并立志成为传统工艺家。此外，大学培养的学生中有部分来自传统工艺世家的子弟，例如，毕业于东京艺术大学的中村胜马是友禅染"人间国宝"中村光哉的儿子，铃田滋人在武藏野美术大学毕业后随其父铃田照次学习木版摺更纱工艺而成为人间国宝。

因此工房培养的技能型人才与开放的大学教育形成互补，共同构成了多元化的人才培养模式。并且，为鼓励年轻人的创作热情，日本新工艺展等全国性展览单独设立学生选拔展，分为高中组和大学组，分别评选获奖作品和入选作品（图11-8），给年轻人提供展示的机会，同时也打通了人才培养和展示的通道。

图11-8　第45回日本新工艺展第6回学生选拔展展览现场　日本国立新美术馆提供

参考文献

[1] 郑若增. 筹海图编 [M]. 李志忠, 点校. 北京: 中华书局, 2007.

[2] 黄能馥, 陈娟娟. 中国丝绸科技艺术七千年 [M]. 北京: 中国纺织出版社, 2002.

[3] 陈维稷. 中国纺织科学技术史·古代部分 [M]. 北京: 科学出版社, 1984.

[4] 吴淑生, 田自秉. 中国染织史 [M]. 上海: 上海人民出版社, 1986.

[5] 王孖. 染缬集 [M]. 北京: 北京燕山出版社, 2014.

[6] 张道一. 中国印染史略 [M]. 南京: 江苏美术出版社, 1987.

[7] 张道一, 徐艺乙. 民间印花布 [M]. 南京: 江苏美术出版社, 1987.

[8] 吕品田. 民间美术观念 [M]. 长沙: 湖南美术出版社, 2007.

[9] 赵丰. 中国丝绸通史 [M]. 苏州: 苏州大学出版社, 2005.

[10] 赵丰. 中国丝绸艺术史 [M]. 北京: 中国文物出版社, 2005.

[11] 朱云影. 中国文化对日韩越的影响 [M]. 桂林: 广西师范大学出版社, 2007.

[12] 王向远. 日本之文与日本之美 [M]. 北京: 新星出版社, 2013.

[13] 郑巨欣. 中国传统纺织品印花研究 [M]. 杭州: 中国美院出版社, 2008.

[14] 郑巨欣. 浙南夹缬 [M]. 苏州: 苏州大学出版社, 2009.

[15] 郑巨欣, 石塚广. 夹染彩缬出——夹缬的中日研究 [M]. 济南: 山东画报出版社, 2017.

[16] 新疆维吾尔自治区博物馆出土文物展览工作组. 丝绸之路汉唐织物 [M]. 北京: 文物出版社, 1973.

[17] 林仁川. 明末清初私人海上贸易 [M]. 上海: 华东师范大学出版社, 1987.

[18] 叶渭渠, 唐月梅. 日本人的美意识 [M]. 北京: 开明出版社, 1993.

[19] 张琴. 各美与共生——中日夹缬比较 [M]. 北京: 中华书局, 2016.

[20] 鲍家虎. 山东民间彩印花布 [M]. 济南: 山东美术出版社, 1986.

[21] 龚建培. 手工印染艺术设计 [M]. 重庆: 西南师范大学出版社, 2011.

[22] 史仲文, 胡晓林. 新编中国科技史 [M]. 北京: 人民出版社, 1995.

[23] 吴元新, 吴灵姝, 彭颖. 中国传统民间印染技艺 [M]. 北京: 中国纺织出版社, 2011.

[24] 盛羽. 中国传统镂版印花工艺研究 [M]. 北京: 中国纺织出版社, 2018.

[25] 盛羽. 土色生香——桐乡彩色拷花工艺研究 [M]. 北京: 五洲传播出版社, 2012.

[26] 安田武, 多田道太郎. 日本古典美学 [M]. 曹允迪, 译. 北京: 中国人民大学出版社, 1993.

[27] 木宫泰彦. 日中文化交流史 [M]. 胡锡年, 译. 北京: 商务印书馆, 1980.

[28] 本居宣长. 日本物哀 [M]. 王向远, 译. 长春: 吉林出版集团, 2010.

［29］加藤周一. 日本艺术的心与形［M］. 许秋寒，译. 北京：外语教学与研究出版社，2013.

［30］中江克己. 染織事典［Z］. 東京：泰流社，1981.

［31］岡田讓. 人間国宝シリーズ -16［M］. 東京：講談社，1980.

［32］岡田讓. 人間国宝シリーズ -19［M］. 東京：講談社，1979.

［33］浜田淑子. 人間国宝（芹泽銈介 / 玉那霸有公）［M］. 東京：朝日新聞社，2006.

［34］福井泰明. 江戸小紋と型紙［M］. 東京：渋谷区松濤美術館，1999.

［35］金沢康隆. 江戸服飾史［M］. 東京：青蛙房株式会社，1962.

［36］丹野郁. 総合服飾史事典［M］. 東京：雄山閣出版株式会社，1980.

［37］笠井晴信. 日本のきもの友禅［M］. 東京：読売新聞社，1977.

［38］馬渕明子. KATAGAMI Style［M］. 東京：日本経済新聞社，2012.

［39］丸山伸彦. 日本の美術——武家の服飾［M］. 東京：志文堂，1994.

［40］長崎巌. 日本の美術——庶民の服飾［M］. 東京：志文堂，1994.

［41］森末義彰. 体系日本史叢書 /16/ 生活史 /Ⅱ［M］. 東京：山川出版社，1981.

［42］吉岡常雄. 日本の型紙文様［M］. 京都：京都書院，1977.

［43］浦野理一. 日本染織総華［M］. 東京：文化出版局，1974.

［44］金子賢治. 型染・小纹・中形［M］. 京都：京都書院，1994.

［45］幸田成友. 幸田成友著作集：第二卷［M］. 東京：中央公論社，1972.

［46］島根県立古代出雲歴史博物館. よみがえる 幻の染色 出雲藍板締めの世界とその系譜［M］. 出雲：島根県立古代出雲歴史博物館，2008.

［47］西川如見. 日本水土考 水土解弁 増補華夷通商考［M］. 東京：岩波書店，1997.

［48］国立歴史民俗博物館. 紅板締め 江戸から明治のランジェリー. 国立歴史民俗博物館，2011.

［49］西村允孝. 紅型［M］. 東京：泰流社，1989.

［50］那霸市市民文化部歴史資料室. 尚家継承美術工芸——琉球王家の美. 那霸市，2002.

［51］小島茂. 日本染織地图［M］. 東京：朝日新聞社，1985.

［52］小島茂. 染めの事典［M］. 東京：朝日新聞社，1985.

［53］朱云影. 中国工艺美术对日韩越的影响［J］. 师大学报，1964（9）：83-106.

［54］王向远. 论"寂"之美——日本古典文艺美学关键词"寂"的内涵与构造［J］. 清华大学学报，2012（2）：66-75.

［55］潘力. 枯淡与华丽的交响—日本传统设计理念探源［J］. 装饰，2008（12）：28-30.

［56］邱紫华，王文戈. 日本美学的文化阐释［J］. 华中师范大学学报（人文社会科学版），2001（1）：58-68.

［57］杨建军，崔笑梅. 琉球红型与中国印花布的关系探究［J］. 丝绸，2014（9）：40-49.

［58］王斌，崔笑梅．山东民间彩印花布之图案解析［J］．美与时代，2014（2）：47-49．

［59］端木迅远．德川幕府财政崩溃研究［J］．浙江社会科学，2019（2）：141-154．

［60］盛羽．桐乡彩色拷花工艺特色及现状研究［J］．纺织导报，2011（12）：88-91．

［61］盛羽．桐乡彩色拷花溯源及其艺术特色［J］．纺织学报，2012（9）：116-121．

［62］木村光雄．染色の歴史と伝統技法［J］．繊維学会誌，2004（11）：519-523．

［63］藤澤紫．江戸文化と装い——人気絵師が描いた各種雛形［J］．杉野服飾大学短期大学部紀要第7号，2008：1-5．

［64］加茂瑞穂．型紙コレクションにみる纹样の傾向と比較—吉岡コレクションを例として，立命館大学アート・リサーチセンター［J］．アート・リサーチ，第15期，2015（3）：51-59．

［65］長崎巌．庶民の染織：本学博物館収蔵品を通して見る、その特徴と美［J］．共立女子大学博物館　年報/紀要，2019（3）：17-24．

［66］長崎巌．江戸時代初期における武家女性の呉服注文関連資料と呉服注文の実態：慶長7年（1602年）『御染地之帳』の記述からわかること［J］．共立女子大学・共立女子短期大学総合文化研究所紀要24，2018（2）：63-71．

［67］水上嘉代子．職人尽絵屏風「型置師」に描かれた染物・型付技法に関する一考察［J］．東京造形大学研究報17，2016（3）：163-178．

［68］水上嘉代子．江戸小紋の美——小宮家の技術［J］．東京造形大学研究報21，2020（3）：175-187．

后 记

2015 年 4 月，为了更深入地研究中国传统镂版印花工艺，我专程赴北京参加由清华大学美术学院举办的"国际印花研讨会"，正是这次北京之行让我有了意想不到的收获。一是在北京艺术博物馆参观了由张琴老师策划的"中日夹缬联合展"，看到了在日本被称为"板缔"的夹缬；二是在研讨会上聆听了东京艺术大学染织研究室上原利丸教授作的题为"日本的型染——以糊防染为中心"的讲座，看到了上原老师带来的型纸，直观地感受到了日本型糊染的魅力。这是我第一次看到日本的夹缬和型纸，立刻引起了我对日本型染的好奇心，于是当即向上原老师提出去日本考察的想法。2016 年 7 月，在上原老师的帮助下我考察了日本多家传统染织工房和多所大学，收获颇丰。

在对日本型染有了初步认识以后，我开始思考型糊染在日本为何能发展出小纹、中形这样精美的传统工艺，为何传统工艺展中"染"的作品成为主流，为何型绘染等染色工艺能成为艺术创作的手段，日本的型染与中国有没有关联，为何型染在两国会有差异？于是带着这些问题，我开始着手查阅文献和收集资料，并以"中日型版印花工艺比较研究"为名申请了教育部人文社会科学研究一般课题并获得立项。为更好地开展研究、获得第一手资料和更直观的感受，我在 2022 年 7 月来到东京艺术大学进行访学。

在这段日子里，我除了在学校学习一些课程以外，还经常去传统染织产地调研，收集到了大量宝贵的一手材料，填补了许多知识盲区，并纠正了以前的错误认知。除调研与型染有关的博物馆、传统产业馆和工房外，还考察了西阵织、博多织和桐生织等与织造相关的场所，日本 47 个都道府县我去了其中的 31 个，也算是跑了大半个日本。通过实地考察，我亲身感受日本各个历史时期的代表性景观和明清时期中日贸易的景象，以此希望将自己置入一个更大的情境中，以更广的视角和更深的维度去思考型染、织造与服饰的关系，以及服饰与人、服饰与当时的政治、文化、经济的关系等。

在课题研究期间，我得到了中日各界朋友的帮助。首先要感谢接受采访的每一位热心的工房职人、资料馆的工作人员和博物馆的研究学者，没有他们无私的演示、介绍和协助，我就无法理解更多的工艺细节及背后的含义。

其次感谢东京艺术大学染织研究室的每一位老师和学生对我的帮助，尤其感谢上原利丸教授在访学申请和专业调研方面给予了最有力的支持，感谢桥本圭也教授为我写序，感谢山田菜菜子和朱轶姝老师对我在校期间的帮助，并在专业方面解答了诸多问题。感谢亦师亦友的斋藤光弥与村上守治先生长期以来的关照，他们不仅带我看展览、给我专业上的解惑，还在生活上给予了细致的关怀。感谢大学同学林胜煌先生及夫人严春燕女士，在日本期间没有他们的关照，我的课题研究一定会变得更加曲折。感谢每一位在课题研究与写作期间给予我无私帮助的人。

最后感谢家人一直以来的包容、理解与支持。感谢新利和盛是在翻译资料方面提供的帮助。

从 2010 年开始关注并研究传统印染以来已有 13 年之久，经历了从家乡的"拷花"工艺到镂版印花，再扩展到"中日型染比较"这三个阶段。随着第三本专著的付梓，希望能为我国传统印花工艺的研究起到一定的作用。

中日两国的型染工艺种类繁多、发展历史悠久、地域跨度大、文献记载少，因此我们的认识还不够深入，研究还比较肤浅，表达尚有偏颇、不当和疏漏之处，在此恳请专家、学者予以指正。

盛羽

癸卯端午于常盘平寓所

章页图片名

第一章章页图片：连生贵子纹蓝印花布被面（局部），棉，清代，上海博物馆藏。

第二章章页图片：职人尽绘图之形置师（局部），16—17世纪，川越市喜多院藏。

第三章章页图片：突雕型纸（局部），20世纪70年代，铃鹿市乡土资料室藏。

第四章章页图片：江户小纹（局部），丝，小宫小纹工房提供。

第五章章页图片：红板缔型版（局部），岛根县立古代出云博物馆藏。

第六章章页图片：红型（局部），丝，第69回日本传统工艺展参展作品，2022年，阿部辽作。

第七章章页图片：型绘染（局部），1952年，稻垣稔次郎作，京都国立近代美术馆藏。

第八章章页图片：木版摺更纱（局部），丝，第69回日本传统工艺展参展作品，2022年，铃田清人作。

第九章章页图片：双面印蓝印花布（局部），麻，个人藏。

第十章章页图片：双面印中形（局部），麻，东京国立博物馆藏。

第十一章章页图片：鱼戏莲纹蓝印花布被面（局部），棉，河北魏县，个人藏。